JN431063

제로 에너지 건축물과 BIPV

ZEB와 건물일체형 태양광

제로 에너지 건축물과 BIPV

ZEB와 건물일체형 태양광

박성진, 이지왕, 박성호, 손정락
송치호, 김가령, 송상민, 박성현

(학)신구학원 신구문화사

I. 일단 ZEB가 뭐지?

[타노스와 핑거스냅]

〈출처〉 마블 스튜디오

(이야기가 잘 풀릴 것 같은 예감이 든다.)

"거기 타노스라고 있잖아요. 타노스가 왜 손가락을 튕기는지 아세요?" (이러면서 꼭 손가락 튕기기 finger snap 를 두세 번 해준다.)

"남의 행성 침략하러 가서 자원 뺏을려고 하는 거 아니에요?"

(이때 회심의 한 방을 날린다.)

"사실 그거 탄소중립 이야기예요!"

"타노스가 천재과학자잖아요. 이 사람 고향에 사람이 너무 많이 살아서 자원고갈시키고, 탄소배출하면서, 기후변화가 와서 행성이 망가지잖아요. 그거 보고 아! 지속가능한 성장을 하려면 생명체를 줄여야 겠구나…. 생각해서 가는 곳마다 절반씩 없애는 거예요."

이렇게 라포 형성하면서 건축물의 탄소중립, 전기요금 이야기, BIPV의 경제성 등 자연스럽게 이야기는 풀려나가게 된다.

사실 영화에서는 타노스가 인피니티 스톤 6개를 모아서 우주의 생명체 절반을 없애는데 성공하지만, 우리의 주인공들은 다시 시간을 돌리고, 과거로 회귀해서 생명체를 되살리게 된다.

만약 타노스의 계획대로 생명체의 숫자가 줄어들게 되었을 때 우주는 멸망을 피할 수 있었을까? 이왕 지속가능한 생태계를 만들려고 했다면 절반이 아니라 삼분의 일, 사분의 일로 생명체를 줄이면 어떻게 되었을까? 영화에서는 영웅들이 사건을 원점으로 돌리기 때문에 사건의 결말이 어떤 결과를 초래할지 알 수 없다. 그러나 인구감소로 인한 탄소중립, 기후변화의 결과를 간접적으로 알 수 있는 일이 최근 지구에 있었다.

바로 현재도 인류가 경험하고 있는 "코로나바이러스 감염증COVID-19"이다. 주로 사람과 사람 사이의 직접 접촉이나 호흡기로 바이러스가 전파되기 때문에 대면 활동이 크게 줄어들게 되었다. 주요 국가에서는 지역과 도시를 폐쇄하고 이동제한을 실시하는 경우도 있어서, 제품을 생산하기 위한 부품조달이 어려워지고 물가가 상승하는 경우도 많이 발생하였다. 민간 소비의 위축, 기업의 생산과 투자가 감소해서 경기침체와 물가상승이 동시에 발생하는 특이한 현상이 나타나는 코로나 시대가 된 것이다.

지금까지 다양한 감염병들이 있었지만 이번 코로나19 바이러스의 영향은 기존 질병들의 영향력과는 비교가 되지 않을 정도의 큰 충격을 가져왔다.

기억을 되살려보면 2002년 중국의 사스SARS, 중증 급성 호흡기 증후군나 2012년 중동의 메르스MERS는 이렇게 세계적으로 큰 영향을 미친 질병은 아니었던 것 같다. 그런데 지금의 코로나19는 왜 이렇게 큰 영향을 미치게 된 것일까? 10년, 20년 전보다 세계화가 더 많이 진행되어서 다른 나라에 공급망을 의존하는 정도가 심해지고, 사람과 물자의 교환이 많아지는 시대이기 때문일 것이다. 그러기에 특정 국가에서 감염병을 감지하는 시점이면, 이미 전 세계로 확산되어 대응이 어려웠을 것이다.

코로나 바이러스가 우리 생활의 전반적인 영역에 물리적·심리적으로 영향을 미쳤지만 지구와 기후변화에는 어떤 영향을 주었을까? 다양한 연구자들의 선행연구가 있지만 공통적인 의견은 코로나에 대한 대응활동이 기후변화에 대한 그간의 노력보다도 더 큰 온실가스 배출 감소 효과가 있었다는 것이다. 국가간 이동 제한으로 항공기, 선박의 운항이 줄어들어 전 지구적인 대기오염이 크게 개선되었고, 특히 주요 국가의 봉쇄, 이동제한 조치 이후에 NO_2(이산화질소) 농도는 29%, O_3(오존) 농도는 11%, PM2.5(미세먼지) 농도는 9% 감소했다는 연구결과도 존재한다.

코로나19 사태를 겪으면서 인간 활동으로 인한 탄소배출 영향을 명확히 이해하게 되었다. 대면활동을 줄이고 이동이 감소하면서 생활의 불편함은 늘어났지만, 맑은 하늘은 확실히 볼 수 있는 기회가 많아졌다. 그동안 우리는 탄소중립을 위해 매연 배출이 많은 차량의 수도권 운행 제한, 미세먼지 감소를 위한 석탄발전소 발전 감축 등 인위적인 노력들을 기울여 왔지만, 인간 활동을 제한하는 것보다 더 큰 가시적 효과는 없었다.

코로나가 본격화된 2020년은 국내 초미세먼지 농도가 획기적으로 개선된 한 해가 되었다.

[코로나 봉쇄 전후 중국의 아산화질소 농도 변화]

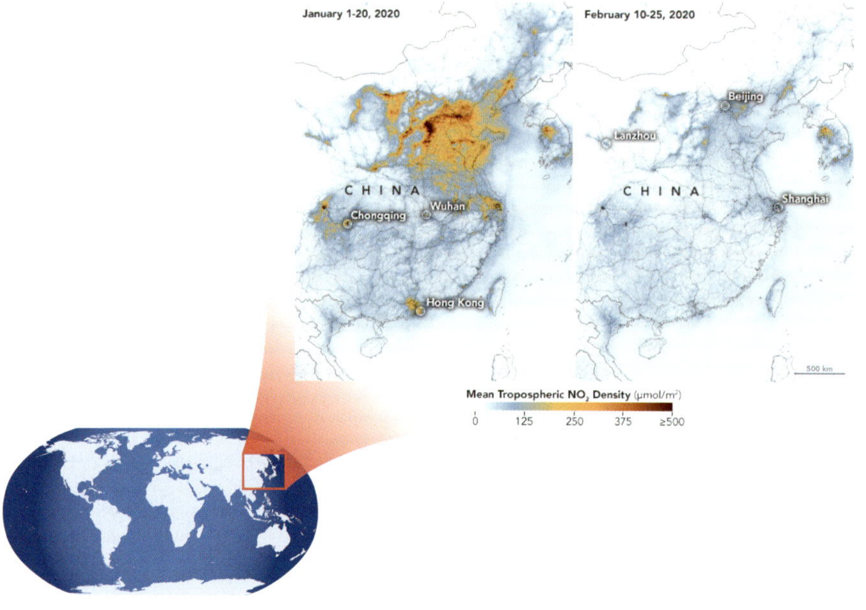

〈출처〉 Pixabay, NASA

환경부 분석자료에 따르면, 국내의 미세먼지 개선은 석탄화력 발전소 감발 등 억제 조치의 효과도 있었으나 중국의 지속적 미세먼지 개선 추세, 코로나 영향 등이 복합적으로 작용한 것으로 볼 수 있다. 중국은 코로나 봉쇄를 강력하게 시행하였으며 단 한 달만에 가시적인 성과를 거두기도 하였다. 특히 우리나라는 중국과 인접해 있으므로 대기상태 개선에 관해서는 관련 영향을 무시할 수 없다. 기상은 국지적인 상황에 영향을 받을 수 있으나 대체적으로 광범위한 지역을 염두에 두고 판단해야 한다. 대한민국은 편서풍 지대에 위치하고 있기 때문에 우리나라 차원에서 해당 지자체 차원에서의 노력은 한계가 있다. 몽고 사막의 모래바람, 중국 해안지역, 도시지역의 미세먼지 유입을 줄이고 중국을 포함한 우리나라 전체의 온실가스 배출을 줄이는 것이 탄소중립의 원천적인 해결책이 될 것이다.

코로나19 영향으로 인간 활동 감소에 따른 탄소중립, 기후변화 대응의 효과를 확인하는 것은 의미있는 일이었으나, 이는 잠시 스쳐가는 바람일 뿐이다.

전염병이 발생한 지 3년째, 사람들은 이미 물리적으로도, 심리적으로도 지쳐 있다. 경기는 침체되는데, 물가는 오르는 스테그플레이션stag-flation 상황이 오고 있기 때문에 경기부양, 산업활성화를 위한 활동을 전개해야 한다. 먹고사는 일이 다른 모든 일보다 우선하기 때문이다.

[바이러스가 경제에 가져온 나비효과]

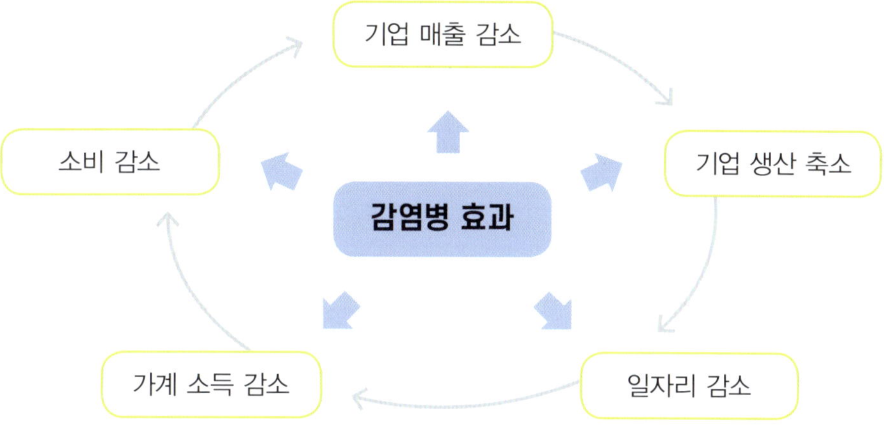

〈출처〉 KDI 정보센터: 바이러스가 경제에 가져온 나비효과

문제는 경기부양, 산업활성화를 위한 방법론이다. 이미 경기부양을 위해 세금과 금리를 낮춰서 소비와 투자를 증가시키는 정책이 지난 2~3년간 진행되었지만, 가계 소득이 감소하면서 소비자가 지갑을 열지 않고 기업의 매출과 생산이 축소되었다. 소비를 증가시키기 위한 어떤 요소를 고민해야 하는 시점에 탄소중립까지 고려하면 셈법이 복잡해지고 비용 증가로 이어지기 쉽다. 너무나 안타까운 이야기이지만 탄소 저감 활동에는 돈이 든다. 우리 사회가 이미 탄소에 중독된 산업, 경제구조를 가지고 있는데 체질을 개선하기 위해서는 단기적으로 비싼 값을 주고 기후변화를 위한 노력을 제품과 서비스에 투입할 수밖에 없다. 이러한 접근 방법은 사회가 안정적일 때는 옳은 이야기였다. 하지만 물자를 싸게 만들어서 공급하기 위해서는 탄소를 펑펑 배출하는 기존의 방식을 답습하기 쉽다. 근래의 ESG 경영과 맞물리면서 이른바 기후변화

대응에 능동적인 "착한 기업"이 높은 성장성과 수익성을 확보하면서 돈을 버는 경향성이 분명 존재했었다.

그러나 지금은 위기 상황이다. 위기 상황에서 살아남기 위해서 그동안 견지했던 태도는 바뀔 수 있다. 대표적인 인물이 "ESG 전도사" 블랙록의 래리 핑크 회장이다.

운영 자산이 무려 1경 1,600조 원이나 되는 엄청난 자산을 운영 중인 세계 최대 자산운영사 블랙록의 수장이 탄소중립 목표를 세운 곳에만 투자한다는 의견을 밝혔을 때 재생에너지업계는 환호했다. 실제로 석유회사인 엑손모빌 이사회에서 기후변화 대응에 미흡한 이사 교체안에 찬성표를 던질 정도로 적극적인 행보를 보여왔다. 특히 업무 운영 방향을 밝히는 연례 주주 서한에서 "화석연료 기업에는 투자를 중단하고, ESG를 투자의 기준으로 삼겠다"라고, 강력하게 의사표현한 점은 신선한 충격이었다. 하지만 불과 2년만에 ESG(환경, 사회적 책임, 지배구조)에 대한 태도는 정반대가 된다. "투자한 기업들의 다음 주주총회에서 기후변화 대책 안건에 반대표를 던지겠다" 또는 "과도한 기후변화 대책은 고객사들의 재무적 이익과 일치하지 않는다"는 말이 블랙록에서 나왔다.

"먹고살 만하니 환경과 사회 문제로 눈을 돌리던 기업과 투자자들이 진짜 위기에 직면하자 빠르게 태도를 바꾸기 시작했다는 분석이다."

우크라이나 전쟁이 생각보다 장기화되면서 전 세계 에너지난이 심해지고, 전염병으로 인한 경기침체, 투자위축 등 다양한 압력이 복합적으로 작용하면서 ESG에 대한 관심이 식어가고 있다. ESG를 주도하는 회사와 상품이 기후변화에 대응하지 않는 회사와 상품보다 더 높은 수익률, 건전성을 가진다는 전제가 흔들리고 있기 때문이다. 그러나 "태풍이 불어도 강물의 흐름을 거스를 수 없듯이", 잠시 ESG의 역풍이 불어도 ESG를 바라보는 문제의식이나 해결 의지가 사라지지는 않을 것이다.

하지만 진짜 위기는 시작도 하지 않았다. 서울 도심의 상징인 강남지역이 폭우로 잠겼을 때 슬리퍼 신고 퇴근하면서 8차선 도로에 파도가 치는 것을 보았다. 도심 한복판에서 파도를 보는 일이 어떻게 발생할 수 있었을까?

문제는 이런 위기가 일상화된다는 것이다. 역대급 폭우와 폭설, 태풍, 가뭄, 한파는 매년 기록을 갈아치우고 있고, 기상이변의 일상화(?)라는 이상한 이야기를 아무렇지도 않게 하는 시대

[강남역 침수와 한 나라 두 날씨 기상도]

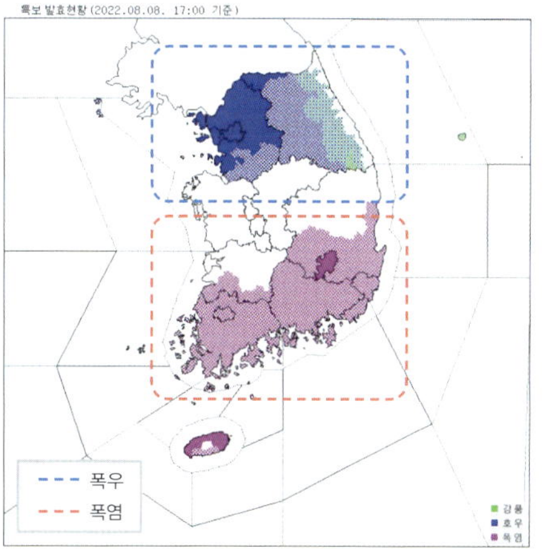

〈출처〉 MBC 뉴스, 기상청

다. 이러한 기상이변의 주요한 원인에 대해 알아보자.

본래 지구는 안정된 시스템이다. 태양광이 지구를 비추고 있어 에너지를 지속적으로 공급받고 있고, 표면에 물과 바다, 대기가 있어 공급받은 에너지를 효율적으로 저장하고 순환할 수 있다. 생명체가 존재하기에 최적의 환경이다.

특히 지구를 안정적인 시스템으로 만드는 요소 중에는 대기와 온실효과가 있다. 지구 대기는 질소, 산소, 아르곤 등으로 구성되어 있으며, 태양의 강력한 자외선을 차단하고, 우주의 운석을 태워버리며, 생명체가 호흡할 수 있는 환경을 제공한다. 지구 대기에는 수증기, 탄소, 메탄 등 여러 가지 온실가스가 포함되어 있는데 온실가스는 지구에 들어온 태양에너지가 지표면에 흡수되었다가 방출될 때 에너지를 일부 흡수하고 보존해서 지구 온도가 일정하게 유지될 수 있도록 하는 역할을 한다. 마치 유리 온실이나 비닐하우스처럼 지구 표면 가까이에 열을 가둬두면서 공급된 에너지와 우주로 방사되는 에너지가 균형을 이루도록 관리하고 있다. 온실가스 덕분에 지구는 평균 15도 정도의 온도를 유지할 수 있으며 급격한 온도 변화를 막아 생명체가 안정적으로 살아갈 수 있는 환경이 조성된다.

만약 대기 중에 포함된 온실가스가 없었다면 지구는 화성 같은 환경이 되었을 것이다. 화성

[지구의 기후 시스템]

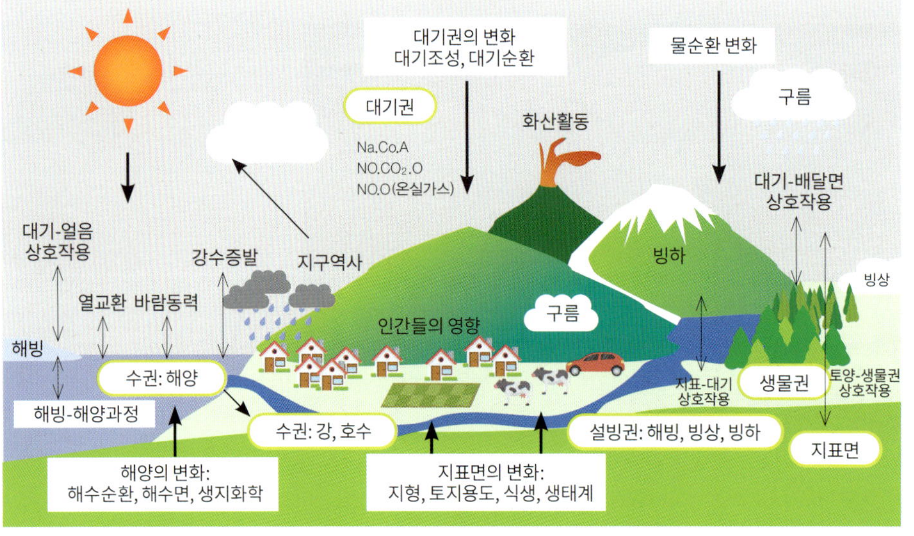

〈출처〉 NASA's Goddard Institute for Space Studies, 한전경제연구원

은 지구와 같은 두꺼운 대기가 없으므로 대기를 통과한 태양광은 지표에 닿는 즉시, 장파장의 적외선으로 변화하여 우주로 방출되며 지표에 머무르지 않는다. 즉 온도가 유지되지 않는 것이다. 지구에 대기가 없다면 낮에는 화성처럼 햇빛을 받아서 수십 ℃ 이상으로 온도가 올라갈 것

[대기와 온실효과]

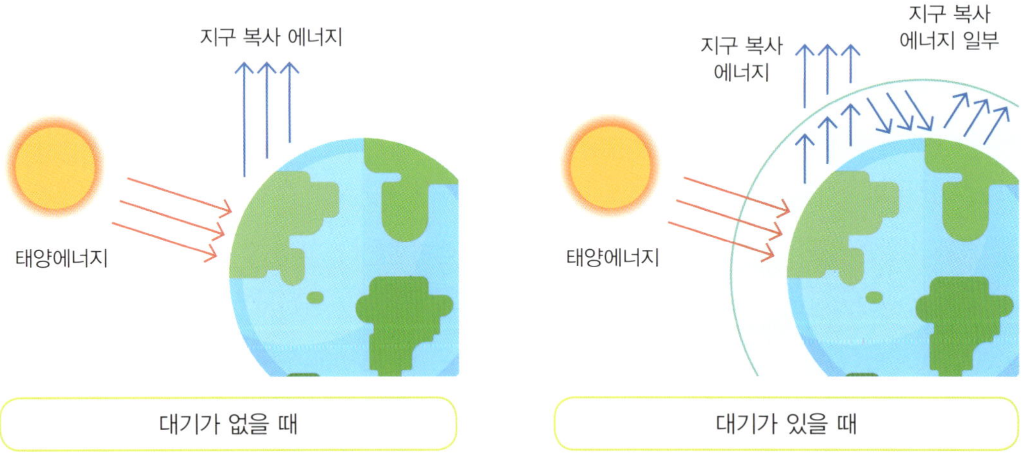

〈출처〉 온실효과(사이언스 올), 과학문화의 모든 것

이고, 밤에는 모든 열이 방출되어 혹한의 추위가 몰려올 것이다. 지구는 생명체가 살기 어려운 환경이 된다. 지구 만물에게는 너무나 감사한 온실효과다.

문제는 온실가스의 과유불급過猶不及. 항상 균형이 깨어질 때 이슈가 발생한다. 본격적인 산업활동으로 인해 온실가스가 많이 배출되어 지구 평균온도가 상승하기 시작했다. 화산폭발이나 산림 화재로 인해 발생하는 자연적인 온실가스 배출 활동과 그로 인한 기온상승은 매년 일어나는 현상으로 일정한 범위를 벗어나지 않는다. 그러나 산업혁명 이후 인간 활동이 배출하는 온실가스의 양은 자연적인 온실가스 배출량을 초과하기 시작했다. 그 결과가 지금의 기상이변 등으로 표출되는 것이다.

온실효과와 지구 평균기온 상승에 대해서는 아주 오랜 기간 논쟁이 있었으나 최근에 반복되는 이상기후로 인해 대부분의 사람들이 인간활동으로 인한 지구온난화를 인정하고 있는 상황이다. IEA의 2021년 "세계 탄소배출량 보고서" 내용을 보면 2021년 전 세계 에너지 부문과 산업공정에서 CO_2 배출량이 역대 최고치를 계속 갱신해 나가고 있다.

[에너지 및 산업공정의 CO_2 배출량 연도별 추이/증감]

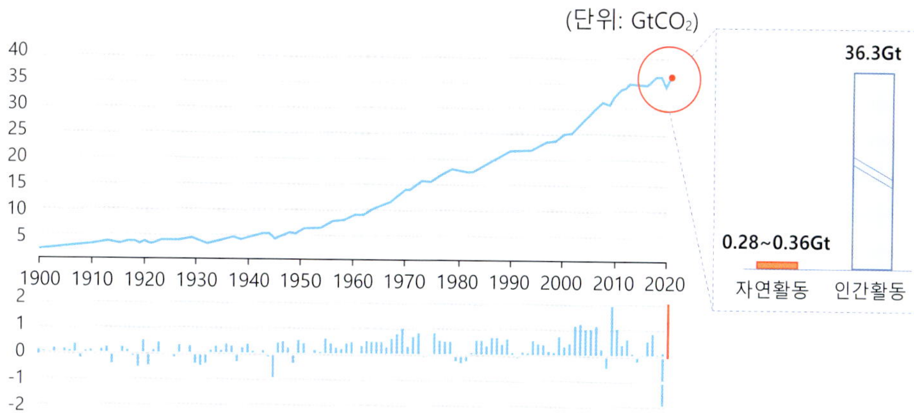

〈출처〉 온실효과(사이언스 올), 과학문화의 모든 것

그 배출량은 36.3Gt인데 단위가 Gt이다. Gt는 10억 ton을 나타내는데 CO_2 1Gt는 보잉 747 여객기 300만 대가 내뿜는 양인 것을 고려하면 엄청난 양이다. 연간 배출량이 여객기 10,890만기 쉽다. "아, 작년보다 조금 덥네, 올해도 역대급 더위네" 이런 생각이면, 미래는 암울할 것이다. "냄비 속 개구리"처럼 되지 않기 위해서는 더 늦기 전에 이 위기 상황을 적극적으로 극복하는 노력이 필요한 것이다.

다행스럽게도 전 세계적으로 기후위기를 극복하기 위한 공감대가 형성되어 더 이상의 기온 상승을 막기 위한 노력이 진행되고 있다. 이 노력을 한마디로 요약하면 탄소중립이다.

탄소중립은 대기 중 이산화탄소 농도가 인간 활동에 의해 더 이상 증가되지 않도록 탄소배출량(+)과 탄소흡수량(–)을 동일한 수준으로 맞춰서 순Net 배출량을 '0'(Zero)으로 만드는 것을 의미한다. 우리가 경제, 산업활동을 하면서 배출하는 온실가스를 최대한 줄이고, 나무를 심거나 탄소를 포집·저장·이용하는 방안CCUS, Carbon Capture Usage Storage을 통해 흡수량을 증대시켜 전체적으로는 탄소의 배출과 흡수의 균형을 이루는 넷제로net zero 방법론이다.

[탄소중립의 개념]

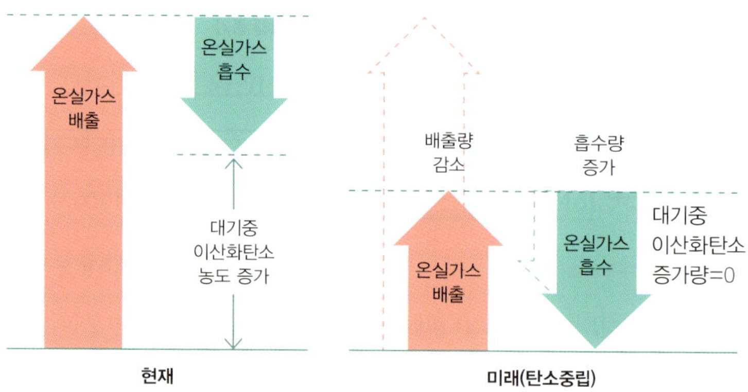

〈출처〉 2050 탄소중립('21.11, 환경부)

우리나라는 대통령 직속기구로 "2050 탄소중립녹색성장위원회"가 있으며, 2050년을 탄소중립, 온실가스 순 배출량 Zero("0")의 목표 연도로 설정하고 있다. 사실 탄소중립은 실로 대담한 목표로, 이 목표를 달성할 수만 있다면 인류의 지속가능한 성장을 확보할 수 있다. 반드시 달성해 내야만 하는 목표이기도 하다.

그러나 거대한 목표를 단번에 달성할 수는 없을 것이다. 중간 점검이 필요하다. 2050년 탄소중립에 도달할 수 있을지 가늠해 보는 중간 목표는 2030년 "NDC"다. NDC Nationally Determined Contribution 는 기후변화 파리협정에 따라 당사국이 스스로 발표하는 온실가스 감축목표이다.

국가 온실가스 감축목표는 크게 3번 변경되었다. 최초 목표는 '15년 6월 발표되었으며, 당시 NDC 목표는 '30년 BAU Business As Usual (현 추세대로 배출 전망) 대비 37% 감축이었다. 중간 변경은 '20년 12월이며 목표는 26.3%이다. 최종적인 목표 설정은 '21년 11월이며 기준은 '18년 대비 40%로 NDC 상향 목표를 국제사회에 제시하였다.

[NDC 목표 달성을 위한 부문별 감축 목표]

단위: 백만 톤

구분	부문	기준연도 ('18)	現 NDC ('18년 比 감축)	NDC 상향안 ('18년 比 감축)	부문별 감축 방안
배출량*		727.6	536.1 (△191.5, △26.3%)	436.6 (△291.0, △40.0%)	전환, 산업, 건물, 통축수산, 폐기물, 흡수원 등 다양한 분야의 감축방법 추진
배출	전환	269.6	192.7 (△28.5%)	149.9 (△44.4%)	정부 기후, 대기, 에너지정책 수립을 통한 에너지 전환 (전원 믹스 등)
	산업	260.5	243.8 (△6.4%)	222.6 (△14.5%)	(철강) 저탄소 제강식, (석유화학) 원료 전환, (시멘트) 효율 개선, (기타) 고효율 기기 등
	건물	52.1	41.9 (△19.5%)	35.0 (△32.8%)	(에너지 효율 향상) ZEB 확대, 조명, 가전 등 고효율기기 보급, 스마트 에너지 관리
	수송	98.1	70.6 (△28.1%)	61.0 (△37.8%)	(친환경차 보급) 전기차, 수소차 확대, (해운, 항공) 친환경 선박 보급
	농축수산	24.7	19.4 (△21.6%)	18.0 (△27.1%)	(저탄소 농업) 친환경 농업 확산, 가축분뇨 에너지화 및 정화 확대, 고효율 설비 보급
	폐기물	17.1	11.0 (△35.6%)	9.1 (△46.8%)	생활, 사업장 폐기물 감량, 재활용, 바이오 플라스틱 확대
	수소	–	–	7.6	수전해 수소 기술 개발, 상용화
	기타(탈루 등)	5.6	5.2	3.9	–
흡수 및 제거	흡수원	-41.3	-22.1	-26.7	(산림, 임업) 숲 가꾸기, 목재 활용, 산림 복원, (해양) 내륙 습지, 바다 숲 조성
	CCUS	–	-10.3	-10.3	(CCS) 주변 해역 대용량 탄소 저장소 확보, (CCU) 상용화 R&D 추진
	국외 감축	–	-16.2	-33.5	해외 감축사업 추진 중, 국제 탄소시장 활용

〈출처〉 2030 국가 온실가스 감축목표 상향안 최종

NDC 목표 상향은 다양한 경제 주체에 상당한 부담으로 작용할 수 있으나 국제사회에 우리나라의 강력한 기후변화 의지를 보여준다. 우리나라는 온실가스를 '18년 배출량(727.6백만 톤) 대비 40%(291백만 톤)를 감축해서 '30년 배출량을 436.6백만 톤으로 낮추는 것을 목표로 한다.

공정의 부산물로 철광석과 코크스의 회분이 석회와 반응하여 생성된다. 이는 시멘트를 대체할 수 있으며 자원 절약, 환경오염 저감 등 친환경적인 재료로 활용될 수 있다. 석유화학산업은 연료를 전기 가열로 혹은 바이오매스 보일러로 교체하여 기존 연료를 전환하거나 원료를 폐플라스틱 열분해로 재활용하는 방법을 고민해 볼 수 있다.

산업 부문은 다행스럽게도 에너지 효율화를 위한 많은 노력과 FEMS Factory Energy Management System 등 다양한 기법이 적용될 예정이므로 향후 긍정적 성과가 기대된다.

수송 부문의 경우는 온실가스 감축의 가능성이 높고, 감축률도 기준연도인 2018년 대비 2030년은 거의 40% 정도 절감이 가능할 것으로 전망된다. 이는 지속적인 유가 상승으로 인한 연료 부담, 화석연료를 사용하는 내연기관 자동차에서 전기, 수소차 등 온실가스를 배출하지 않는 무공해 차량으로의 전환 등이 큰 역할을 하고 있다.

[주거용 건축물의 에너지 절약 설계기준 변화]

(단위 : $W/m^2 \cdot K$, 열관류율)

Revision year	Region	Criteria for insulation by area				
		Outer wall	Floor	Roof	Side wall	Window
September 1979	–	1.05	1.05	1.05	–	2.56
December 1980	–	0.58	1.16	0.58	–	3.49
December 1984	제주도이외	0.58	0.58	0.58	0.47	3.49
	제주도	1.16	1.16	1.16	0.93	3.49
July 1987	중부지역	0.58	0.58	0.41	0.47	3.37
	남부지역	0.76	0.76	0.52	0.7	3.6
	제주도	1.16	1.16	0.76	0.81	5.81
January 2001	중부지역	0.47 (0.64)	0.35 (0.52)	0.29 (0.41)	0.35	3.84 (5.47)
	남부지역	0.58 (0.81)	0.41 (0.58)	0.35 (0.52)	0.47	4.19 (6.05)
	제주도	0.76 (1.10)	0.47 (0.64)	0.41 (0.58)	0.58	5.23 (7.56)
November 2008	중부지역	0.47 (0.64)	0.35 (0.52)	0.29 (0.41)	0.35	3.0 (4.3)
	남부지역	0.58 (0.81)	0.41 (0.58)	0.35 (0.52)	0.47	3.3 (4.7)
	제주도	0.76 (1.10)	0.47 (0.64)	0.41 (0.58)	0.58	4.2 (6.0)
June 2010	중부지역	0.36 (0.49)	0.30 (0.43)	0.20 (0.29)	0.27	2.1 (2.8)
	남부지역	0.45 (0.63)	0.35 (0.50)	0.24 (0.34)	0.36	2.4 (3.1)
	제주도	0.58 (0.85)	0.35 (0.50)	0.29 (0.41)	0.45	3.1 (3.7)

* ( )는 간접부위에 해당됨.

〈출처〉 공동주택 연도별 단열기준 강화에 따른 에너지 소요량 비교 연구(김대외 외)

문제는 건물 분야이다. 전 세계적으로 28% 정도의 온실가스가 건물에서 발생하며 국내에서는 34% 정도의 온실가스가 건물에서 배출된다. 인용하는 통계의 시점, 기준에 따라 다소 상이한 결과가 나올 수 있겠으나, 30~40%의 온실가스가 건물 분야에서 배출된다고 볼 수 있다. 세계 평균보다도 많은 온실가스 배출이 건물에서 발생하는 이유는 우리나라의 도시화, 산업화가 압축적으로 진행되었기 때문이다.

우리나라는 1960년대 이후 산업화가 본격화되고 도시에 많은 공장이 들어서게 된다. 일자리를 찾아 시골에서 도시로 많은 인구가 이동하는, 소위 "이촌향도" 현상이 일어나게 되면서 이를 수용할 건물이 많이 필요하게 되었다. 급격한 수요 증가에 따라 건물은 많이 지어졌는데 에너지 측면의 고민과 배려가 부족한 건축물은 오랜 기간 이슈가 되었다.

산업 성장기는 품질보다 속도가 중요한 시기였다. 에너지를 적게 사용하는 고성능 제품보다는 싸고 빠르게 많이 만드는 것이 건축물에도 요구되는 시기다. 각종 사건사고도 많았고 건물에서 사용하는 에너지 자체에 대해서는 고민조차도 없었다.

그런데 에너지 효율의 중요성을 인식되는 사건이 일어났다. 1970년대 2차례 중동발 석유파동이 일어나면서 에너지 가격이 비정상적으로 상승하게 된다. 에너지는 곧 돈이라는 인식이 생기고 이 시기에 자동차 연비의 개선, 건축물의 부위별 단열기준을 설정하는 에너지 절약기준의 탄생, 엘리베이터가 홀수층, 짝수층으로 격층 운행하는 것도 에너지 효율에 대해 고민했던 결과다.

건물은 우리가 살아가는 공간이고 수명도 길게는 70~80년이다. 일반 소비재의 수명은 짧게는 1년, 길게는 10년인 데 비해, 건물의 수명은 재건축을 감안할 때도 최소 30~40년이다. 한번 건물을 지으면 오랜 기간 효율개선은 불가능하기 때문에 건물을 지을 때부터 깊이 있는 고민이 필요하다. 탄소중립이 더욱 중요해지는 시대적 특성을 감안하여 건물의 녹색 설계기준 등은 점차 강화되는 방향으로 발전하고 있다.

온실가스 배출 측면에서 주요 도시를 구분하면 도시화가 종착단계에 이른 서울, 경기, 부산, 인천 등 광역지자체의 경우 평균 30~40%, 많게는 60% 이상의 온실가스가 건물에서 쏟아져 나온다. 건물, 상업시설의 비율이 높고, 인구가 밀집되어 있어 건물과 인력 물자의 수송이 많은 특성을 반영한 결과로 추측된다.

향후 기후위기가 심화되어 폭염, 혹한, 대기오염이 진행됨과 동시에 도시화가 더욱 가속화될

[전국 부문별, 광역지자체 온실가스 배출비율]

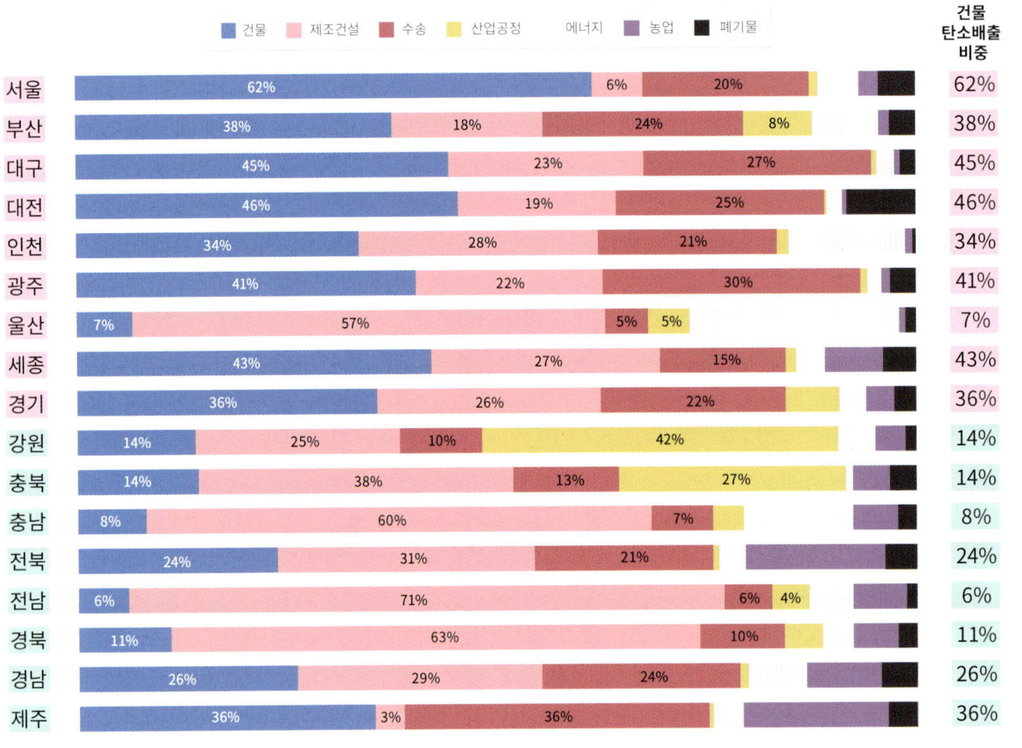

*단위 tCO_2eq를 비율로 환산

*직·간접 배출량 포함, 2019년 기준

(온실가스종합정보센터, 광역지자체 기준 지역별 온실가스 인벤토리(1990-2019)자료로 계산

〈출처〉 에너지엑스

경우, "이불 밖은 위험해"처럼 건물 밖의 환경은 가혹하게 변해갈 것이다. 이에 따라 건물 내에 살아가는 사람들을 보호하고, 쾌적한 환경을 제공하기 위해 건물이 필요로 하는 에너지 소비와 탄소배출은 더욱 증가될 것으로 예측된다. 이는 온습도유지를 위한 에너지 사용설비의 지속적인 증가에 기인하는 것으로, 향후 건축물의 에너지 효율향상이 진행되지 않을 경우 건물의 탄소배출 비율은 50% 이상 증가할 수 있다는 비관적인 전망도 존재한다.

산업, 수송에 비해 내구 연수가 길고 변경이 어려운 건축물의 특성을 충분히 감안하여 기획, 설계단계에서 탄소중립을 깊이 있게 고민할 필요가 있다.

3
ZEB의 정의와 개념

건축물의 지속가능성이란 무엇일까? 기후위기로 인해 외부의 환경변화가 심해지면서 사람들은 바깥 활동보다는 실내에서 생활하는 경우가 많다. 어린 시절 날씨가 추워도 골목에서 뜀박질하며 술래잡기하던 시절은 이제 옛 추억일 뿐이고, 폭염, 추위 혹은 미세먼지의 위협 속에 실내 키즈카페에서 노는 아이들의 모습이 이제는 우리의 일상 풍경이 되었다. 놀이 공간뿐만 아니라 업무나 일상생활도 날씨나 계절의 제한없이 진행될 수 있도록 건물에서 지내는 시간이 늘어난다.

건물의 환경은 사계절 내내 일정한 경우가 많다. 여름철 실내 온도는 24~26도, 습도는 40~50%, 겨울철 실내 온도는 20~22도, 습도는 50~60% 정도로 유지된다. 연령, 성별, 운동량, 컨디션, 옷을 입은 상태 등 개인차가 있지만, 온열감각 요소 중 온도와 습도는 사람이 쾌적함을 느끼는데 가장 중요한 요소이다. 따라서 건물 내에서는 온도와 습도를 유지하는데 신경을 쓰고 있지만 항상성을 유지하기 위해서는 에너지 사용이 필요하며 탄소도 자연스럽게 배출된다.

쾌적하게 생활해야 업무 능률도 오르기 때문에, 아주 덥거나 추운 날은 온도를 조금 더 조정하기는 하지만 온습도 차이는 크지 않다. 보통 적정 온도와 2~3도 차이, 적정 습도와 5~10%

[인간의 온열감각 요소와 외기 상태 변화에 따른 인간의 온습도 쾌적대(ASHRAE 기준)]

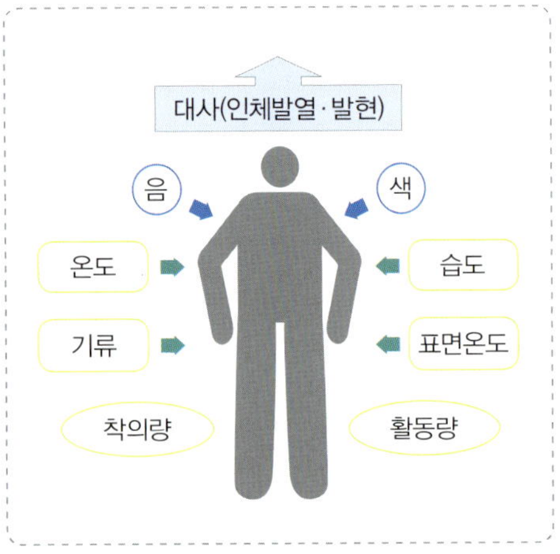

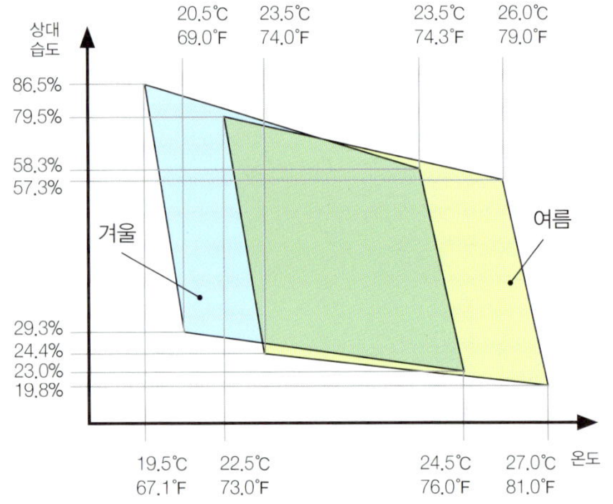

〈출처〉 그림으로 보는 건축환경(박찬필), Performance Investigation of Building Ventilation System by Calculating Comfort Criteria(T.Ahmed, 2012)

정도의 차이 내에서 건물 속의 생활은 이루어지고 있다. 이렇게 지내다 보면 바깥 환경이 어떻게 변화하고 있는지 잊기 쉽다.

하지만 매년 갱신되는 역대급 더위와 추위를 잊으면 안 된다. 시간이 지날수록 상황은 안 좋은 방향으로 가고 있는데 건물은 실내에서 생활하는 우리의 몸을 쾌적하게 관리하기 위해 더 많은 에너지 소비를 감내하고 있다. 매년 계절별 최고기온을 갱신하고 있으며 이제 여름철 35~36도, 겨울철 영하 10도는 예사이다. 올해도 북극 한파가 내려와서 영하 18도에 근접하는 한파가 오지 않았는가. 바꾸어 말하면 건물이 감당해야 되는 부하 수준이 매년 늘어난다는 이야기가 된다. 건물에서 생활하는 사람들의 항상성恒常性을 위해서 숨만 쉬어도 에너지는 소비되고, 탄소는 배출된다.

에너지 소비(=탄소배출)는 피할 수 없다고 하더라도 어디서 필요한 에너지를 가져오는지는 알 필요가 있다. 사람들이 쾌적함을 유지하기 위해 사용하는 에너지의 조달 경로에 따라 배출되는 탄소의 양이 달라지기 때문이다. 우리의 생활 수준이 올라가면서 전기화가 급속하게 진행되고 있다. 대부분의 부하는 전기를 동력원으로 사용한다. 가전제품은 물론이고 냉난방기기,

[계절별 쾌적 온도대역과 외기 변화]

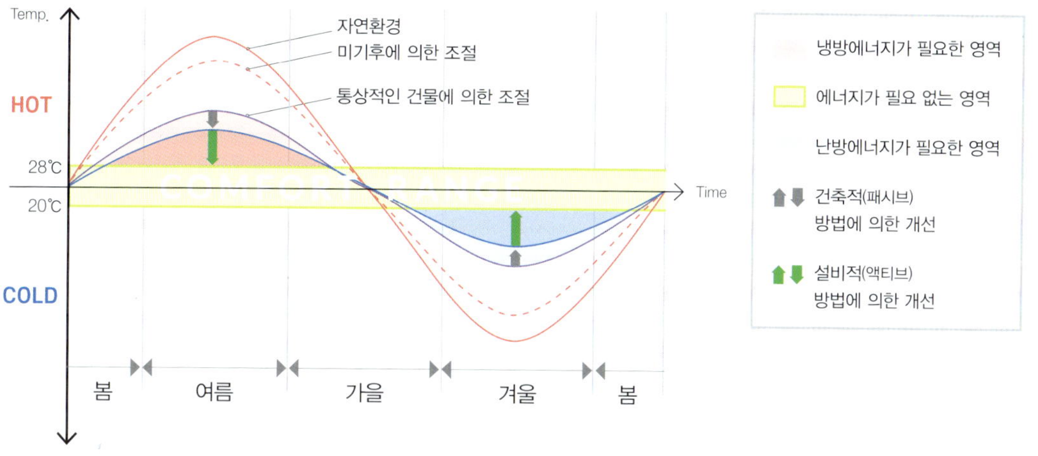

〈출처〉 제로 에너지 건축 전문인력 양성교육(에너지공단)

조명, 환기, 전통적으로 연료를 사용하던 취사도 인덕션으로 바뀌고 있다. 그런데 전기는 생각보다 복잡한 과정을 거쳐서 우리에게 온다. 사우디, 오만, 인도네시아 등의 석유, 가스, 호주의 석탄 등이 우리나라까지 공급되면 발전소에서 터빈을 돌려 전기를 생산한다. 생산된 전기는 송전, 배전망을 거쳐 서울과 같은 도심 수요처로 공급되는데, 대형 발전소들이 부산, 경주, 영암, 당진 등 해안지역에 위치하고 있으므로 송전 손실은 피할 수 없는 상황이다. 이 과정에서 사용하지도 못한 에너지의 탄소배출이 일어나므로 손실을 줄이고, 궁극적으로는 손실을 없애기 위해 소비지에서 필요한 에너지를 직접 생산하는 지산지소地産地消의 개념이 중요한 것이다.

빌딩의 에너지 절감은 수요와 공급 측면에서 생각해야 한다. 종래의 건물에서 필요한 에너지를 기준으로 환경부하를 줄이는 에너지 효율화를 최대한 진행하고, 에너지를 직접적으로 만들어서 에너지 소비량을 제로화하는 것이 ZEB의 접근 방식이다. 이 과정에서 중요한 것은 실내에 거주하는 사람의 생활과 환경 품질이 저하되지 않도록 설계하는 것이다. 냉난방 부하를 가동하는데 에너지가 들어가니 조금은 덥거나 춥게 생활하는 불편함이 있어서는 안 된다. 자연의 원리를 이용해서 남향으로 충분한 일사 에너지를 받도록 건물을 배치하고, 열이 새어나가지 않도록 하는 단열을 계획하며, 건물에서 에너지가 가장 많이 빠져나가는 창호 등 취약할 것으로 예측되는 부분에 대한 연구가 충분히 이루어져야 한다. 기획단계부터 에너지가 많이 들지 않는 설계로 수요를 최소화하고, 필요한 에너지를 현장에서 적정 수준으로 공급할 수 있는 방법을 강구해야 한다.

에너지 수요를 줄이지 않고 공급을 극대화한다는 접근은 밑빠진 독에 물 붓는 일과 같기 때문이다. 에너지 자체가 적게 들고 적게 공급할 수 있는 구조로 건물 에너지 수요와 공급의 구조를 변화시킬 필요가 있다.

제로 에너지 건축 기술은 일반적인 수준의 건물이 필요한 에너지 사용과 이에 따른 탄소배출을 줄이기 위한 탄소중립 방법론이다. 건물에 거주하고 있는 주민의 생활이 불편하지 않은 수준에서 자연의 에너지를 이용하거나 설비 시스템의 고효율화를 통해 에너지와 탄소배출량을 저감하는 것을 목표로 한다.

에너지 효율화를 통해 부하를 억제하면 쾌적한 생활을 희생하지 않고도 에너지 소비를 줄일 수 있고, 탄소배출 또한 억제된다. 여기에 탄소배출이 없는 재생에너지로 생활에 필요한 전기와 열을 생산한다면 에너지를 역逆으로 공급할 수 있어 에너지와 탄소배출의 수요, 공급을 제로로 만들 수 있다.

제로 에너지 건축물은 궁극적으로 수요와 공급 측면에서 에너지 소비량을 Zero 상태로 만드는 것이지만 실제로 이를 구현하기는 쉽지 않기 때문에 제로 에너지 건축의 수준에 따라 다양

[ZEB(제로 에너지 건축)을 통한 건축물 탄소중립]

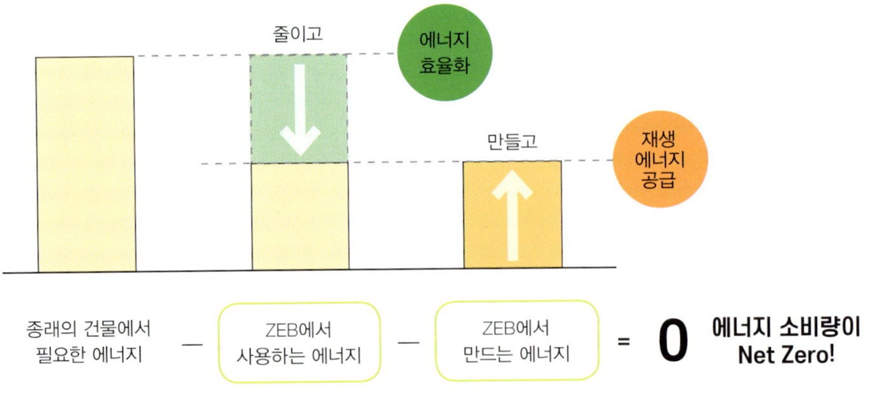

〈출처〉 ZEB 개념(ZEB Portal)

한 정의가 존재한다. 우리나라는 "녹색건축물 조성지원법"에서 제로 에너지 건축물을 "건축물에 필요한 에너지 부하를 최소화하고, 신에너지 및 재생에너지를 활용하여 에너지 소요량을 최소화하는 녹색건축물"로 정의하고 있다.

국가별로 제로 에너지 건축물의 정의는 다양하다. 플러그 부하의 포함 여부나 1차 에너지 기준으로 분류하기도 하지만, 성능 수준에 따른 구분이 일반적이다. 건축물의 에너지 성능 수준은 통상 표준 면적(m^2) 당 연간 필요한 에너지량에 따라 결정되는데 이 값이 작을수록 저에너지 건축물이다. 이 수준에 따라 크게 4가지로 ZEB를 구분할 수 있으며 전문 연구기관인 한국건설기술연구원의 분류체계를 소개하고자 한다.

[성능 수준별 ZEB(제로 에너지 건축) 구분]

구분	성능 수준 (kWh/m^2–yr)	개념
ZEB Ready (Zero Energy Building Ready)	120	일본, 영국 등에서 사용되고 있는 개념으로 자국 시장 수용능력에 따라 충격을 완화하고자 정의한 신재생을 제외한 저에너지 빌딩 수준의 건축물
nZEB (Nearly Zero Energy Building)	50	Zero Energy Building 구축의 경제적 현실성을 고려하여 건물에서 사용되는 에너지 용도를 구분하고, 한정된 용도 에너지의 사용량을 제로화하는 건축물
NZEB (Net Zero Energy Building)	0	건물 효율화를 통해 에너지 사용량을 큰 폭으로 저감한 후, 신재생에너지 생산을 통해 연간 에너지 수치를 "0"으로 유지하는 건축물
Plus Energy Building	+	건물이 필요로 하는 에너지보다 더 많은 양의 에너지를 신재생에너지원으로부터 생산하여 자동차(전기)용 에너지 등 기타 용도로 제공하는 건축물

〈출처〉 제로 에너지 건축물 활성화를 위한 제도개선 및 지원방안 연구(2017, 이승언, 건설기술연구원)

'ZEB Ready'는 일반 건축물 대비해서 에너지 절감량을 최대로 낮추는 노력을 시도해보는 건축물이다. 제로 에너지 건축물에 대한 의무 혹은 규제를 즉시 실행할 경우, 준비되지 않은 이해관계자는 대응이 불가능하다. 시장에서 이를 수용할 능력이 없기 때문에 큰 저항이 발생할 수 밖에 없다. 따라서 이해관계자가 가능한 수준에서 저에너지 빌딩을 구현할 수 있도록 도입하는 단계이다. 우리나라의 경우 지역별 녹색건축물 설계기준 등이 상당히 높아졌으므로 조금만 노력하면 달성할 수 있는 성능 수준이다.

건축물의 규모에 따라 다르지만 통상 지역별 녹색건축물 설계기준에서는 1+등급(주거 90~120kWh/m^2-yr, 비주거 140~200kWh/m^2-yr) 혹은 1등급(주거 120~150kWh/m^2-yr, 비주거 200~260kWh/m^2-yr) 수준을 만족해야 하므로 목표 달성을 노려볼 수 있는 수준이다.

'nZEB nearly Zero Energy Building'은 제로 에너지 빌딩 구축의 현실성을 고려한 건축물 수준이다. 건축물에는 다양한 부하가 존재하는데 냉방, 난방, 급탕, 조명 등 제한된 에너지 용도에 대해서만 제로 에너지 건축에 가까운 건축물을 구현하는 개념으로 이렇게 부하의 용도를 한정하면 ZEB 달성 가능성이 높기 때문에 최근 선진국들이 공식적으로 사용하고 있다. 건축물 에너지 효율등급 기준으로는 1+++(주거 60kWh/m^2-yr 미만, 비주거 80kWh/m^2-yr 미만) 수준을 달성해야 하는 정도로 많은 노력이 필요하다. 방위, 단열, 기밀, 창호, 차양, 환기 등 패시브 기술로서는 할 수 있는 노력을 거의 다 기울였다고 볼 수 있다.

'NZEB Net Zero Energy Building'은 연간 또는 생애주기 관점에서 건물효율화를 통해 에너지 사용량을 큰 폭으로 저감한 후, 신재생에너지 생산을 통하여 연간 에너지 수치를 "0"으로 유지하는 건축물이며, 우리가 달성해야 하는 목표 수준이다.

'+ZEB Plus Energy Building'은 꿈의 ZEB 수준으로 건축물이 필요로 하는 에너지보다 더 많은 양의 에너지를 신·재생에너지원으로부터 생산하여 전기차 충전용 에너지 등 기타 용도로 생산된 에너지를 제공할 수 있는 건축물을 말한다. 보통 이 단계에서는 한정된 에너지 부하요소(난방, 냉방, 급탕, 조명, 환기) 이외에 건축물에서 사용되는 플러그 부하 등 모든 부하의 필요 에너지를 충족할 수 있는 건축물을 말한다.

제로 에너지 건축의 개념은 에너지의 수지收支를 맞추는 것이며, 목표 달성을 위한 접근 방식은 상당히 체계적으로 정리되어 있다.

기술적인 개념으로 볼 때 제로 에너지 건물은 마치 보온병과 같은 원리를 가지고 있다. 진공 상태를 유시하면서 열의 전도와 내류를 막는 보온병은 단순해 보이지만 내부에 유리로 된 진공벽, 안쪽과 바깥쪽에 은으로 도금된 표면, 단열을 위한 플라스틱 등 여러 기술을 포함하고 있다. ZEB도 마찬가지이다. 외부로 새어나가는 열을 막고, 자체적으로 열, 전기 에너지까지 생산

[ZEB의 요소기술 목록]

〈출처〉 제로 에너지 건축 보급 확산 방안, 제로 에너지 빌딩 요소기술(국토교통부, 에너지공단) 外

하기 위해서 일반 건물 대비 다양한 요소기술이 적용된다.

ZEB의 검토 방법과 세부 요소기술의 개략적인 내용에 대해 알아보기로 하자. ZEB 검토는 기본 요소기술인 패시브, 액티브, 신재생에너지, 에너지 모니터링을 하기 전에 선행단계인 프리 패시브 디자인Pre-passive design을 철저히 수행해야 한다.

프리 패시브 단계는 대지 분석, 미기후 분석을 통해 건물이 위치할 장소의 특성에 대해 선행 연구를 진행하는 것이다. 대지를 어떻게 이용할 것인가, 어떻게 에너지를 절감할 수 있을 것인가에 대한 방향성을 고민하는 과정이다. 다양한 가능성을 열어 놓는 단계로 도로와의 접근성, 일조, 바람의 방향을 고려해서 건물을 배치하면서, 친환경적인 건물이 만들어질 수 있을지 세부적인 검토를 진행해 간다.

패시브 디자인은 쾌적한 생활을 위해 필요한 에너지 요구량 자체를 최소화하는 기술로 자연의 에너지를 어떻게 활용할지에 대해 고민하는 단계이다. 이 단계에서 건물의 배치(向)와 형상, 외피(벽체, 지붕, 바닥, 창호 등)의 단열, 외피의 기밀, 옥상녹화, 차양을 통한 일사조절, 고효율 창호 적용, 창면적비, 자연채광, 외기를 이용한 냉방, 자연환기 등을 통해 건축 계획적인 기법으로 에너지 요구량을 줄일 수 있다. 패시브 기술이 건물의 형태나 구조, 외피계획을 자연적인 원리를 통해 인간에 적합한 형태로 조절하는 것이라면, 액티브 기술은 건물 내부의 환경 조절을 기계적인 설비로 달성해 나가는 방식이다.

[ZEB 설계 흐름]

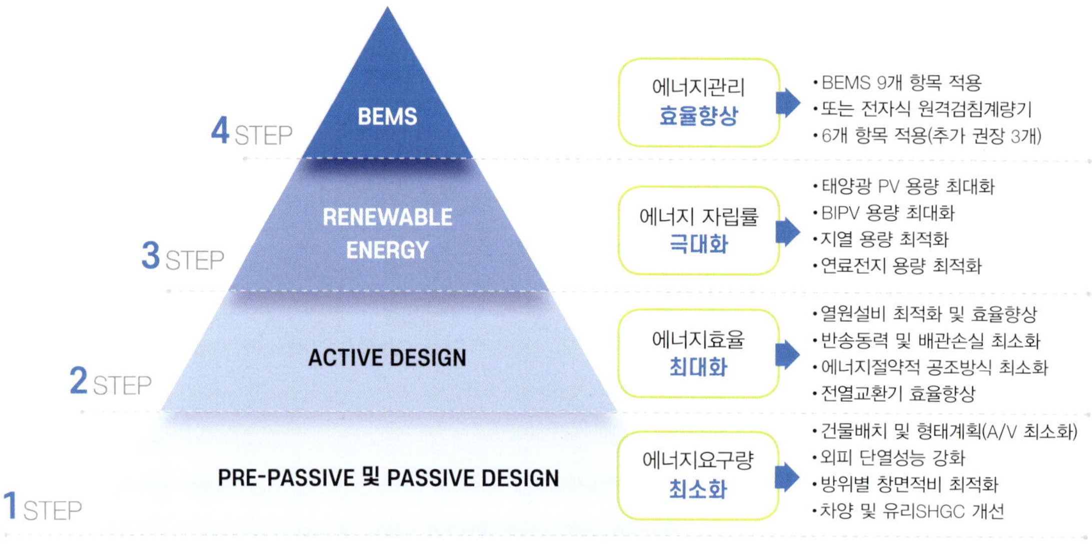

〈출처〉 제로 에너지 건축물인증 기술요소 참고서

냉난방을 예로 들어보자. 고단열, 고기밀 외피, 자연채광 등 패시브 기술을 적용해서 냉난방 부하를 충분히 줄였다면 쾌적 상태를 달성하기 위해 필요한 에너지는 많지 않다. 줄어든 냉난방 부하는 고효율 설비를 사용하면 에너지 요구량을 70~80% 수준까지도 절감할 수 있다. 조명도 마찬가지다. 자연채광이 충분하고 LED와 같은 고효율 설비를 사용한다면, 쾌적한 빛 환경을 구현하는데 필요한 에너지를 절감할 수 있다.

재생에너지는 건물에 필요한 열, 전기를 스스로 생산하므로 화석연료 기반의 열, 전기를 외부에서 끌어올 필요가 없고, 이 과정에서 수반되는 탄소배출까지 줄일 수 있으므로 제로 에너지 건축에 반드시 필요한 요소이다.

패시브, 액티브, 재생에너지로 제로 에너지 건물을 구현했다 하더라도 에너지 관리가 되지 않으면 '잘 지어진 건물'이 금방 목적을 잃을 수 있다. 관리되지 않는 건물의 에너지 효율은 금세 나빠진다. 건물의 쾌적한 실내 환경 유지와 효율적 에너지 관리를 위해 에너지의 사용 내역을 모니터링하고, 최적화된 관리방안을 제시하는 시스템이 필요하고, 이 시스템은 계측, 제어, 관리, 운영 기능을 가진다. 건물의 에너지 관리 시스템을 BEMS Building Energy Management System 라고 부르며 건축, 기계, 전기, 정보통신, 에너지 등 기술이 융합된 복합 시스템이다.

BEMS는 건물, 설비의 지속적 관리를 통해 건축물의 성능을 유지하고 수명을 장기화하는 것이 가능하다. 단순한 현황 관리, 설비 상태 모니터링 용도 외에도 운전 데이터가 축적될 경우 향후 성능에 대한 사전 예측이 가능하므로 다양한 보조 사업들이 도출될 수 있다.

ZEB 목표 달성을 또 다른 시각에서 보기로 하자. ZEB 구현의 기본적인 접근방식은 에너지 소비량을 최대한 줄이고 재생에너지를 도입해서 에너지 자립을 가능하게 하는 것이다. 다음 그래프의 가로축은 에너지 수요량, 세로축은 에너지 공급량이다. ZEB는 에너지의 수요와 공급을 "0"으로 만드는 것을 목표로 하므로, 원점을 중심으로 가로축과 세로축을 45도 경사로 나누는 선이 Net-Zero 구현의 기준선이 된다. 이 기준선에 맞추는 것이 건축물에서 ZEB를 달성하는 목표점이다.

그런데 이 목표점을 달성하기 위한 경로는 상당히 다양할 수 있다. 수요를 줄여 에너지 자립에 필요한 재생에너지 공급을 낮추는 것도 방법일 수 있고, 모든 것을 다 무시하고 재생에너지

[ZEB의 접근 전략]

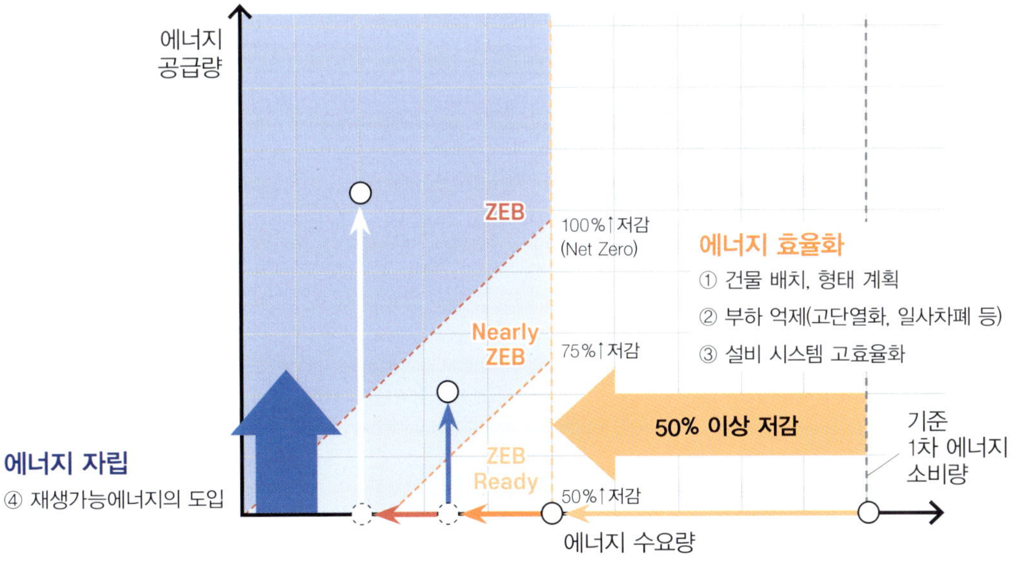

〈출처〉 ZEB 개념(ZEB Portal)

를 최대한 공급하는 것도 방법일 수 있다. 그러나 모든 사항에는 현실적 제약 조건이 있으므로 사전에 활용할 수 있는 요소기술의 종류를 기술적, 경제적으로 검토한 이후에 목표로 하는 수준을 달성할 수 있는 전략을 수립하는 노력이 필요하다.

일본의 경우 ZEB 달성을 위한 전략과 달성 수준을 세분화하였으며 ZEB ready, Nearly ZEB, ZEB의 3단계로 구분하고 있다. ZEB를 달성하기 위해 건축물의 부하저감, 설비 효율화를 통한 에너지 수요의 억제, 건물의 규모에 적합한 재생에너지 설비의 합리적 도입 등을 고민한다. 세부 달성 방법으로는 ① 기본적으로 에너지를 많이 필요로 하지 않도록 건물 배치, 형태 계획을 수립, ② 외피 성능의 향상, 일사차폐 등을 통해 부하를 억제, ③ 설비 시스템의 고효율화가 있다. 이를 통해 에너지 소비량이 50% 이상 절감되며, 추가적으로 ④ 재생가능에너지를 도입하여 건축물이 에너지 자립을 할 수 있도록 한다.

[ZEB를 위한 요소기술의 활용방안]

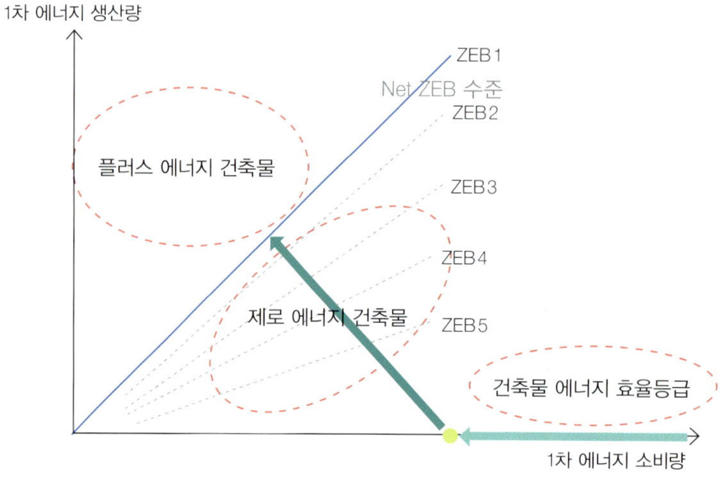

〈출처〉 제로 에너지 건축물 활성화를 위한 제도개선 및 지원방안 연구(2017, 이승언, 건설기술연구원)

우리나라는 ZEB 수준을 에너지 자립률을 기준으로 1~5등급으로 나누고 있으며, 이를 달성하기 위해서 다양한 요소기술을 활용해야 한다. 각 건축물의 다양한 환경요소, 입지조건 등을 활용하여 목표로 하는 ZEB의 등급, 수준을 설정하며, 목표 달성을 위한 전략을 수립해야 한다.

4 제로 에너지 건물 정책과 시장규모

정부는 건축 분야의 탄소중립을 위한 추진 체계를 갖추고, 본격적인 제로 에너지 의무화를 추진하고 있다. 통상 어떤 시책을 시행함에 있어서 계획과 실행을 위한 법률 체계가 구축되어야 한다. 상위법에서 해당 법을 시행하는 목적과 의도에 대해 설명하면, 하위법에서는 구체적인 사항을 정의하는 것이 일반적인 구성 형태이다.

[제로 에너지 건축을 위한 법적 체계]

구분	법규	주요내용
법률	「녹색건축물 조성지원법」	(제2조) 제로 에너지 건축물의 정의 (제17조) 제로 에너지 건축물 인증제도 (제41조) 인증결과 미표시 및 사용승인 시 관련 서류 미첨부에 따른 과태료
대통령령	「녹색건축물 조성지원법 시행령」	(제11조) 제로 에너지 건축물 건축기준 완화 (제12조) 인증 대상 건축물, 의무 대상 건축물
국토교통부령 산업통상자원부령	「건축물 에너지 효율등급 인증 및 제로 에너지 건축물 인증에 관한 규칙」	- 운영기관 및 인증기관의 지정 등 - 인증 신청, 평가, 기준, 발급 등 - 재평가 요청, 예비 인증, 실태조사 등 - 인증운영위원회의 구성 및 운영 등

구분	법규	주요내용
국토교통부 고시 산업통상자원부 고시	「건축물 에너지 효율등급 인증 및 제로 에너지 건축물 인증 기준」	– 인증신청 보완, 반려, 기준 및 등급 등 – 재인증 및 재평가, 위원회 운영 등

〈출처〉 제로 에너지 빌딩 인증시스템(에너지공단)

건축물의 온실가스 배출량 감소와 녹색건축물의 확대를 목적으로 하는 "녹색건축물 조성지원법"과 하부 시행령, 시행규칙에서는 "제로 에너지 건축물"을 건축물에 필요한 에너지 부하를 최소화하고, 신에너지 및 재생에너지를 활용하여 에너지 소요량을 최소화하는 녹색건축물로 정의하고 있으며, 관련된 대상 건축물, 인증제도, 운영에 대한 규칙 등 세부 사항을 기술하고 있다.

제로 에너지 건축과 관련된 법의 체계는 법률 〉 시행령(대통령령) 〉 시행규칙(총리령, 부령) 〉 조례 〉 규칙 〉 고시(공시, 공고)까지 완비되어 있으며, 제로 에너지 건축을 위한 세부 로드맵까지 준비되어 있다. 제로 에너지 건축의 단계적 의무화는 ZEB 활성화를 위해서 공공부문부터 시작되었다. 공공이 산업 육성을 위해 시장을 선도하고, 역량과 경험이 쌓이면 민간 시장이 열리는 것은 일반적인 정책의 방향이다.

[ZEB 의무화 로드맵]

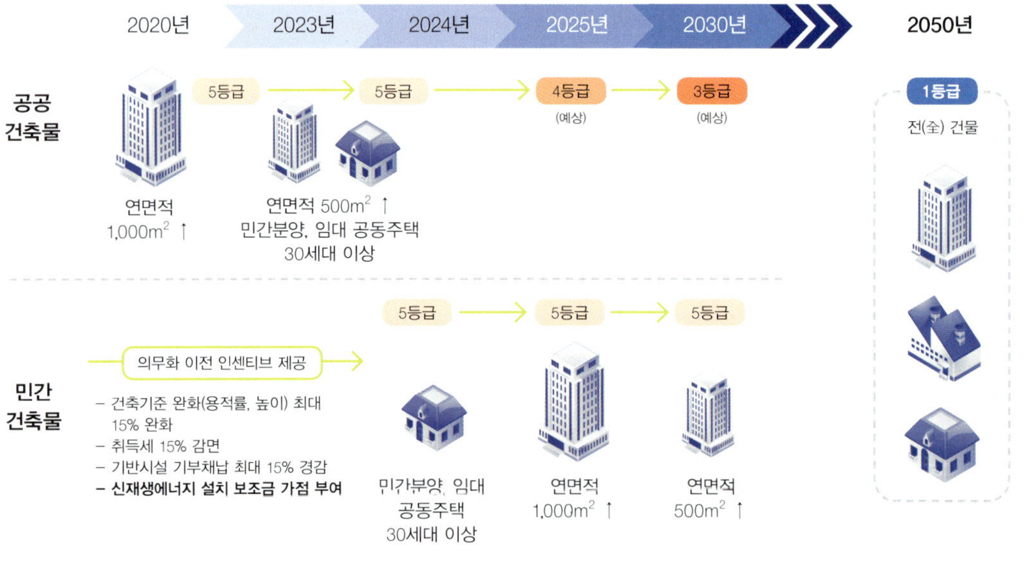

〈출처〉 제로 에너지 빌딩 인증 시스템(에너지공단)

공공의 제로 에너지 건축 의무화는 2020년부터 이미 시작되었으며, 연면적 1,000m^2부터 시작한 의무 정책은 연면적 500m^2까지 확대되고 있다. ZEB 5등급은 자립률 20%, 4등급은 자립률 40% 이상으로 자립률을 확보하기 위해, ZEB 시장뿐만 아니라 재생에너지 시장 역시 함께 성장할 것으로 전망된다.

민간 부문은 2025년부터 의무화가 시작되는데 연면적 1,000m^2 이상 건물을 대상으로 하며, 2030년부터는 연면적 500m^2 이상으로 의무 정책이 확대되어 대부분의 건축물은 ZEB로 구현될 것으로 전망된다. 2025년 민간 시장이 본격 개화하기 전에, 시장의 성장을 견인하는 것은 공공 정책이 될 것이며, 그중 가장 큰 것이 공공기관의 재생에너지 공급의무비율을 규정하는 "공공기관 설치의무화 제도"이다. 공공기관 설치의무화 제도는 공공기관이 신축, 증축 또는 개축하는 건축 연면적 1천m^2 이상의 건축물에 대하여 사용 에너지의 일정 비율 이상을 신재생에너지를 통해 공급되는 에너지로 사용토록 신재생설비 도입을 의무화한 제도이다.

[공공기관 재생에너지 도입의무비율]

해당연도	'20～'21	'22～'23	"24～'25	'26～'27	'28～'29	'30～
공급의무비율(%)	30	32	34	36	38	40

〈출처〉 신·재생에너지 설비의 지원 등에 관한 규정, 공공기관 설치의무화제도(국가법령정보센터, 에너지공단 신재생에너지센터)

제로 에너지 건축 의무화에 따라 공공기관 ZEB의 최소 충족 기준은 5등급으로 설정되어 있다. 이는 최소 20% 이상의 에너지 자립률 만족을 의미한다. 그러나 공공기관 의무화 제도에서 요구하는 재생에너지 설치의무공급비율은 23년 기준으로 이미 최소 등급을 상회하는 수준인 32%를 공급의무비율로 설정하고 있다. 더욱 강화된 기준은 ZEB의 에너지 자립 및 건물 재생에너지 활성화의 기반이 된다.

공공 시장은 의무화가 시행되어 강제로 시장이 개화되었으나, 민간 시장은 2025년 의무화가 되기 전이므로, 건축주들이 ZEB를 적용하기 위한 동기부여는 되지 않는 상황이다. 다가오는 시장의 충격을 대비하고, 시장을 열기 위한 대책으로 건축기준 완화, 세제 해택 등 인센티브 정책과 함께 지역별 녹색건축기준 강화를 진행하고 있어 탄소배출 저감과 함께 ZEB 시장은 활성화 되고 있다.

경기도의 예를 살펴보자. 경기도의 "제2차 녹색건축물 조성계획"에 따르면, 도내의 건물 탄소배출은 '25년 BAU 기준으로 주거용 23,574천tCOeq, 비주거용 26,372천tCOeq로 추정된다. 여기에 '25년 BAU 대비 건물부문 국가 감축목표 23.1%를 적용한 것이 경기도 온실가스 감축 목표량 11,538천tCOeq이다. 이를 기준으로 시군별로 감축 할당량을 산정하며, 국가 정책 방향과 연계하여 경기도-시-군 단위까지 감축의 목표치가 하방전개된다.

또한 신축 건축물의 종합적인 에너지 성능 강화를 위해 에너지 소비총량 기반의 허가기준이 단계적으로 강화하고 있다. 2018년에 에너지 소비총량 설계기준이 효율등급 1등급 수준이었다면 2021년에는 1+등급, 2023년에는 1++등급으로 강화되는 추세이다.

[경기도 녹색건축 설계기준 주거부문 대상 건축물(안) 및 에너지 효율등급(안)]

분류	대상 건축물	
	주거(현행 설계기준)	주거(개선 안)
❶	-	1,000세대 이상
❷	500세대 이상인 공동주택	300세대 이상 1,000세대 미만
❸	500세대 미만인 건축물	30세대 이상 300세대 미만
❹	-	30세대 미만인 건축물

구분		세부내용	대상 건축물	현재 기준	개선(안)		
					'21년	'23년	'25년
에너지 성능 부문	① 건축물 에너지 효율 등급	건축물 에너지 효율 등급인증 취득	❶		1+등급 이상	1++등급 이상	1++등급 이상
			❷	2등급 이상	1+등급 이상	1++등급 이상	1++등급 이상
			❸	3등급 이상	1+등급 이상	1++등급 이상	1++등급 이상
			❹	-	2등급 이상	1등급 이상	1등급 이상
제로 에너지 건축물		제로 에너지 건축물 인증 취득	❶	-	-	ZEB 5등급 이상	
			❷❸	-	-	-	ZEB 5등급 이상

〈출처〉 경기도 제2차 녹색건축물 조성계획 연구보고서(2021.4, 경기도)

또한 30세대 이상 공동주택의 경우 2023년에는 공공분양, 임대기준으로 5등급 이상, 2024년부터 민간분양, 임대기준으로 5등급 이상 의무화가 적용된다. 즉, 경기도 녹색건축 설계기준의 에너지부문 주거 건축물 개선(안)에 따르면 2023년부터는 대부분의 공동주택(30세대 이상)이 ZEB 기준에 해당되는 에너지 효율등급을 만족해야 하는 것이다.

이러한 정책적인 지원을 바탕으로 시장규모는 의무화가 본격화되는 2025년에 폭발적으로 성장할 것이다. 사실 시장 규모 예측은 굉장히 조심스러운 일이다. 미래는 어떤 방식으로 펼쳐질지 수많은 변수가 있고, 어떤 전제조건을 예측의 요소로 선택하느냐에 따라 규모와 시점이 크게 달라지기 때문이다. 그러나 시장 예측은 반드시 필요한 작업이기도 하다. 산업이 성장하

[ZEB 시장 규모 전망]

구분			공공건축물 대상 제로 에너지 의무화				
			2020년	2021년	2022년	2023년	2024년
제로 에너지 건축시장 (억원)	공공	주거	22,367	19,472	16,938	61,434	55,815
		상업	135,252	129,738	124,448	139,427	133,742
	민간	주거	–	–	–	919	3006
		상업	–	–	–	2465	14940
	계		**157,619**	**149,210**	**141,386**	**204,245**	**207,503**

구분			공공 및 민간 건축물 제로 에너지 의무화			
			2025년	2026년	2027년	2028년
제로 에너지 건축시장 (억원)	공공	주거	57,249	51,911	47,076	42,691
		상업	113,065	108,244	103,642	99,233
	민간	주거	2,162,531	2,273,509	2,390,014	2,512,295
		상업	451,894	434,498	417,742	401,601
	계		**2,784,739**	**2,868,162**	**2,958,474**	**3,055,820**

*산출근거: '19년 제로얼라이언스 성과 사례집을 참고하여 연도별 의무화 대상 면적 및 건물 용도별 공사 단가 반영하여 자체 분석

는 데 있어서 시장의 크기는 대-중-소기업의 플레이어의 종류를 결정하며, 시장 진입을 위한 투자 의사결정에 근거가 되기도 한다.

에너지 분야는 다른 산업 대비해서 상대적으로 시장 규모를 예상하기 쉽다. 정책에 일관성이 있다면 향후 5년, 10년을 가늠할 수 있고, 성장의 방향과 크기를 추정하기 쉽다. 전환 부분 등 에너지 믹스 관련된 분야는 보수, 진보 정권에 따라 정책 방향이 첨예하게 대립하는 경우가 있으므로 시장규모를 예측하기 쉽지 않을 수 있다. 그러나 건축 분야의 탄소중립 정책은 일관성이 있다. 건물 탄소중립 시장은 장기적인 로드맵에 따라 착실히 개회하고 있으며 시장도 계획대로 형성되고 있는 것으로 보인다.

정부의 ZEB 관련 성과 사례집, 연도별 의무화 정책, 대상 면적, 건물 용도별 공사단가를 반영하여 시장 규모를 추정하였다. 정책 이외의 요소를 배제하고, 전문가들의 의견을 반영하여 보수적으로 예측하더라도, ZEB 공공 시장은 연간 20~30조 원 사이의 규모를 지속적으로 형성할 것이다.

민간 시장은 제로 에너지 의무화가 본격화되는 2025년부터 250조 원 규모 이상이 될 것으로 전망된다. 대부분의 건물이 연면적 1,000m^2 이상에 해당되며 특히 공동주택 30세대 이상이 ZEB 5등급에 해당되므로 최소 수준을 만족하기 위한 노력이 5등급 수준의 건물에서 치열하게 이루어 질 것이다.

시장의 규모가 커지면 다양한 플레이어들이 제로 에너지 건축 분야로 몰려들게 되고, 시장은 더욱 활성화되어 건물 부문의 탄소중립 또한 가속화되기를 기대해 본다.

II. ZEB하면 뭐가 좋은거야?

1 ZEB 도입 건물 vs. 미도입 건물

2 ZEB 인증제도

3 제로 에너지 건축주의 고객가치와 인센티브

4 ZEB 기대효과

1
ZEB 도입 건물 vs. 미도입 건물

건물을 짓는 이유는 뭘까? 건축물을 만드는 계기는 다양하다. 어떤 이는 건강하게 잘 살고 싶어서, 어떤 이는 업무를 효율적으로 하기 위해, 또는 투자, 노후 설계, 평화롭고 행복한 일상 등 건물의 개수 만큼이나 다양한 욕구를 가지고 건축물을 만든다. 그러나 꿈꾸는 일을 현실로 만들기 위해서는 많은 사람들의 도움이 필요하다. 일생을 살면서 건물을 지어보는 사람이 몇 명이나 되겠는가.

만약 건축주가 건설 분야에 종사하고, 건축 경험도 있다면 직접 시도해 볼 만하다. 기획, 설계, 인허가의 모든 과정을 본인이 추진하면서, 시공까지도 공정별로 쪼개서 직영으로 추진할 수 있을 것이다. 그러나 보통의 건축주는 평생 건물을 1~2채 짓는 것이 보통이므로, 직영시공은 매우 특이하게 발생할 가능성이 높고, 건설사를 선정하여 턴키 방식으로 사업을 추진하는 것이 일반적이다. 건물을 짓는 과정 속에서 건축주가 결정해야 할 사항도 많고 고생도 하지만 건축설계사, 시공사 등 전문가의 충분한 자문을 받고 토론하면서 건물을 완성해 나간다면 건물을 짓는 일은 어느 순간 마무리될 것이다.

건물을 짓는 과정에서 십 년 늙는다고 하지만 시간과 돈 문제가 걸린 준공 시점이 있기 때문에 끝을 볼 수밖에 없다.

문제는 건물을 지은 다음이라고 생각한다. 공사는 기간이 있고 끝이 있지만 삶은 끝이 없기 때문이다. 건축 이해관계자인 건축설계사나 시공사는 그들이 지은 건물에서 살아가는 사람이 아니다. 정성스레 건물을 지었지만 생활의 애로사항을 느끼는 사람이 아니기 때문이다. 건물은 그 건물에 살고 있는 사람만이 느끼는 애로사항이 있다. 겨울철 창문에 고드름이 맺히고 물기가 맺히다 못해 흘러내리는 결로현상, 어느 순간 피어나는 벽장 뒷편의 곰팡이, 따뜻하게 온도 설정을 하지도 않았는데 다른 건물 대비해서 너무 많이 나오는 것 같은 난방비와 전기요금, 술 마신 다음날 숙취가 있는 것도 아닌데 자고 일어나면 머리가 깨질 듯 아픈 환기 문제 등 건물에 사는 사람만 알 수 있는 문제가 있다.

토지를 마련하고 건물을 짓는 것도 큰 일이지만, 더 큰 문제는 살아가며 발생한다고 생각한다. 그러기 때문에 건물을 짓기 앞서서 자기 자신만의 건물에 대한 생각, 목적, 재정 상황 등을 종합적으로 고려해야 하며, 건물을 지은 이후 사용하는 문제까지 고민해야 한다.

또한 건물은 내구연한이 길기 때문에 건물을 운영하는 단계에서 발생할 비용에 대해서도 깊은 고민이 필요하다. 자동차를 생각해 보자. 연비가 3~4km/리터 차이만 나도 1년에 10,000km 달린다면 연료는 150~200리터 정도 더 소모된다. 연간 40만 원 정도는 더 연료비로 쓴다고 생각하면 연비에 대해서 심각하게 고민하지 않을 수 없다. 기름값 비쌀 때는 저가 주유소를 찾아서 도로를 헤멘 기억이 한번쯤은 있을 것이다.

더욱이 우리나라에서도 2035~2040년 사이에 내연기관 자동차의 판매금지 조치가 유력한 가운데, 내연기관을 이용한 자동차는 전 세계적으로도 사라질 것으로 전망된다. 미래가 그려진다면 어떤 차를 사야될지 고민되는 상황이다. 건축물도 마찬가지이다. 자동차는 10년 정도 타고 교체를 생각하면 되고, 일상 생활에서 사용하는 제품들은 1~2년이면 쓰임이 다하지만, 건물은 내구연한이 40년이다. 자동차보다도 더 깊게 운영하면서 드는 비용에 대해 고민해야 한다.

또한 건축물은 탄소중립이 중요하다. ZEB 의무화가 진행되면 일반 건축물이 사라지게 될 것이다. 2050년쯤이면 모든 건물이 제로 에너지 건축물로 지어질 것이다. 모든 건물이 ZEB 건축물이 되면 건물의 에너지 소비와 탄소배출은 제로 수준으로 수렴할 것이며, 탄소중립 또한 큰 전기轉機를 맞게 될 것이다.

하지만 모든 건물이 ZEB로 지어지는 순간까지 길고 힘든 여정이 예상된다. 이해관계자들의 저항이 예상되며 특히 의무화가 도입되는 초기에는 기존 패턴에 익숙해져 있는 분들을 설득하는 것이 중요한 과제가 될 것이다. 그러나 제로 에너지 건축은 선택의 문제가 아니므로 변화에 적응해야 한다. 제로 에너지 건축 도입의 장단점을 한번 살펴보기로 하자.

우선 ZEB는 기존 건물보다는 단열, 기밀, 재생에너지설비, 모니터링에 대한 설비 투자가 발생하기 때문에 일반 건물 대비 사업비는 분명히 상승한다. ZEB 등급에 따라 적게는 5%, 많게는 20~30% 정도는 사업비가 상승하게 될 것이다. 그러나 사업비 상승 대비해서 얻어지는 효과가 많이 있다. 별도로 상세히 언급되겠지만 건물이 쾌적해 짐에 따라 얻어지는 무형의 생산성 향상, 쾌적한 환경으로의 전환 효과 외에도 눈에 보이는 인센티브 정책들의 도움을 받을 수 있다. 이러한 효과를 감안할 때 ZEB 도입은 단기적으로는 망설여질 수 있으나 장기적으로는 반드시 도입해야 할 사항이다.

[ZEB 도입 건물 vs. 미도입 건물]

구분	도입 건축물	미도입 건축물
건축비	▲ (일반 건물 대비 등급에 따라 5~20% 상승)	– (일반 건물 수준)
세제 혜택	○ (취득세 감면)	–
건축기준 완화	○ (용적률, 건물높이 완화)	–
정부지원금 활용	○ (신재생 설치보조금)	–
운영비	▼ (광열비용 절감)	▲ (건물 노후화시 에너지 비용 상승)
쾌적성	▲ (에너지 손실없이 신선한 공기 공급)	▼ (이산화탄소, 미세먼지 밀도 증가)
지적 생산성	▲ (업무 생산성 향상)	▼ (오염물질로 업무 생산성 하락)
에너지 자립성	▲ (자연재해 등 비상시 에너지 자립성 향상)	–
부동산(건물) 가치	▲ (ZEB 인증 등으로 건물 가치 향상)	▼ (상대적 가치 하락)

〈출처〉 에너지엑스

제로 에너지 건축물은 탄소중립의 큰 목표를 달성하기 위해서도 중요하지만, 건물에서 살아가는 구성원 입장에서도 충분히 좋은 선택이 될 것이다.

2
ZEB 인증제도

제로 에너지 건축물의 정착을 위해 ZEB 인증제도가 도입되었다. 인증제도는 “건축물에 필요한 에너지 부하를 최소화하고, 신·재생에너지를 활용하여 에너지 소요량을 최소화하는 녹색건축물”을 대상으로 하며, 건축물 에너지 효율등급 1++ 만족, BEMS 적용 여부와 함께 에너지 자립률에 따라 5단계의 등급이 결정된다. 제도 설명에 앞서서 익숙하지 않은 단어가 많이 등장한다. 에너지 소요량, 녹색건축물, 자립률, 건축물 에너지 효율등급, BEMS 등 우리가 앞으로 사용할 단어에 대한 이해가 필요할 듯하여 정리하는 시간을 가지고자 한다.

[ZEB 용어 정의]

관련 용어	정의
에너지 요구량(에너지 부하)	특정조건(내·외부온도, 재실자, 조명기구 등) 하에서 실내를 쾌적하게 유지하기 위해 건물이 요구하는 에너지
에너지 소요량	에너지 요구량에 설비의 손실량을 모두 더한 값
1차 에너지 소요량	에너지 소요량에 전력생산 및 연료의 운송 등에서 손실되는 손실분을 고려한 1차 에너지 환산계수를 곱한 에너지량

관련 용어	정의
1차 에너지 환산계수	전력생산 및 연료의 운송 등에서 손실되는 손실분을 고려하기 위해 적용하는 계수(연료 1.1, 전력 2.75)
1차 에너지	연료의 채취, 가공, 운송, 변환, 공급 등의 과정에서 손실분을 포함한 에너지
에너지 자립률	대상 건축물의 단위면적당 1차 에너지 소비량 대비 신재생에너지 설비를 활용하여 생산한 단위면적당 1차 에너지 생산량의 비율
제로 에너지 건축물	건축물에 필요한 에너지 부하를 최소화하고 신재생에너지를 활용하여 에너지 소요량을 최소화하는 녹색건축물
열교	단열재가 누락되거나 열전도율이 상이한 이질재료의 접합으로 인해 해당 부위로 열이 건너가는 다리라는 의미
창면적비	건축물의 외벽(벽체+창호)면적 대비 창호 면적의 비율
차폐계수 (SC: Shading Coefficient)	3mm 맑은 유리를 통과하는 직달일사의 비율을 의미함. 유리의 색이나 반사도에 따라 차이가 있음
태양열취득계수 (SHGC : Solar Heat Gain Coefficient)	태양광을 유리가 얼마큼 차단하는지를 나타내는 계수로 0~1 범위를 가지며 낮은 SHGC일수록 태양열 획득이 적음
EPI	Energy Performance Index, 건축물의 에너지 성능지표
건축물 에너지 효율등급	에너지 성능이 높은 건축물의 건축을 확대하고, 건축물 에너지 관리를 효율화하기 위하여 정부가 시행하는 건축물 에너지 효율등급 인증제도에 의해 평가
침기	건물 외피, 창, 문 등의 틈새를 통하여 실외에서 실내로 공기가 침입하는 현상
기밀층	기밀이 확보된 공간으로 그 역할에 따라 습기를 막는 층, 물을 막는 층, 공기를 막는 층, 물을 막지만 습기는 투과하는 층 등으로 구분 가능함
녹색건축물	에너지이용 효율 및 신·재생에너지의 사용비율이 높고 온실가스 배출을 최소화하면서 건축물과 환경에 미치는 영향을 최소화하고 동시에 쾌적하고 건강한 거주환경을 제공하는 건축물
로이유리(low-E Glass)	유리 표면에 금속산화물(e.g. 은)을 얇게 코팅한 것으로 열의 이동을 최소화시켜 주는 에너지 절약형 유리이며 저방사(낮은 방사율) 유리라고도 함
예비인증	건축물 준공 단계 이전에 설계도서 등을 바탕으로 평가하여 부여하는 인증
본인증	건축물 준공 단계의 최종설계도서 및 현장 확인을 거쳐 최종적으로 부여하는 인증

〈출처〉 ZEB 인증 안내서, 제로 에너지 건축물 인증 기술요소 참고서, 제로 에너지 빌딩 학습지원 자료집 (국토교통부, 산업통상자원부, 한국에너지공단)

위와 같이 우리가 평소에 잘 사용하지 않는 여러 전문용어가 많이 사용되고 있다. 그만큼 우리가 살고 있는 건물이 에너지와 친환경 측면에서 폭넓은 지식이 필요하다는 반증이다. ZEB는 기본적으로 건물 내의 쾌적성을 추구하면서도 에너지와 탄소배출도 절감해야 하고, 나아가서는 건물의 집합구조인 도시 내의 조화도 생각해야 한다. 서울, 부산과 같은 큰 도시의 탄소배출 목표를 잡는 일도 출발은 작은 건물에서 시작한다. 따라서 하나하나의 건물에 요구되는 에너지와 탄소배출의 관리(인증) 수준도 엄밀해야 한다.

ZEB 인증의 의무 대상은 연면적 1,000m^2 이상의 건물이다. 평수로 환산하면 300평인데 건물의 층별 면적을 다 합친 것 치고는 크지도 작지도 않은 규모이다. 그런데 이 정도 수준을 의무 대상으로 정한 이유가 있다. 처음부터 이 규모 이하로 인증 기준을 정하면 실제로 건축주들이 인증 의무를 지키지 못할 가능성이 커진다. 건물의 규모가 크면 다양한 기준을 만족할 수 있는 재원과 인적 자원을 확보할 가능성이 커진다. 그런데 규모가 작으면 복잡한 요소를 커버하기가 현실적으로 쉽지 않다. 연면적 1,000m^2 이상 건물의 경우 최소한의 규모를 가지고 건물을 운영한다고 생각되는데, 그 이하는 일반 개인에 가까우므로 의무를 만족시키기 위한 기술적, 경제적 상황이 부담스러울 가능성이 높기 때문이다. 따라서 공공 혹은 지자체의 설계기준에서도 규모별로 차등하여 기준을 완화하는 융통성은 발휘하고 있다.

신축·재축 또는 기존 건축물의 대지에 별개의 건축물로 증축하는 연면적 1,000m^2 이상의 에너지 절약계획서 제출 대상 건물은 인증 대상이다. 연면적이 건축물 각 층 바닥 면적을 합한 면적이므로 1,000m^{2}의 건물이라면, 소형 빌딩 이상인 대부분에 해당된다. 또한 에너지 절약계획서 제출 대상 건물은 연면적 500m^2(약 150평) 이상인 건축물이다. 이 말을 요약하면, 냉방 또는 난방이 되는 건물 중 연면적 1,000m^2(약 300평)가 넘는 건물은 모두 ZEB 의무화의 대상이 되는 것이니, 민간 의무화가 본격화되는 2025년부터는 대부분의 건물이 영향을 받게 된다.

또한 공공 건축물은 같은 시기부터 연면적 500m^2 이상 건물을 적용 대상으로 하니 에너지 절약계획서를 제출하는 모든 공공 건물은 ZEB를 추진해야 한다. 단, 공장, 창고, 위험물 처리시설, 자동차 및 동식물 관련시설, 정수장 등 규모가 있는 건물도 냉난방을 동시에 필요로 하지 않는다면 적용대상에서 제외된다. 이는 ZEB가 대상으로 하는 5가지 부하(냉방, 난방, 급탕, 조명, 환기)를 감안하여 효율등급이나 자립률을 산정하는데 냉난방이 동시에 고려되지 않으면 부하산정 로직상 필요로 하는 에너지가 과소하거나 자립률이 과대할 수 있다.

또한 동물원, 식물원의 경우 사람과는 달리 온습도 조건의 쾌적대가 사람과 다를 수 있고,

열대나 온대, 특수지역에서 온 동식물의 경우 냉난방 조건을 예외적으로 적용할 경우가 발생할 수 있으므로 ZEB 의무화에서 제외된 것으로 생각된다.

이제 본격적으로 ZEB 인증을 위한 기준에 대해 알아보자. ZEB는 3가지 기준을 만족해야 한다.

① 건축물 에너지 효율등급 1++ 이상

② 에너지 자립률 20% 이상

③ BEMS 또는 원격검침 전자식 계량기 도입

건축물 에너지 효율등급은 건물(실내)에 있는 사람이 쾌적하게 살아가는데 어느 정도의 에너지가 필요한지 그 수준은 어느 정도인지로 결정된다. 인체에서는 열이 발생한다. 사람이 섭취한 음식물은 에너지로 변환할 수 있는데, 이 과정에서 발열이 된다. 발생한 열을 어떻게 처리할 수 있느냐가 관건이다. 사람은 정온동물이다. 통상 36.5℃의 온도를 기준으로 1~2℃ 정도 범위 내에서 체온을 유지하고 있는데, 컨디션이 좋지 않거나, 감기나 상처 등 외부의 영향으로 면역

[열환경과 쾌적조건]

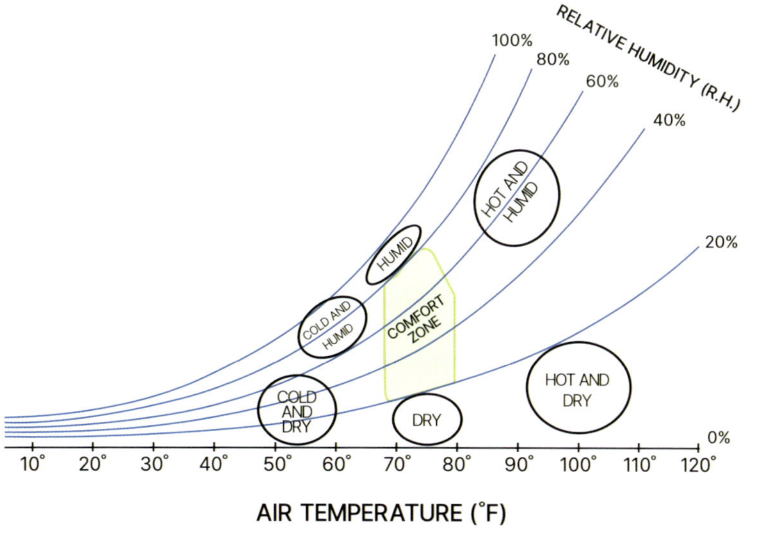

〈출처〉 ASHRE 쾌적범위, 열환경과 쾌적조건(네이버 아침바다)

체계가 활성화되면 체온이 상승한다. 그래도 보통은 4℃ 범위 내에서 온도가 상승하며, 이를 넘어설 경우 생명이 위험하므로 병원에 가야 한다.

일상 생활을 할 때 우리를 둘러싼 외기 환경은 계절이나 공간에 따라 변화한다. 여름에는 덥고 습하며 겨울에는 춥고 건조하다. 쾌적한 생활을 위해서 인체 온도는 일정하게 유지해야 하나 외부 환경은 변동하기 때문에 우리는 체온을 일정하게 유지하기 위해서 옷을 두텁게 입었다가 가볍게 입기도 하고, 환기, 가습 혹은 제습을 진행하기도 한다. 이 과정에서 에너지 사용은 필수적이다. 쾌적한 환경을 제공하기 위해서는 인위적으로 일정 수준의 에너지를 투입해야만 하며, 자연의 원리를 고려한 차양이나, 햇빛과 바람의 방향을 고려한 건물 설계, 습도 조절 등을 통해서 필요한 에너지 요구 수준을 줄이더라도 에너지가 투입되지 않을 수는 없다. 더군다나 외부 환경은 급격한 지구 온난화의 영향을 받아 변동성이 과거보다 심해지고 있으므로 쾌적한 생활을 위한 에너지 투입은 향후 더욱 늘어날 가능성이 매우 높다.

그러나 탄소중립을 고려할 때 건축물의 단위면적당 1차 에너지 소요량은 일정 수준 이하로 관리되어야만 하고, 탄소중립의 목표점인 2050년이 다가올수록 건축물 에너지 효율등급의 요구 수준은 점차 강화될 것이다. 특히 대도시의 경우 에너지 효율등급 수준을 명문화하고 있다. 건축물의 탄소배출 비중이 60% 이상인 서울시의 경우 주거, 비주거를 떠나 연면적 기준으로 1+, 1~2등급 수준의 건축물 에너지 효율등급 이상을 달성하도록 녹색건축 설계기준에 명시하고 있으며, 미달 시 건축 진행이 어렵다.

[건축물 에너지 효율등급(10단계)]

등급	주거용 건축물	주거용 이외의 건축물
	연간 단위면적당 1차 에너지 소요량(kWh/m², 년)	연간 단위면적당 1차 에너지 소요량(kWh/m², 년)
1+++	60미만	80미만
1++	60이상~90미만	80이상~140미만
1+	90이상~120미만	140이상~200미만
1	120이상~150미만	200이상~260미만

등급	주거용 건축물	주거용 이외의 건축물
	연간 단위면적당 1차 에너지 소요량(kWh/m², 년)	연간 단위면적당 1차 에너지 소요량(kWh/m², 년)
2	150이상~190미만	260이상~320미만
3	190이상~230미만	320이상~380미만
4	230이상~270미만	380이상~450미만
5	270이상~320미만	450이상~520미만
6	320이상~370미만	520이상~610미만
7	370이상~420미만	610이상~700미만

〈출처〉 제로 에너지 빌딩 인증시스템(에너지공단)

그런데 2025년으로 예정된 ZEB 의무화의 경우 등급을 떠나 건축물 에너지 효율등급 의무 수준을 1++ 등급으로 정의하고 있으므로, 향후 건물은 더욱 에너지와 탄소배출을 저감하는 방향으로 개발될 것이다.

에너지 자립률 또한 중요한 인증기준이다. 자립률은 에너지가 필요한 곳에서 어느 정도 에너지를 직접 생산할 수 있는가를 나타내는 지표이며, 필요에너지의 최소 20%는 수요처에서 직접 생산하는 것이 기준이 된다. 에너지가 필요한 곳에서 바로 생산을 하는 것은 채굴, 수송, 전환 과정에서 발생하는 에너지 손실과 탄소배출을 줄일 수 있고, 지산지소地産地消를 실천할 수 있어 ZEB 인증의 중요 요소로 작용한다.

수요처에서 직접 에너지를 생산하는 것이 왜 중요한지 예를 들어보자. 길거리를 지나다 보면 한국전력 지상 변압기(패드)를 볼 수 있다. 지상 변압기에는 에너지 절약 슬로건이 붙어 있다. "전기는 국산이지만, 원료는 수입입니다." 전기를 절약하자는 말이지만, 이 말처럼 우리나라의 에너지 상황을 잘 대변할 수 있는 문장이 없다. 왜냐하면 우리나라는 에너지 수입국이기 때문이다.

하지만 우리는 전기가 어디서 오는지 사실 알지 못한다. 콘센트만 꼽으면 편리한 전기가 펑펑 쏟아지기 때문이다. 휘발유, 가스도 마찬가지이다. 실제 전기, 가스의 원재료는 원유, LNG, 석탄 등 화석연료다. 이러한 화석연료는 어디에서 오는가? 국내에서 생산할 수 있는 에너지 원료는 수력 및 신재생에너지에 불과하고, 이마저도 전체 에너지 공급의 10% 미만에 불과하다. 에너지 안보 차원에서도 국내에서 직접 생산할 수 있는 에너지원이 절실하게 요구되며, 사용하는 에너지의 전기화가 급속하게 진행되기 때문에 전기 에너지를 우리나라 수요처에서 생산해야 한다. 경제 성장에 따라 필요한 에너지원의 제1순위는 전력이다.

필요한 전력이 어디서 오는지 조금 더 알아보면 에너지 자립의 당위성이 높아진다. 에너지경제연구원, 에너지공단 등 관련 기관에서 매년 우리나라 에너지의 투입, 변환, 산출 흐름을 도식화해서 정리한 "에너지 밸런스"라는 통계자료를 보면, 에너지가 어디서 수입되고, 어떤 과정을 거쳐서 우리에게 제공되는지 알 수 있다. 일반 에너지 소비자 입장에서 접하는 에너지의 형태는 열 혹은 전기인데, 그 원산지가 중요하다. 원유의 경우는 중동·동남아시아·아프리카, 가스는 카타르·호주·미국, 석탄은 호주·러시아 등 우리나라와는 거리가 있는 지역에서 수입되는 자원이다. 자원의 수입은 복잡한 유통 과정을 거쳐서 우리나라까지 들어온다.

일단 우리나라까지 들어와도 과정은 계속된다. 원유를 예로 들어 보자. 유조선에 실려서 국내로 들어온 원유는 사용 목적에 따라 증류를 거쳐 다양한 제품으로 변환된다. 탄소(C)와 수소(H)로 구성된 원유를 버너로 가열하면 액화석유가스(LPG, 30℃ 이하)에서부터 휘발유(30~100℃), 나프타(100~180℃), 등유(180~250℃), 경유(250~350℃), 중유(350℃ 이상), 아스팔트(찌꺼기)까지 끓는점에 따라 순서대로 연료와 화학원료가 정제된다. 증류 과정과 더불어 열분해, 급랭, 압축, 정제 등 복잡한 과정을 거쳐 소비자에게 전달된다. 전달 과정도 도시가스의 경우 압력을 조절하면서 소비처의 용도에 따라 업무용, 산업용, 발전용, 수송용 등 복잡하게 공급되는데 중간 과정을 모르는 소비자 입장에서는 가볍게 생각할 수도 있을 것이다.

전기에너지의 전달과 변환에 대해서도 알아보자. 전기는 석탄 창고, 가스 탱크처럼 에너지를 저장할 필요도 없고, 사용 과정에 냄새나 연기도 없으므로 소비자 입장에서 아주 편리한 에너지이다. 따라서 경제가 성장하고, 삶의 질이 향상되면 소비하는 최종 에너지원은 가스나 석유 같은 연료에서 전기로 변화하며, GDP 성장과 전기수요의 증가는 비례한다.

과거를 생각해 보면 집에서 음식할 때 연탄불 쓰던 때도 있었다. 연탄, 석유풍로(곤로), LPG(가스통), LNG(도시가스)를 지나 이제는 인덕션레인지도 많이 사용한다. 과거에는 저렴한 에너지가 중요했다면, 이제는 가정주부의 건강을 생각해서 연소 가스 발생이 없는 편리성, 안전성이 선택받는 시대가 된 것이다. 그래서 아파트 관리비 고지서에 가스요금이 없는 집도 늘어나고 있다. 가스의 수요가 점점 줄어들고 앞으로는 더욱더 편리한 전기 소비가 늘어날 것이다.

그런데 전력이 생산되고 소비되는 과정은 생각보다 복잡하다. 발전소에서 전력을 생산하면 빌딩이나 건물, 공장에 공급되기 전에 거쳐야 할 과정이 많다. 화력발전을 예로 들면, 해외에서 석탄, 가스 등 원료를 채굴해서 발전소가 위치한 부두까지 운송해 오는 과정, 부두의 저탄장에서 보일러까지 연료를 공급하는 과정, 보일러 내부에서 연료를 태워 물로 증기를 만드는 과정, 증기가 발전기 터빈을 때려서 회전력을 얻고 전력이 생산되는 과정, 생산된 전력을 수요처까지 전달하는 도중에 구리로 된 전선을 통과하며 열 손실이 발생하는 과정 등 다양하고 복잡한 순서로 원료에서 전환된 에너지, 사용할 수 있는 전기 에너지가 우리 가정, 사무소와 같은 수요처까지 전달된다. 이러한 복잡한 과정을 거쳐서 우리에게 전달되는 에너지를 에너지가 필요한 빌딩 등 수요처에서 직접 생산할 수 있다면 에너지 절감뿐만 아니라 탄소배출까지 줄일 수 있으니 탄소중립에 얼마나 도움이 되겠는가.

궁극적으로 건물에서 생산하는 에너지는 자체적으로 필요한 수준을 넘어서, 이웃에게까지 나눠줄 수 있는 목표 수준을 지향해야 할 것이다. 그러면 에너지 자립을 달성하기 위해 어떤 신재생에너지원을 사용해야 할 것인가에 대한 고민을 시작해야 한다.

우리나라는 "신에너지 및 재생에너지 개발·이용·보급 촉진법"에서 신재생에너지 종류를 11가지로 정의하고 있다. 큰 분류로서는 신에너지와 재생에너지로 나뉘는데, 신에너지는 기존 화석연료를 변환시켜 이용하거나 수소, 산소 화학반응을 통해서 생산되는 전기 또는 열을 말하며, 수소에너지, 연료전지, 석탄 가스화 에너지가 있다.

재생에너지는 햇빛·물·지열地熱 ·강수降水·생물유기체 등 재생 가능한 에너지의 변환과 이용을 의미하며 태양광, 태양열, 풍력, 수력, 해양에너지, 지열, 바이오, 폐기물에너지가 있다. 건축물에는 다양한 신재생에너지원을 활용할 수 있겠으나, 현실적으로 적용되는 장소가 사람이 생활하는 공간, 즉 건물임을 감안해야 한다.

풍력을 예로 들어보자. 풍력이 건물에 적용된 사례로 이탈리아의 교각에 디자인된 "Solar Park South", 바레인 세계무역센터 등을 떠올릴 수 있으나, 실제 적용은 매우 드물고 도전적인 과제이다. 건축물 외부에 소형 풍력을 도입하는 것도 괜찮은 시도이나 건물과 일체화된 형태로 풍력을 적용하는 것은 많은 소음, 진동 등에 대한 고민이 필요하다.

[건축에 적용된 풍력발전]

Solar Park South 다리(案)

바레인 세계무역센터

〈출처〉 풍력발전을 입고 다시 태어난 친환경 건축물(한국에너지공단 블로그)

건물의 에너지 자립에 적용되는 재생에너지원은 몇 가지 요구사항이 존재한다. 건물은 사람이 쾌적하게 생활하기 위한 공간이며, 이를 위해 진동, 소음, 냄새, 발열 등 기본적인 위해 요소가 없어야 한다. 건물 사용자를 위한 안전성과 디자인적인 심미성, 관리자를 위한 쉬운 유지보수 등도 충분히 확보해야 한다.

건물의 기본적인 관리 포인트 외에 부가적인 검토요소가 없을수록 좋다. 특별히 신경쓸 거리가 없으면 없을수록 좋다는 것이다. 이런 관점에서는 건물에 우선적으로 적용되는 재생에너지원은 태양광 발전이다. 태양광 모듈은 기계적 가동부가 없어 소음이 발생하지 않고, 연료전지와 같이 별도의 연료공급이 필요하지 않으며, 유지보수가 쉽기 때문이다. 1차 에너지 환산계수가 높은 전기를 수요처에서 직접 생산할 수 있다는 것도 큰 장점이다.

그러나 에너지 효율이 20% 정도로 낮아 필요한 전력을 얻기 위해 특정 수준 이상의 면적이 필요한 점, 기존 모듈이 청색이나 검은색으로 되어 있고, 모듈을 구성하는 셀이 외부에서 작은 격자처럼 보이면서 주변 건축 외장재와 이질적으로 작용하는 것은 단점이다. 이러한 단점은 건축물에 적용되는 태양광 입장에서 극복해야 할 과제이기도 하다.

태양열은 온수가 필요한 환경에 적합한 에너지원이다. 사계절 따뜻한 물과 난방이 필요한 목욕탕, 노유자 시설에 적용이 편리하며, 실제 적용된 사례도 많다. 그러나 하절기에 온수 수요가 줄어들 때는 생산되는 온수를 버리는 경우가 많으며, 시스템의 구성요소인 열매체 순환펌프, 열교환기, 온수순환 펌프, 축열조 등 기계설비로 인한 고장 발생 가능성이 높아 유지보수에 신경을 써야 한다.

지열 에너지기술은 물, 지하수, 지중의 열과 실내 공기의 온도차를 이용하여 냉난방을 실시하는 시스템이다. 지중의 온도는 사계절 내내 거의 변하지 않기 때문에 지열을 이용하면 실내의 온도를 원하는 수준에 근접하게 낮추거나 높일 수 있다. 겨울이라면 땅속이 지표보다 따뜻하기 때문에 따뜻한 지중의 열을 가져와서 실내 난방에 활용할 수 있다. 만약 여름이라면 지중이 지표보다 시원하기 때문에 실내의 더운 공기와 시원한 지중의 열을 서로 교환하여 냉방에 활용할 수 있는 것이다. 지열 역시 고효율 설비로서 많은 장점을 가지고 있으며 다양한 사례가 존재한다.

그러나 땅속의 지열을 회수하기 위해 지중으로 100~150m 정도 천공을 하는 것, 열교환기의 작동유체(물 혹은 부동액)를 순환시키기 위한 펌프 구동, 냉온수 축열탱크 유지 등 시스템이 복잡한 것은 단점이다. 또한 2017년 11월 포항 지열발전소에서 발생한 진도 5.8의 지진 이후 지열 에너지의 안정성에 대한 우려가 높은 상황도 건축물에 적용하는 재생에너지원으로서는 극복해야 할 숙제이다.

연료전지는 수소를 연료로 온수와 전기를 생산하는 기계설비로서 공해와 소음이 없다는 장점이 있다. 수소가 공급되는 동안 계속해서 에너지를 생산할 수 있어 설비를 이론적으로 100%까지 사용할 수 있고 필요한 순간에 필요한 에너지를 활용가능하다. 그러나 현재는 원료가 되는 수소를 화석연료인 천연가스, 메탄올, 석유 등에서 추출하므로 순수하게 재생에너지로 부르기는 어려운 상황이다.

업계에서는 원료의 출처에 따라 화석연료에서 개질(추출)한 수소는 그레이 수소Grey Hydrogen, 물을 전기분해해서 얻어지는 수소를 그린 수소Green Hydrogen로 구분해서 부르기도 한다. 물을 전기분해하는데도 에너지가 들어가니 한정적인 상황에서만 그린 수소는 생산될 수 있는 제약조건이 존재한다.

향후 건축물 적용의 우선순위가 높은 태양광 중심으로 재생에너지 적용이 이루어질 것으로 전망되나 태양열, 지열, 연료전지도 고유의 장점이 있으므로 여러 신재생에너지원 간의 융복합적인 조합도 기대된다.

ZEB의 세 번째 인증 기준인 BEMS Building Energy Management System 에 대해서도 알아보자. BEMS는 준공된 제로 에너지 건축물이 본래의 목적과 목표에 맞게 에너지를 효율적으로 사용하는지, 쾌적한 건물의 상태를 유지하고 있는지 모니터링, 제어, 관리, 운영하는 시스템이다.

과거 고효율 에너지 설비를 적용하기 위해 녹색건축 기준으로 설계하더라도 관심은 인허가 통과 여부에 집중되었다. 인허가만 통과되면 실제 의도대로 설비가 운용되는지 확인하는 과정이 생략되거나 관리되지 못한 것은 안타까운 사실이다.

그러나 건축물의 경우 사용 기간이 40년 이상으로 매우 길고, 운영 기간 동안 사용되는 에너지도 엄청나다. 건축 설비는 통상 안전율을 고려하여 오버스펙으로 설계되므로, 이 상태를 방치하면 장기간 에너지 낭비가 심각한 사태가 벌어지게 된다. 실제 사용 패턴을 분석하여 에너지원별, 장비별로 적정한 에너지가 소비되는지, 비효율이 있는지, 이것을 어떻게 개선할지에 대한 노력이 필요한데, 이를 전문가 개인의 능력으로 개선하기 보다는 발전된 IT 기술을 활용하여 관리하고 향상하자는 것이 BEMS의 도입 배경이다.

실제로 BEMS는 다양한 센서를 이용하여 실내 환경 및 에너지 사용 현황을 측정하고, 모인 데이터를 통해 운영설비의 비효율성을 확인할 수 있다. 또한 에너지를 절감하면서도 쾌적한 환경을 제공하기 위한 최적의 설비제어 외에도 건물을 종합적으로 관리하는 시스템까지 포함한 개념으로 볼 수 있다.

BEMS를 통해 에너지를 측정하고 관리하면, 에너지 사용량과 비용을 확실히 절감할 수 있다. PDCA Cycle로 유명한 품질 경영의 대가, 에드워드 데밍 W. Edward Demming 은 "측정되지 않는 것은, 관리할 수 없다"라는 유명한 말을 남겼다. 품질을 측정할 수 있으면 내용 분석을 통해 불량률을 낮추고, 제품의 수준을 비약적으로 높일 수 있듯이, 에너지도 측정하고 관리할 수 있다면 에너지 사용량을 줄이고 비용을 절감할 수 있다.

설비의 최적 운전을 통해 에너지 사용량이 줄어들면, 이와 비례해서 탄소배출량도 줄어들고 설비의 수명도 늘어날 수 있다. 또한 건물의 유지관리 비용도 줄어들어 부가가치가 늘어날 수 있으니 도입의 효과는 확실하다. 단 BEMS 도입의 초기단계임을 감안할 때 도입 비용이 부담스러운 것은 사실이다. ZEB의 민간 의무화가 본격 시작되는 시점에는 고민의 여지가 없이 적용해야

[BEMS, 원격 검침 전자식계량기 평가항목]

구분	평가항목	평가방법	BEMS	원격검침
1	데이터 수집 및 표시	건물 전체 에너지를 관리하고 표시하는 기능 평가 – 수집된 건물에너지의 에너지원별(전기/연료/열 등) 표시 여부	●	●
2	정보감시	수집되는 에너지 정보를 확인 및 관리 기능 평가 – 에너지 관리에 영향 미치는 요소 중 5종 이상의 관제값에 대한 기준값 입력 및 비교 평가 여부	●	● (권장사항)
3	데이터 조회	건물 에너지 관리시스템(전자식 원격 검침시스템)을 통하여 수집된 정보의 조회 기능 평가 – 특정 기간(일간, 주간, 연간 등)을 설정하여 데이터 조회 가능 여부	●	●
4	에너지 소비현황 분석	에너지 소비현황 파악 및 증감 요인 분석 기능 평가 – 2종 이상의 에너지원 단위와 3종 이상의 에너지 용도에 대한 에너지 소비현황 및 증감 분석 여부	●	●
5	설비의 성능 및 효율 분석	에너지 사용 설비의 효율을 분석하고 에너지 효율화 방안을 도출하는 기능 평가 – 에너지 사용량이 계통의 5% 이상인 모든 열원설비 기기별 성능 및 효율 분석 여부	●	● (권장사항)
6	실내외 환경 정보 제공	외기 및 실내외 온도와 습도 등 정보를 분석 및 제어에 활용하는 기능 평가 – 온도, 습도 등 실내외 환경정보 제공 및 활용 여부	●	
7	에너지 소비량 예측	건물의 운영에 따른 에너지 소비량을 예측하는 기능 평가 – 에너지 사용량 목표치 설정 및 관리 여부	●	● (권장사항)
8	에너지 비용 조회 및 분석	에너지 비용을 파악하고 비용 절감방안을 도출하는 기능 평가 – 에너지원별 사용량에 따른 에너지 비용 조회 가능 여부	●	●
9	제어시스템 연동	에너지 효율적인 방향으로 설비를 제어하는 기능 평가 – 사용하는 설비 중 1종 이상 설비의 자동제어 연동 여부	●	
10	계측기 관리	데이터를 제공하는 계측기의 관리 수준 평가 – 설치된 모든 계측기의 구입일, 스펙, 관리등급 등 장비이력에 대한 기록관리 및 검교정 현황을 파악하여 관리하는 여부		●
11	데이터 관리	데이터 관리 절차 등 수준평가 – 관리대상 및 종류, 검색, 보관 및 보호방법 등 데이터 관리 처리절차를 문서화하고 관제점 일람표를 대상으로 수집/저장/백업 대상을 목록화하여 작성 관리 여부		●

〈출처〉 제로 에너지 건축 인증시스템(한국에너지공단)

하나, 도입 이전 시기에는 경제적인 적용 방법을 고민해야 한다. 현재 다양한 BEMS 관련 지원 프로그램들이 있으므로 이를 활용하여 경제성을 확보하는 것도 방법이다.

ZEB 인증을 위해서는 상기에 서술된 3가지 기준을 만족하면 된다. 그러나 ZEB 등급 결정의 핵심적인 요소는 에너지 자립률이다. 건축물 에너지 효율등급 1++ 이상, BEAM 또는 원격 검침 전자식 계량기 적용은 등급 만족 혹은 적용 여부로 결정이 되나, 자립률은 건축물에서 얼마나 에너지를 자체적으로 생산할 수 있느냐로 결정되기 때문이다.

ZEB 건축물의 인증등급은 자립률에 따라 5등급으로 구분된다. 자립률은 최소 20%부터 시작하는데 최소 등급인 5등급은 에너지 자립률 20% 이상~40% 미만이며, 등급은 자립률 20%가 올라갈 때마다 한 단계씩 상승한다. 최고 등급인 ZEB 1등급의 경우 1차 에너지 기준으로 자립률은 100% 이상이므로 필요한 에너지를 자급자족하는 수준을 달성하는 것으로 생각할 수 있다.

[제로 에너지 건축물 인증등급]

ZEB 등급	에너지 자립률
1등급	에너지 자립률 100% 이상
2등급	에너지 자립률 80% 이상 ~ 100% 미만
3등급	에너지 자립률 60% 이상 ~ 80% 미만
4등급	에너지 자립률 40% 이상 ~ 60% 미만
5등급	에너지 자립률 20% 이상 ~ 40% 미만

〈출처〉 제로 에너지 건축 인증시스템(한국에너지공단)

에너지 자립률의 생산, 소비의 판단 기준은 1차 에너지이다. 1차 에너지는 소비자가 최종적으로 사용하는 에너지가 아닌 원재료의 에너지이며, 전력생산이나 연료의 운송 등에서 손실되는 손실분을 고려해 주어야 한다. 이 손실분을 고려한 factor가 1차 에너지 환산계수이며, 근거는 한국에너지공단의 "건축물 에너지 효율등급 인정제도 운영규정"의 [별표 3] 1차 에너지 환산계수를 적용한다.

1차 에너지 환산계수는 연료, 전력 등으로 나뉘며 연료는 환산계수가 1.1, 전력은 환산계수가 2.75이다. 환산계수는 자연 상태의 석탄, 석유, 가스 등이 얼마나 가공되었는지 수준을 의미하기도 한다. 석탄, 석유로 보일러를 돌리면 원료에서 열로 변환이 1번 진행되었으므로 손실이 적기 때문이다. 연료는 90%(0.91≒1/1.1) 정도의 효율을 생각할 수 있다. 전기의 경우 변환이 많이 되는데 원료→열→터빈→전기 등 과정을 생각하면 36%(0.36≒1/2.75) 정도로 환산한 것이다.

손실이 많은 열, 전기를 수요처인 건물에서 직접 생산하는 경우를 생각해 보자. 재생에너지원을 활용하여 에너지를 만들어 낸다면 생산에 필요한 연료, 전력의 손실 과정을 생략할 수 있고, 이 효과를 감안해 주어야 한다. 즉 건물에서 전기 100kWh를 생산한다면 전달, 변환 손실을 생각할 때 275kWh(=100kWh×2.75)의 효과가 있는 것이다.

[에너지 자립률 산정]

$$\text{에너지 자립률(\%)} = \frac{\text{단위면적당 1차 에너지 생산량(kWh/m}^2\cdot\text{년)}}{\text{단위면적당 1차 에너지 소비량(kWh/m}^2\cdot\text{년)}} \times 100$$

※「녹색건축물조성지원법」 제15조, 시행령 제11조에 따른 용적률 완화 시 대지 내 에너지 자립률 기준으로 적용

주1) 단위면적당 1차 에너지 생산량(kWh/m²·년)
= 대지 내 단위면적당 1차 에너지 순 생산량* + 대지 외 단위면적당 1차 에너지 순 생산량*×보정계수**

* 단위면적당 1차 에너지 순 생산량
=Σ[(신재생에너지 생산량 − 신·재생에너지 생산에 필요한 에너지 소비량)×해당 1차 에너지 환산계수] / 평가면적

** 보정계수

대지 내 에너지 자립률	~10% 미만	10% 이상 ~ 15% 미만	15% 이상 ~ 20% 미만	20% 이상 ~
대지 외 생산량 가중치	0.7	0.8	0.9	1.0

※ 대지 내 에너지 자립률 산정 시 단위면적당 1차 에너지 생산량은 대지 내 단위면적당 1차 에너지 순 생산량만을 고려

주2) 단위면적당 1차 에너지 소비량(kWh/m²·년) = Σ(에너지 소비량×해당 1차 에너지 환산계수) / 평가면적

★ 1차 에너지 환산계수(건축물 에너지 효율등급 인증제도 운영규정 [별표 3])

구분	연료	전력	지역난방	지역냉방
1차 에너지 환산계수	1.1	2.75	0.728	0.937

〈출처〉 제로 에너지 건축 인증시스템(한국에너지공단)

건물에 주로 사용되는 태양광, 태양열, 지열, 연료전지를 활용할 경우 1차 에너지를 얼마나

생산할 수 있는지 계산 로직을 예시를 통해 알아보자. 열과 전기가 각각 100kWh씩 필요한 수용가가 있다고 가정하며, 열 공급에 필요한 보일러의 효율은 80%이다. 기존에 열과 전기를 외부에서 공급받을 경우 1차 에너지 생산은 없으며, 소비량은 각각의 요구량에 환산계수를 곱하여 산정한다.

수용가는 열요구량 100kWh가 필요하나 보일러의 효율이 80%이므로 외부(e.g 가스회사)에서 공급되는 원료의 에너지는 125kWh(=100kWh/0.8)이다. 이것을 1차 에너지로 환산해야 하므로 연료의 환산계수 1.1을 곱하면 1차 에너지 소비량은 137.5kWh(=125kWh×1.1)가 된다. 전기요구량은 100kWh가 필요하며 한국전력에서 직접 공급되는 것을 가정하였으므로 전력의 1차 에너지를 환산하면 275kWh(=100kWh×2.75)가 된다.

본 케이스의 1차 에너지 소비량은 412.5kWh(=137.5kWh+275kWh)이며, 현장에서 직접 생산

[에너지 자립률 산정 예시]

Case	기존 상황	태양광 반영
에너지 조달 경로	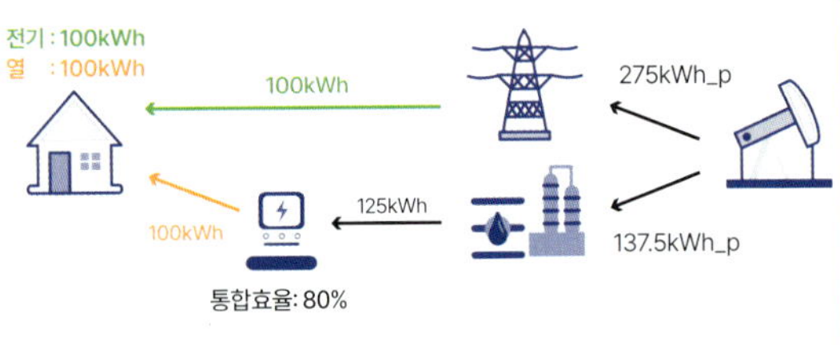	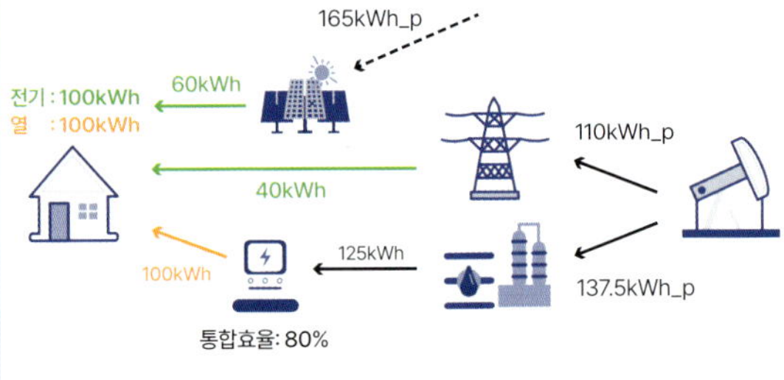
1차 에너지 생산량	없음	(전력) 60kWh × 2.75 = 165kWh ☞ 합계 165kWh
1차 에너지 소비량	(연료) 125kWh × 1.1 = 137.5kWh (전력) 100kWh × 2.75 = 275kWh ☞ 합계 412.5kWh	(연료) 125kWh × 1.1 = 137.5kWh (전력) 40kWh × 2.75 = 110kWh (태양광) 60kWh × 2.75 = 165kWh ☞ 합계 412.5kWh
에너지 자립률	(0 ÷ 412.5) × 100(%) = 0(%)	(165 ÷ 412.5) × 100(%) = 40.0(%)

※수요처 전제 조건: 전기요구량 100[kWh], 열요구량 100[kWh], 보일러효율 80[%]

〈출처〉 ZEB 2020 인증안내서 ver2, 제로 에너지 건축 인증시스템(한국에너지공단)

하는 에너지는 없으므로 1차 에너지 생산량은 "0"이다. 자립률은 1차 에너지 생산량을 1차 에너지 소비량으로 나눈 값의 백분율(%)로 산출하는데 생산량이 없으므로 자립률은 0%이다.

반면 동일한 열, 전기요구량에서 에너지를 조달하는 경로가 다를 때를 생각해보자. 1차 에너지 소비량은 조달 경로에 따라 연료는 137.5kW로 동일하나, 전력의 일부인 40kWh는 한국전력에서 공급받으므로, 공급받는 전력의 1차 에너지 소비량은 110kWh(=40kWh × 2.75)이다. 필요 전력의 나머지인 60kWh(=100kW – 40kWh)는 태양광 발전을 통해 직접 생산하므로 태양광으로 조달한 1차 에너지 소비량은 165kWh(=60kWh × 2.75)이다. 전체 에너지 소비량은 열, 전기 요구량을 합산한 값이므로 412.5kWh(=열 137.5kWh + 한전 공급 전기 110kWh + 태양광 공급 전기 165kWh)로 경로는 다르지만 동일한 값을 가진다.

그런데 1차 에너지 생산량은 다르다. 수요지 현장에서 직접 태양광으로 생산하였으므로, 1차 에너지 생산량은 전기의 환산계수 2.75를 곱한 165kWh(=60kWh × 2.75)를 얻을 수 있다. 이 현장의 에너지 자립률은 40%(=165/412.5)로 산출된다.

향후 빌딩, 주택의 전기 수요는 지속적으로 증가할 것이며, 전전화全電化는 피할 수 없는 흐름이다. 따라서 1차 에너지 환산계수가 높은 전기를 생산할 수 있으며, 유지관리에 용이한 태양광 발전이 건축물 자립률 확보를 위해 적용되는 사례는 점차 증가할 것이다.

3
제로 에너지 건축주의 고객가치와 인센티브

우리가 물건을 하나 산다고 하자. 물건을 살 때 내가 지불하는 가격과 이것을 통해 얻을 수 있는 혜택을 비교해서 가치가 있으면 구입하고, 가치가 없다면 구입하지 않는 것이 일반적이다. 물론 술, 담배처럼 기호품이거나 저렴한 스마트폰 앱, 배달음식 등 가볍게 시도해 볼 수 있는 제품은 큰 고민없이 구매하기도 하고, 만족스럽지 않아도 다른 것을 사면 그만인 경우도 있다.

하지만 냉장고 같은 가전제품, 자동차 등 가격이 나가는 제품은 생각이 달라진다. 구매에 앞서 남들이 사용해 본 후기도 읽어보고, 여러 가지 정보도 모아본다. 특히 글을 쓰고 있는 본인은 가전회사에서 냉장고 연구원으로 근무한 경험이 있다. 기본 제품 가격이 수백만 원인 냉장고를 구입할 때 고객은 굉장히 신중하게 제품의 장단점, 외관, 기능에 대해 고민하고, 현장도 둘러보고, 유통채널에 대해 의심도 하면서 신중하게 선택하는 경우가 대부분이다.

회사 내부에서는 이를 CVF Customer Value Factor 라고도 부르며, 고객과 지역을 세분화 Segmentation 하여 정밀하게 타겟 마케팅을 진행하기도 한다. 고객에게 어떤 기능을 설명할 때 돈을 주고 사야되는 지불가치가 있는가, 있다면 어느 정도 돈을 지불해야 되는 것인가에 대한 치열

[고객 가치]

고객 가치란?

고객 가치는 자신이 지불한 금액에 비추어 볼 때 느끼는 혜택과 서비스 등 가치에 대한 인식이다.

고객이 인식하는 가치

총 고객 혜택	총 고객 비용
•인원 혜택	•금전적 비용
•제품 혜택	•정신적 비용
•서비스 혜택	•에너지 비용
•이미지 혜택	•시간 비용

〈출처〉 freshdesk

한 고민이 내부적으로 논의된다.

그런데 만약, 구매의 대상이 건축물로 넘어가면 어떻게 될까? 냉장고, 자동차는 구매에 대한 고민을 한다고 해도 구입 과정은 간단하다. 계약서 한 장이면 소유권이 이전되는데, 건물 특히 신축은 다소 과정이 복잡하다. 건축과정은 기획, 설계, 인허가, 시공, 운영의 큰 단계가 있고, 절차를 쪼개면 작성하는 계약서도 10개가 넘는다. 들어가는 자금도 적게는 수억 원, 많게는 수천억 원 이상 큰 금액이 필요하기 때문에 더욱더 정보도 많이 모으고, 이해관계자에 대한 검증도 하며, 계획안에 대한 장단점도 검토해 본다.

제로 에너지 건축물도 마찬가지다. ZEB가 탄소배출도 줄이고 에너지도 절감하며, 쾌적한 실내환경을 구성할 수 있는 방법이지만, 그것을 통해 얻을 수 있는 혜택이 고객의 비용부담 대비해서 크지 않다면 ZEB는 특수한 경우를 제외하고 선택받기 힘들다. ZEB가 줄 수 있는 혜택을 더욱 키우거나 비용부담을 낮춰서 ZEB 산업 확대의 토대를 만들어야 한다.

ZEB가 의무화되는 2025년 시점이면 연면적 1,000m^2 이상인 모든 건축물이 ZEB화되기 때문에 선택이 아닌 의무사항이 될 것이다. 그러나 의무화가 되더라도 혜택에 대해서는 고민이 필요하다. 의무라면 최소한의 의무조건을 만족시키는 방향으로 사업개발이 이루어지고, ZEB 5등급(자립률 20% 이상~40% 미만) 중에서도 자립률 20%에 집중해서 시장이 형성될 것이기 때문이다. 혜택에 대해서 시장이 고민하지 않는다면 그야말로 하향 평준화된 건축물 탄소중립 시장이 탄생할 것이다. 정부 정책이 뒷받침되는 현 시점에 시장에서도 비용을 절감하고 혜택을 올릴 수 있는 기술적, 경제적 노력이 필요하다.

제로 에너지 건축물은 일반 건축물 대비해서 공사단가가 상승하는 것이 사실이다. 제로 에너지 경제성 관련 자료를 참고할 때 ZEB 등급이 올라갈수록 시공 단가는 상승한다. 만약 현 시점의 일반 건축물의 시공비가 평당 800만 원이라면, ZEB 5등급 건축물은 최소 5% 이상 상승한 840만 원 정도가 평당 시공비가 될 것으로 예상된다.

등급에 따라 적게는 5%, 많게는 17~20% 이상까지 상승이 예상된다. 이 정도 상승분이면 ZEB 5등급 건물을 기준으로 할 때 100억 원 규모의 사업비가 105억 원 정도로 상승하는 것이다. ZEB 1등급 건물이라면 20억 원 이상 상승하는 것이니, 놀라운 수준의 혜택이 아니라면 의무를 만족하는 최저 등급 기준으로 시장은 형성될 것이다.

[평당 ZEB 추가 공사 단가와 구성 비율]

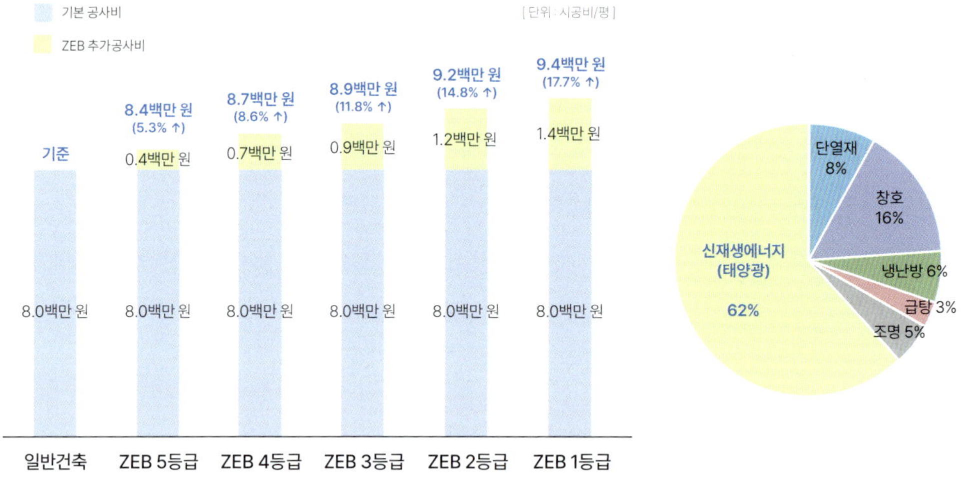

〈출처〉 제로 에너지 빌딩 경제성 분석 참고서 데이터 활용(한국에너지공단 건물에너지실_'20.03 발행)

특히 ZEB 등급을 결정하는 요소는 에너지 자립률이다. 에너지 소요량을 줄이기 위한 단열, 기밀 강화, 고효율 설비적용은 강화된 건축기준을 통해 이미 많은 부분 달성되었기 때문에, 등급별 대부분의 비용 상승은 재생에너지 적용에서 발생한다.

즉 ZEB 인증의 다른 사항들은 만족되었고 재생에너지 비용만 추가 투입되어 등급을 올리게 되므로 ZEB 등급 수준이 높아질수록 재생에너지가 추가 공사비에서 차지하는 비율 또한 증가할 것으로 예상된다. 이러한 비용 증가가 매우 부담스러운 상황이므로 정부에서는 보급 활성화를 위해 다양한 인센티브 제도를 도입 실시하고 있다.

현재 ZEB 활성화를 위한 다양한 인센티브 제도가 운영 중이나 가장 큰 유인책은 건축기준 완화이다. 건축물은 난개발을 막기 위해서 대지의 이용, 사용할 수 있는 면적, 높이 등을 지역별로 구분해 놓고 지역 자치단체장 등이 엄격한 기준으로 관리하고 있다. 건폐율, 용적률, 건축물 높이 등이 대표적인 건축 기준인데, 지역, 건물 용도별로 이 기준을 준수하지 않으면 인허가 이루어지지 않아 건물을 짓지 못하는 경우가 생길 수 있다.

이러한 기준을 완화해 주는 것이니 다른 건물과 대비해서 한정된 대지에 더 넓은 건물 공간을 확보할 수 있고, 개방감과 공간감을 가질 수 있도록 층고도 높일 수 있다. 건물은 짓고 나면 건설장비를 다시 설치해서 증축하는 일은 사실상 어려운 일이다. 주변에 건축 장애물이 들어설 가능성이 높고, 예상치 못한 교통량 증가, 민원 제기 등 이슈도 발생할 수 있기 때문이다.

따라서 도심의 밀집 지역이고 땅값이 높다면 경제성을 위해 여건이 허락하는 한, 건축 기준을 최대한 완화하는 것이 건축주 입장에서는 유리한 선택이다. 건물 높이, 용적률을 높이는데 비용이 증가되지만, 비용 증가를 상쇄하고도 남을 추가 수익이 발생한다면 진행하는 쪽으로 의사결정이 일어나게 된다.

[ZEB 인증 등급과 건축기준 완화]

인증 등급	건축기준 최대 완화 비율	비고
ZEB 1	15%	에너지 자립률 100% 이상
ZEB 2	14%	에너지 자립률 80% 이상 ~ 100% 미만
ZEB 3	13%	에너지 자립률 60% 이상 ~ 80% 미만
ZEB 4	12%	에너지 자립률 40% 이상 ~ 60% 미만
ZEB 5	11%	에너지 자립률 20% 이상 ~ 40% 미만

〈출처〉 제로 에너지 건축 인증시스템(한국에너지공단)

ZEB 인증 등급에 따라 자립률에 투입되는 자원이 증가하기 때문에 이를 보상하는 형태로 건축 기준을 완화하여 이해관계자의 동기부여를 하고 있다. 예를 들어 ZEB 1등급이라면 건축기준이 15% 완화되는데 이는 7층 건물을 8층으로 올릴 수 있는 인센티브로 엄청난 효익을 얻을 수 있는 여건이 된다.

물론 ZEB 인증 이외에도 다양한 건축기준 완화를 위한 방법들이 존재한다. 공개공지 제공, 재활용 건축자재 활용, 지능형 건축, 리모델링이 쉬운 구조, 친환경 건축 등 다양한 방법론이 있다. 문제는 건축 디자인과 경제성이다. 건물에 적용되는 제약조건을 반영하여 경제적인 건축기준 완화를 달성할 수 있는가는 해당 상황에 맞춰 적절히 활용하면 된다.

기본적으로 제로 에너지 건축물 인증은 친환경 건축의 녹색건축 인증과 같은 맥락에서 볼 수 있다. 녹색건축 인증 등급도 건축물 에너지 효율등급을 만족하며, 이에 상응하는 건축물 에너지 효율등급인 1등급 혹은 1+등급의 단위면적(m^2)당 에너지 사용량 이하의 수준을 갖추면 6%

[건축 기준 완화 종류 및 내용]

<table>
<tr><th>구분</th><th>관련 법규 / 조례</th><th>내용</th><th>적용대상</th><th colspan="2">적용수준
(등급 / 건축기준 완화)</th></tr>
<tr><td>공개공지</td><td>• 건축법
• 국토의 계획 및 이용에 관한 법률 시행령
• 각 지자체 건축조례</td><td>대지 일부를 공공 시설 부지로 제공하거나 공고시설을 설치할 경우 건축기준 완화</td><td>자발적으로 대지면적의 일부를 공공 시설 부지로 제공하는 건축물</td><td colspan="2">건축기준 완화 최대 20%</td></tr>
<tr><td rowspan="6">제로
에너지
건축</td><td rowspan="6">• 녹색건축물 조성지원법 제15조
• 건축물의 에너지절약 설계기준 제16, 17조</td><td rowspan="6">• 건축물 에너지 효율등급 1++
• 에너지 자립률 20% 이상
• BEMS 설치</td><td rowspan="6">• 공공
: '20년~
(연면적 1,000m² 이상)
: '25년~
(연면적 500m² 이상)
• 민간: '25년~
(연면적 1,000m² 이상)</td><td>ZEB
인증등급</td><td>건축기준
완화 비율</td></tr>
<tr><td>1등급</td><td>15%</td></tr>
<tr><td>2등급</td><td>14%</td></tr>
<tr><td>3등급</td><td>13%</td></tr>
<tr><td>4등급</td><td>12%</td></tr>
<tr><td>5등급</td><td>11%</td></tr>
<tr><td rowspan="5">건축물
에너지
효율등급
인증 및
녹색건축
인증</td><td rowspan="5">• 녹색건축물 조성지원법제 15조
• 건축물의 에너지절약 설계기준 제16, 17조</td><td rowspan="5">• 건축물 에너지 효율등급 1등급 이상
• 녹색건축 인증 우수등급 이상</td><td rowspan="5">냉난방이 필요한 연면적 500m² 이상 건물</td><td>효율등급/
녹색인증</td><td>건축기준
완화 비율</td></tr>
<tr><td>1++ / 최우수</td><td>9%</td></tr>
<tr><td>1+ / 우수</td><td>6%</td></tr>
<tr><td>1+ / 최우수</td><td>6%</td></tr>
<tr><td>1 / 우수</td><td>3%</td></tr>
</table>

<table>
<tr><th>구분</th><th>관련 법규 / 조례</th><th>내용</th><th>적용대상</th><th colspan="2">적용수준
(등급 / 건축기준 완화)</th></tr>
<tr><td rowspan="6">지능형
건축물</td><td rowspan="6">• 건축법 제65조의 2
• 지능형건축물 인증기준 제13조</td><td rowspan="6">에너지, 빗물이용, 사회적약자 등 통합 계획·관리가 가능한 건축물</td><td rowspan="6">주거 및 비주거시설</td><td>지능형
건물인증등급</td><td>건축기준
완화 비율</td></tr>
<tr><td>1등급</td><td>15%</td></tr>
<tr><td>2등급</td><td>12%</td></tr>
<tr><td>3등급</td><td>9%</td></tr>
<tr><td>4등급</td><td>6%</td></tr>
<tr><td>5등급</td><td>0%</td></tr>
<tr><td>장수명주택
인증</td><td>• 주택법 제38조</td><td>1,000세대 이상의 주택 공급 시 인증제도에 기준 이상의 등급을 취득한 주택</td><td>우수등급 인증 받은 주택</td><td colspan="2">최대 15%</td></tr>
<tr><td>리모델링이
쉬운 구조</td><td>• 건축법 시행령 제8조</td><td>리모델링이 쉬운 구조로 건축 진행</td><td>세대 가변성, 구조체와 건축설비 분리, 세대내부 가변성, 친환경성을 고려한 건축물</td><td colspan="2">최대 20%</td></tr>
<tr><td rowspan="4">재활용
건축자재의
활용</td><td rowspan="4">재활용 건축자재의 활용기준 제4조
(건축기준의 완화)</td><td rowspan="4">재활용 건축자재를 15% 이상 사용한 건축물</td><td rowspan="4">전용주거지역 또는 일반주거지역(제3종 제외)의 연면적 500m² 이상 건축물이면서 재활용 건축자재를 사용한 철근콘크리트조건축물</td><td>사용 비율</td><td>건축기준
완화 비율</td></tr>
<tr><td>15%</td><td>5%</td></tr>
<tr><td>20%</td><td>10%</td></tr>
<tr><td>25%</td><td>15%</td></tr>
</table>

〈출처〉 Team analysis

혹은 9%의 건축기준 완화를 달성할 수 있기 때문이다.

주거 건축물의 경우 녹색건축 인증 등급의 에너지 효율등급 1+ 수준은 단위면적당 90~120kWh/m^2-yr, 제로 에너지 건축 인증 등급인 1++ 수준은 단위면적당 60~90kWh/m^2-yr이므로 에너지 사용 수준은 대략 연간 30kWh/m^2 수준차를 보인다. ZEB 5등급의 건축기준 완화 인센티브 수준은 11%이다. 기존 녹색인증 대비 ZEB 인증으로 추가적 인센티브를 얻기 위해서는 건축물 에너지 효율등급 수준을 30kWh/m^2-yr 낮춰야 하고, 에너지 자립률 20% 이상, BEMS나 원격모니터링 장치도 도입해야 하는데 얻을 수 있는 건축기준 상승분은 고작 2%에 불과하므로 ZEB 도입을 위한 인센티브 정책이 실제로는 건축주의 동기부여 수단이 되기는 어렵다.

[ZEB 적용 효과]

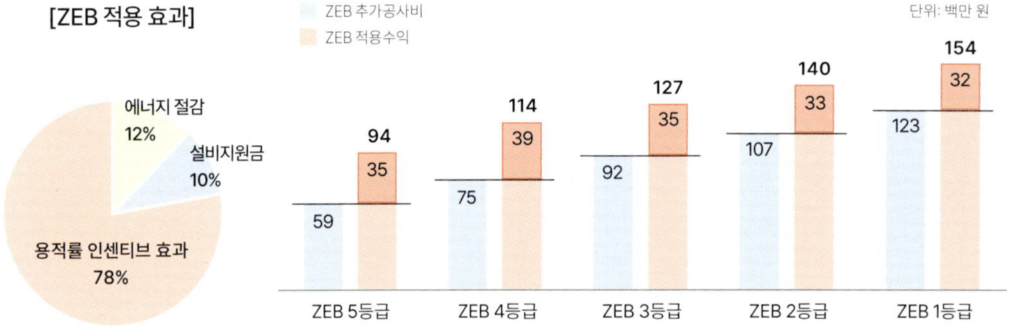

구분		일반건축	ZEB 5등급 (용적률 11% ↑)	ZEB 4등급 (용적률 12% ↑)	ZEB 3등급 (용적률 13% ↑)	ZEB 2등급 (용적률 14% ↑)	ZEB 1등급 (용적률 15% ↑)	비고
연면적	기본	209.9㎡	233.0㎡	235.1㎡	237.2㎡	239.3㎡	241.4㎡	서울시 다가구주택사례
	인센티브 면적	–	23.1㎡	25.2㎡	27.3㎡	29.4㎡	31.5㎡	
공사비 (ⓐ)	공사단가	1.65백만원/㎡	1.74백만원/㎡	1.80백만원/㎡	1.85백만원/㎡	1.90백만원/㎡	1.95백만원/㎡	에공단 통계기준
	총 공사비	347.3백만원	406.2백만원	422.4백만원	438.9백만원	454.5백만원	470.3백만원	
	ZEB 추가 공사비	–	58.8백만원	75.1백만원	91.6백만원	107.2백만원	122.9백만원	
ZEB 적용 효과 (ⓑ)	에너지절감금액	–	6.7백만원	12.9백만원	15.2백만원	17.9백만원	21.9백만원	20년누적
	신재생설비지원금	–	4.0백만원	10.5백만원	13.4백만원	16.6백만원	19.5백만원	에공단 통계기준
	추가분양수익	–	82.9백만원	90.5백만원	98.0백만원	105.6백만원	113.1백만원	분양가 : 3.6백만원/㎡
	계	–	93.6백만원	113.9백만원	126.6백만원	140.0백만원	154.5백만원	–
ZEB 수익성 (ⓑ–ⓐ)		–	34.8백만원	38.8백만원	35.0백만원	32.9백만원	31.5백만원	–

* 본 사례는 서울시 다가구주택을 참고하였으며, 현장 분양가 및 시공 현황에 따라 달라질 수 있음.

다른 효과를 무시하고, ZEB를 적용했을 때 건축기준이 완화될 경우 공사비가 상승되는 부분을 LCC 생애주기비용, Life Cycle Cost 측면의 에너지 비용 절감금액, 신재생에너지 설치 지원금, 용적률 완화로 받게 되는 추가 분양수익 등 효과를 고려했을 때는 수익성이 있는 경우도 있다. 예를 들어 ZEB 5등급을 추진한다고 했을 때, 단열 등 추가적인 에너지 보강 비용으로 인해 시공단가는 5.3% 상승하는데 용적률은 11% 상승하므로, 용적률 상승분으로 얻을 수 있는 추가 분양수익이 시공단가 상승분보다 높다면 ZEB로 건축하는 것이 이익이 된다. 예를 들어 평당 540만 원 정도 시공비가 발생하는 일반 건축물이 있고 이 건물의 연면적이 63평(209m²)이라고 하자. 이 건물을 ZEB 5등급으로 짓는다면 평당 30만 원 정도 건축비가 상승하며 인센티브를 받을 수 있는 면적은 7평(23.1m²) 상승한다. 그런데 평당 1,080만 원으로 분양할 수 있다면 어떻게 될까?

기존 공사 면적 공사비 상승분 1,890만 원(63평×30만 원/평)+추가 공간 공사비 발생분 3,990만 원(7평×570만 원)으로 전체적인 공사비 상승분은 5,880만 원이다. 분양수익은 7,560만 원(7평×1,080만 원)으로 전체적으로 분양수익이 공사비 상승분을 상회하므로 이익이라고 할 수 있다. 거기다가 에너지 절감 비용, 재생에너지 설비비용 보조금까지 받을 수 있다면 이익의 수준은 더욱 증가될 수 있다.

그러나 녹색건축 인증 1+등급 수준으로 건물을 설계하면 어떻게 될까? 일단 녹색건축 인증에서 얻을 수 있는 건축기준 완화 인센티브를 9%로 가정하면 추가 면적은 5.7평이 된다. 이 면적을 분양한다면 분양수익은 6,156만 원(5.7평×1,080만 원)이 되므로 분양수익이 공사비 상승분을 상회하는 것은 맞으나 증분은 줄어드는 상황이라 건축주의 동기부여는 다소 약화될 수 있다. 그러나 어떤 경우라도 이익이 되는 것은 마찬가지이다. 단지 일반 건축 대비해서는 건축비의 증가가 예상되므로 고민의 여지는 있다.

ZEB로 얻어지는 건축기준 완화는 건축주 입장에서 가장 강력한 동기부여 수단이 되지만, 실제 녹색건축 인증으로 주어지는 인센티브도 상당 수준으로 ZEB 인증과 녹색건축 인증의 차이가 크지 않다. 따라서 건축주는 사업추진에 있어서 용적률 완화는 추가적인 혜택의 하나로 생각하며, 절대적으로 용적률에 대해서만 의사결정 기준으로 삼아서는 안 될 것이다. 신중하게 다른 요소까지 고려하여 제로 에너지 건축을 추진할 필요성이 있다.

다음으로 효과가 높은 인센티브는 정책 자금을 활용하는 신·재생에너지 설치보조금 제도이다. 건물지원사업, 융복합지원사업 등의 보조금을 활용하면 적게는 50%, 많게는 70%의 재생에너지 설비 보조금을 지원받을 수 있으며, 신축건물의 경우는 지붕재, 외벽 마감재 비용을 절감하면서 태양광까지 설치할 수 있어 경제성이 높고, 기존 건물의 경우 단열 보강 및 전기 요금 절감 효과를 거둘 수 있어 보조금 활용 사업의 경쟁률이 높아지고 있는 상황이다. 이때 제로 에너지 건축물 인증서 혹은 건축물 에너지 효율등급 인증서를 제출하면 가점을 받을 수 있어 사업 경쟁력 제고에 도움이 된다.

참고로 현재 기준의 건축물 에너지 효율등급 인증은 가점 +2점이다. 한정된 사업 재원을 놓고, 많은 사업이 보조금 확보를 위해 경쟁하는 것을 감안하면 그리 낮은 가점은 아니라고 할 수

[ZEB 건축 지원 인센티브]

제로 에너지 건축물 인증 관련 지원 제도	
구분	내용
건축기준 완화(예비인증)	대지 내 에너지 자립률을 기준으로 법 및 조례에서 정하는 건축물의 용적률 및 높이 등에 대해 인증 등급에 따라 완화비율 11~15% 적용 (법적근거: 「녹색건축물 조성지원법」 제15조 및 같은 법 시행령 제11조, 건축물의 에너지절약설계기준 별표 9)
세제혜택(본인증)	건축물 또는 주택 취득세 15% 감면 (법적근거: 「지방세특례제한법」 제47조의 2 및 같은 법 시행령 24조)
금융지원(예비인증)	공공임대, 분양주택, 국민임대주택, 행복주택, 민간임대주택 대상 주택도시기금 대출한도 20% 상향(법적근거: 「2020년도 주택도시 기금 운용계획」) 기반시설 기부채납 부담수준(해당 사업부지 면적의 8%) 최대 15% 경감률 적용(법적근거: 「주택건설사업 기반시설 기부채납 운영기준」 2-2-2)
신재생에너지설치보조금 지원(예비인증 및 본인증)	신재생에너지 설치보조 지원사업(주택지원사업, 건물지원사업, 융복합지원사업) 신청 시 우선 지원 및 가점 부여(법적근거: 산업통상자원부 신재생에너지보급사업 공고)
에너지이용 합리화 자금 지원(예비인증)	제로 에너지 건축물 예비인증을 획득한 건축물(공동주택 제외)의 에너지 효율 관련 설비 투자 시 투자비의 일부를 장기 저리로 지원 (법적근거: 2020년도 에너지이용합리화사업을 위한 자금지원 지침 별표 1)

〈출처〉 서울에너지드림센터 ZEB

있다. 본격적인 의무화가 진행되기 이전에 정부의 인센티브 정책을 현명하게 활용할 필요가 있으나, 이 부분에 대해서는 사업적인 노하우가 요구된다.

그 외에 에너지이용 합리화 자금지원 등을 통해 건축물의 에너지 효율관련 투자비의 일부를 장기 저리로 지원하는 제도, 기반시설 기부채납의 부담수준을 일정 부분 경감하는 제도, 제로 에너지 건축물 인증을 받은 건축물의 취득세를 100분의 15에서 20까지 범위에서 경감하는 제도 등이 있다.

정부는 제로 에너지 건축의 확대를 위해 다양한 제도를 활용할 수 있도록 안내하고 있으므로, 사업 추진을 계획하고 있는 건축주의 많은 관심에 따라 건축주의 사업경제성도 확연히 달라질 수 있는 여지가 존재한다. 사업 추진 전에 철저하게 활용할 수 있는 카드의 종류와 강도를 확인할 수 있도록 하자.

4
ZEB 기대효과

에너지 절감, 탄소 저감만 바라볼 때 제로 에너지 건축물의 효과는 더없이 좋다. 1차 에너지 기준으로 채굴, 운송, 변환, 전송의 모든 과정을 생략하고 에너지가 필요한 곳에서 에너지를 직접 생산하니 그보다 좋을 수 있겠는가? 그러나 진정한 제로 에너지 건축물의 효과는 경제성과 쾌적성에 있다. 경제성에 대해서는 의문이 있을 수 있다. 단기적인 비용 상승은 피할 수 없고 에너지 절감효과는 더디기 때문이다.

일반 건물은 기본적으로 에너지를 사용하게 설계되어 있다. 건축물을 제로 에너지 건물로 설계했다고 해도 플러스 에너지인 ZEB 1등급을 달성한다고 해도 에너지 절감 금액과 기존 한전에서 사용했던 전기요금의 절감 금액만으로 투자회수는 매우 어려운 일이다. 따라서 일반 건축물 대비해서 단열, 기밀 등 건축물 에너지 효율등급 1++를 만족시키기 위한 비용과, 에너지 자립률 최소 20%와 BEMS를 적용하기 위한 비용 증분을 어떻게 회수할 것인가가 관건이다.

건물에는 비용투자가 수반되며, 이익을 얻는 방법은 분양, 임대 등 다양한 방법이 존재한다. 그러나 변수가 많으므로 비교를 위해 전제조건을 단순화할 필요가 있으며 에너지 측면에서만 검토해 보자.

[일반 건물 vs. ZEB 투자회수 개념]

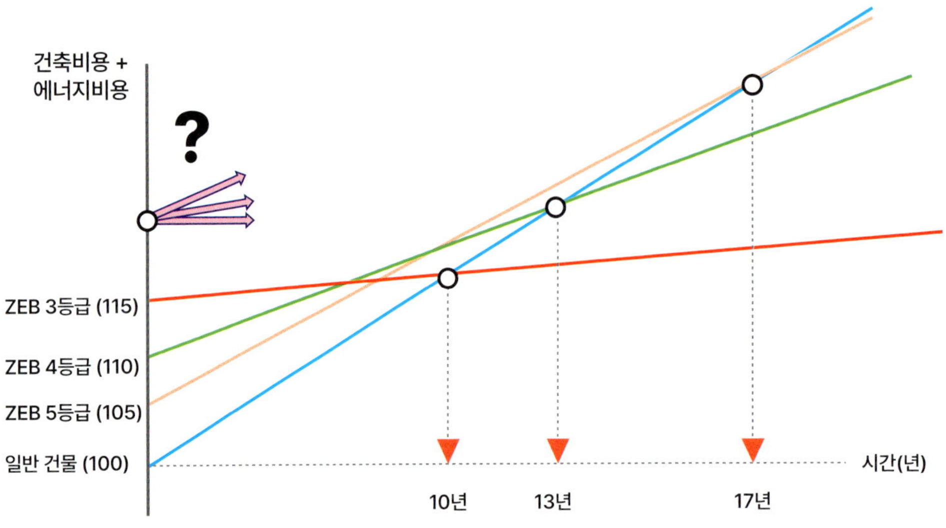

〈출처〉 에너지엑스, 패시브 자료 참조

또한 경제성 분석에 있어서도 비용 편익B/C, Cost-Benefit ratio 내부 수익률IRR, Internal Return ratio, 순 현재가치법NPV, Net Present Value 등 다양한 기법이 존재하나, 할인율을 어떻게 정할 것인가가 이슈가 될 수 있고, 사업주체의 조건에 따라 환경이 바뀔 수 있어 전제에 대한 정리가 필요하다. 건축주와 이야기를 나눌 때는 단순하고도 이해가 쉽게 되는 회수기간법이 주로 사용된다. 회수기간법은 이자율을 감안하지 않는 것이 단점이나 현금의 유동성, 안정성을 중시하는 경향을 고려할 때 단순하고 이해가 쉬운 것이 장점이다. 투자회수 기간에 대해서는 발생하는 누적 수익이 투입된 누적 비용을 넘어서게 되는 시점이 언제인가를 산출하여 경제적 가치를 판단하므로 직관적으로 이익 발생을 파악할 수 있다.

만약 도심에 연면적 1,000m^{2}짜리 5층 건물을 짓는다고 상상해 보자. 1층의 면적이 200m^{2}인 정방형 바닥을 가지고 있고, 층간 높이는 4m 정도로 되어 있는 건물이라면, 건물 정면의 외피 면적은 282.8m^2(=14.14m × 20m) 정도가 된다. 물론 건물 정면을 도로를 면한 남향으로 가정했으며, 다른 동, 서, 북향도 동일한 외피 면적을 가질 것이다. ZEB의 경제성을 간단히 보기 위해 토지 구입 등 경제성 분석을 위한 모든 변수는 동일하다고 가정하고 추가 공사비와 에너지 절감 비용만 놓고 판단하기로 한다. 일반 건물을 생각할 때 평당 800만 원(=242만 원/m^2) 정도 시공비가 든다면, 이 건물을 ZEB 5등급 수준으로 지을 때는 5.3% 수준의 단가 상승이 발생한다. 기밀, 단열, 신재생에너지 비용 등이 포함된 결과다. 사업비로 보면 일반 1,000m^2 건물이 2,424백만 원의 사업비로 가정할 때, ZEB 5등급 건물은 2,552백만 원(=2,424만 원×1.05)의 사업비가 들 것으로 예상되며, 증분은 128백만 원이다.

이 공사비 증가분을 어떻게 회수할 것인가에 대해 회수기간법Payback을 적용해 보자. ZEB를 만족하기 위한 조건은 3가지이며, 건축물 에너지 효율등급 1++ 수준 달성, BEMS 유무, 자립률이다.

건축물 에너지 효율등급 1++의 수치는 1차 에너지 기준으로 80~140kWh/m^2-yr이며, 합리적인 건축주나 설계자는 인증 수준의 경계에 있는 140kWh/m^2-yr을 달성목표로 설정할 것이다. BEMS는 의무사항이므로 저렴하면서도 기본적인 성능을 확보할 수 있는 제품이 주로 보급될 것으로 생각된다. BEMS의 경우는 모니터링, 관리, 제어를 위한 제품이기는 하나, 많은 BEMS 관련 서비스 개발자들이 생각하는 것처럼 상품 자체의 의미보다는 BEMS를 통해서 확보할 수 있는 축적된 데이터가 더욱 가치있을 것으로 생각된다. 자립률은 건물이 필요한 에너지를 현장에서 직접 생산해야 하기 때문에 설치환경의 특수성을 감안해야 한다. 건물에 설치되는 재생에너지원은 원별 도입 단가와 외관, 진동, 소음, 유지관리 및 건물주의 인식 등을 고려할 때 가장 우선적으로 BIPV건물일체형 태양광가 적용되고, 다음으로 지열, 연료전지 등이 고려될 것으로 생각된다.

ZEB 5등급의 자립률은 20~40% 수준의 달성이니 재생에너지 투입을 최소화하는 형태로 자립률을 확보할 것이다. 등급을 위한 최소 자립률 20%를 BIPV로 채운다고 하면, 어느 정도 설치가 되어야 하는지 발전용량을 산출하는 과정이 필요하다.

"자립률=1차 에너지 생산량/(1차 에너지 소요량+1차 에너지 생산량)"의 수식으로 산출되기 때문에 이 수식을 이용하면 20%의 자립률을 만족하기 위해 본 건물이 생산해야 하는 1차 에너지는 연 35,000kWh(=35[kWh/m^2-yr] × 1,000[m^2]) 수준이 된다.

조금 더 풀어서 설명해보자. 신재생에너지 생산량 X, 1차 에너지 소요량을 140kWh/m^2-yr로 두면, "20%=[X/(140+X)] × 100"의 수식이 성립하고, X값은 35kWh/m^2-yr이 된다. 여기에 건물의 연면적을 곱해서 필요한 에너지 생산량을 산출하였다. 여기에 kWh 당 에너지의 가격을 곱하면, 연간 에너지 절감액이 된다. 만약 에너지 단가가 200원/kWh이라면, 연간 에너지 절감액은 255만 원(=200원/kWh×35,000kWh/년÷2.75)이다. 이 금액이라면 ZEB 5등급의 사업비 2,424만 원은 9.5년(=2,424만 원÷255만 원/년)만에 회수될 수 있다. 일반 건물이 에너지를 사용하기만 한다면, ZEB는 재생에너지를 통해 투자회수를 이룰 수 있으니 고무적이다.

이 에너지를 생산하기 위해 필요로 하는 면적은 어느 정도일까? 본격적인 계산에 앞서 전제 조건을 한번 정리해 보자. BIPV는 전기를 현장에서 직접 생산하기 때문에 생산된 전기에 1차 에너지 환산계수 2.75를 곱해 주어야 한다. 다음으로 발전되는 전력량이다. 중부 지역인 서울 기준으로 일 평균 발전시간은 3.4hr/day 수준이며, 실리콘 기반의 태양전지를 사용하며, 건물 입면(벽면)에 수직 부착할 때 최적 각도인 30도 경사 대비 출력은 62% 정도이다.

[중부지역 방위, 경사각별 발전 상대량(%)]

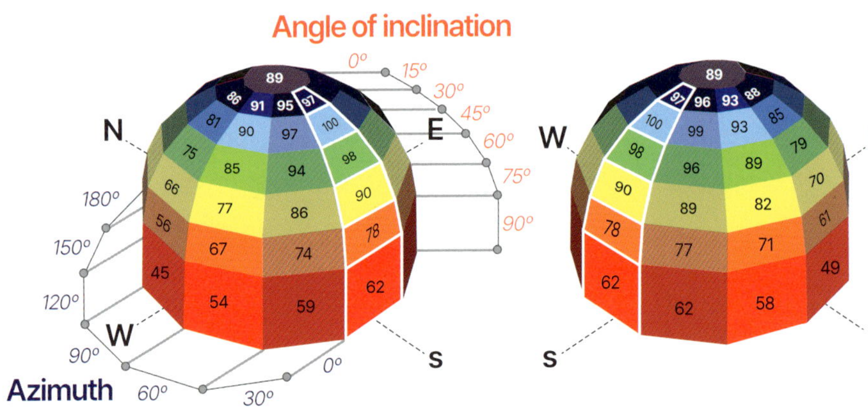

〈출처〉 건물적용 태양광시스템 연구(한밭대 윤종호 교수)

또한 BIPV에 사용되는 모듈의 필요면적(컬러 모듈의 용량 140~160W/장, 1장=1m²)을 kW당 7m² 정도로 환산할 수 있다.

이러한 전제 조건을 활용하면 건물 에너지 자립률 수준에 맞춰서 요구되는 1차 에너지 생산량과 이를 충족하기 위한 에너지원, 필요 면적 등을 계산할 수 있다.

건물 벽면에 적용할 BIPV 면적을 "Y"라고 하자. "1차 에너지 생산량=기준면적당 설치용량 × 소요 면적 × 일 발전시간 × 출력 수준 × 연간 발전일수 × 1차 에너지 환산계수"로 계산해 보자. "35,000[kWh/년]=1/7[kW/m^2] × Y[m^2] × 3.4[hr/day] × 0.62 × 365[day/년] × 2.75"에서 소요면적 "Y"를 구하면 115.8[m^2]가 된다. 즉, 이 건물의 남향 수직면 전체 면적인 282.8[m^2]의 약 40%만 활용해도, 자립률 20%를 확보할 수 있으니, ZEB 5등급을 달성할 수 있다.

그런데 사실 건물 남쪽면의 40%도 사용하기는 매우 어렵다. 도로를 면하는 건물의 정면은 창면적비도 확보해야 하고, 조망도 갖춰야 재실자들이 답답하지 않기 때문에, 20% 정도를 사용하는 것도 매우 빡빡한 실정이다. 그렇다고 건물의 동쪽이나 서쪽면, 옥상면을 사용할 수 있는 것도 아니다. 건물들이 다닥다닥 붙어 있고 옥상에는 정원이나 공조설비 등이 공간을 점하고 있기 때문이다. 따라서 지열, 연료전지 등 다른 재생에너지원과 융합된 형태로 자립률을 달성할 필요가 있다. BIPV는 고유의 장점이 있으므로 재생에너지원 중 가장 우선적으로 활용될 것이나 확장성을 위해서는 스팬드럴 구간 이외에도 창호까지 활용하는 방향으로 발전될 것이 예상된다.

다음으로 쾌적성이다. 쾌적성은 제로 에너지 건축의 또 다른 장점으로 제로 에너지 건축물을 만드는 요소기술들이 건강하게 살아가는 건축을 지향하는 방향으로 발전하기 때문이다.

제로 에너지 건축의 요소기술은 크게 패시브, 액티브, 신재생에너지, BEMS로 구분된다. 우선 패시브 기술은 외기에 대한 저항 값이다. 우리는 항온동물로서 체온을 항상 일정 수준으로 유지하고 있다. 외기의 상태 변화 속에서 우리는 쾌적 상태를 유지하기 위해 에너지를 소비할 수밖에 없다. 패시브 기술을 적용하면 상태 유지에 필요한 에너지를 최소화해서 사계절 적은 에너지만으로도 쾌적함을 유지할 수 있다. 에너지가 적게 드는 상태로 건물을 만들어도 설비의 효율이 좋지 않으면 애써 만든 건물의 에너지가 의미를 잃어 간다. 따라서 적은 에너지를 사용하면서도 높은 성능으로 운전이 가능한 설비들이 필요하며 통상 고효율 제품을 활용하고 있다. 이를 액티브 기술이라 한다. 다음으로 필요한 장소에서 필요한 에너지를 직접 생산가능하도록 하는 재생에너지기술, 발전, 발열 설비들이 사용된다.

또한 BEMS는 이 모든 것이 잘 운영되고 있는지 모니터링하며 설계 값에 근접하도록 제어, 조정, 관리하는 장치이다.

요소기술들을 세부적으로 분류하면 아주 다양하지만 쾌적함을 기준으로 할 때 가장 기본이 되는 것이 패시브 기술이다. 계절에 따른 외기 온도 변화를 실내에서 크게 느끼지 못하도록 변동 폭을 잡아주는 기술이며, 그 기본이 되는 것이 단열, 기밀, 열교차단 기술이다. 온도변화가 심해지는 열교 구간을 없애기 위해 외피 전체를 보온병과 같이 감싸는 외단열 시공법이 패시브 기술에는 적용되며, 이때 연속적으로 끊김 없이 단열재가 설치되는 것이 매우 중요하다.

이는 결로나 곰팡이 등 실내 건강을 위협하는 요소를 줄이기 위함이다. 곰팡이는 단열성능이 급격히 떨어지는 열교 부분이나 기밀이 취약한 부위에 집중적으로 발생한다. 이것이 쾌적함을 저하하는 요소 중에 하나이다.

사실 우리 눈에는 보이지 않지만, 곰팡이는 공기 중에 아주 미세하게 퍼져서 떠다니고 있다. 봄철에 바람이 불면 민들레 홀씨가 뿌옇게 하늘을 뒤덮고 있는데, 아주 작은 곰팡이 포자가 공기 중에 무수히 떠다니면서 정착할 자리를 찾고 있는 것이다.

이 곰팡이가 좋아하고, 잘 정착하는 곳이 따뜻하고 축축한 장소이다. 적당한 온도와 습도가 뒷받침되면 곰팡이는 매우 빠르게 증식한다. 곰팡이의 80% 이상이 습기를 좋아하고 건조한 곳

[곰팡이의 번식]

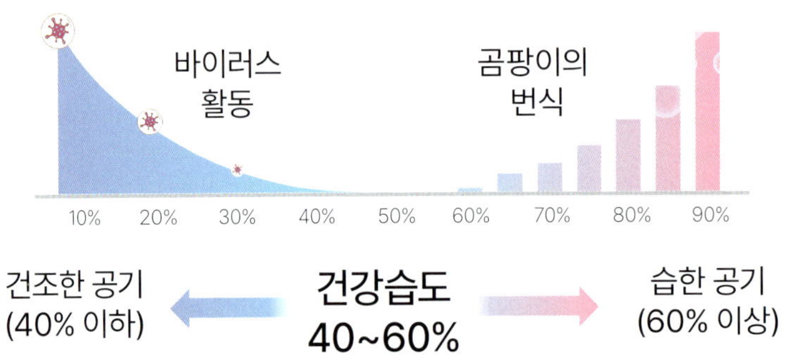

〈출처〉 네이버 블로그(신소지킴이)

을 싫어하며, 온도가 20~30℃가 되는 환경에서 가장 활발하게 번식한다고 한다. 그렇다고 온도가 높거나 낮다고 번식이 잘 이루어지는 것은 아니다.

37℃ 이상에서는 곰팡이 대부분이 서서히 죽어가며, 20℃ 이하에서는 번식 속도가 느려지는 것으로 알려져 있다. 특히 0℃ 이하이면 곰팡이가 동면한다고 하니 온습도를 조절하면 곰팡이를 막을 수 있다. 통상 사계절 중에 여름과 겨울에 곰팡이가 많이 발생하는데 전체적으로는 온습도가 문제이지만, 습도를 제어하는 것이 가장 중요하다.

여름에는 건물 외부에서 발생하는 장마철 습기를, 겨울철에는 수증기를 발생시키는 생활습관을 조절하는 노력과 건축물 자체의 열교에 대해 신경을 써야 한다. 특히 장마철에는 항상 벽면, 모서리가 축축한 경우가 많은데, 습도로 따지면 이 정도가 80~90%의 습도 상태이다.

에어컨을 켜면 이러한 덥고 습한 상태의 온습도를 일부 조절할 수 있다. 에어컨 기능 자체가 덥고 습한 공기를 흡입해서 차갑고 건조한 공기를 내뿜는데, 흡입된 공기에 포함된 수증기가 열교환기에서 물로 상태 변화되기 때문에 온습도 조절이 가능한 것이다.

가장 좋은 방법은 환기하는 것이지만, 바깥 공기도 습한데 환기하면 애써 제습해 놓은 공기가 다시 축축해질 수 있으니 환기는 습도를 고려해서 하는 것이 좋다. 제습기를 사용하면 효과가 좋지만 제습기 자체가 습기는 제거할 수 있어도 뜨거운 공기는 실내로 다시 배출되므로 온도 조절 입장에서는 사용에 주의할 필요가 있다. 따라서 여름철에는 외부의 습기 유입을 막고 내부의 습기를 빼낼 수 있는 노력을 하되 환기, 에어컨과 제습기 사용에 대해서는 상황을 고려해서 적절히 판단해야 한다.

겨울철에는 상황이 조금 다르다. 한겨울 외기의 온도는 0~10℃, 습도는 20~30%인데 쾌적한 생활을 하기 위한 온도는 22~25℃, 습도는 40~50% 수준이니 여름보다는 습도 입장에서 괜찮은 조건이다. 그런데 문제는 열교다. 건물을 지을 때 온도, 습도를 유지하기 위해서 그라스울(유리섬유), EPS(스치로폼) 같은 단열재를 건물에 부착한다. 부착하는 방식은 크게 3가지이다. 콘크리트와 같은 벽체 외부에 단열재를 붙이는 외단열, 벽체 사이 중앙부에 단열재를 삽입하는 중단열, 벽체 내부에 단열재를 붙이는 내단열공법이 있다.

이 중 이야기할 내용은 외단열과 내단열이다. 외단열은 단열재로 건물 외부를 꼼꼼하게 싸는 방식으로 보온병과 같은 원리이다. 보온병은 병의 안쪽과 바깥쪽 사이에 공기층이 있고, 입구

[내단열, 외단열의 차이]

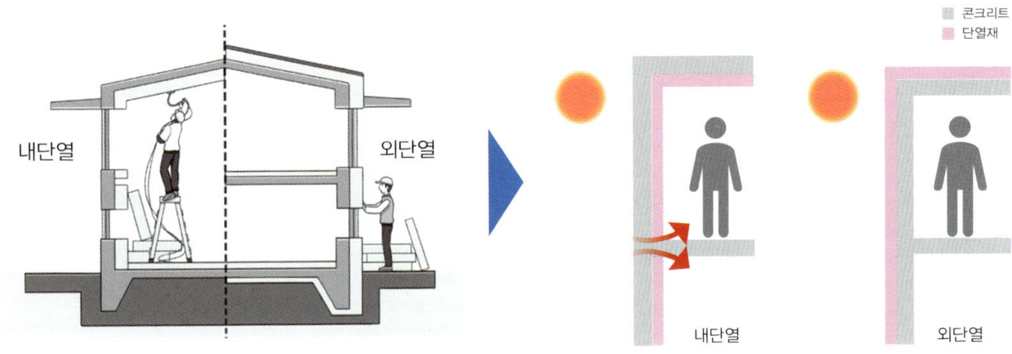

〈출처〉 건축주를 위한 Q&A(전원속의 내 집)

를 제외하고는 모든 부위가 유리로 된 진공벽, 내부 벽의 은 도금 등 온도를 유지할 수 있는 형태로 되어 있듯이, 외단열도 온도를 유지할 수 있게 단열재 전체로 건물을 감싸준다. 그러나 외부에서 건물을 감싸려면 단열 및 마감 작업을 벽면, 지붕에 붙어서 해야 하는 공사상 애로점과 상대적으로 공사의 난이도가 높은 단점이 있다.

내단열은 우리가 주로 알고 있는 방식이다. 건물 내부에서 단열과 마감을 하기 때문에 공사는 건물 내부에서 진행할 수 있다. 상대적으로 시공상 난이도가 낮은 방법이다. 그러나 건물을 지을 때 단열재가 결손되는 부위가 반드시 존재하는 공법이기도 하다. 통상 외벽이나 바닥, 지붕의 단열이 연속되지 않을 때 건물 외벽 모서리, 구조체 일부분에 열전도율이 큰 부분이 발생한다.

단열재가 결손되는 부위는 기본적으로 열을 끊어주지 못하므로 실내의 다른 부위에 비해 온도가 낮은 부위가 존재한다. 이 부위를 열교heat bridge라고 하는데, 내단열의 경우 구조체에서 단열이 끊어지는 부위가 반드시 존재하며, 단열재보다 높은 열전도율을 가지는 건축자재에서 냉기 혹은 열기가 이동하게 된다. 이 부위의 표면은 실내의 다른 부위보다 온도가 낮아 결로가 발생하기 쉽다. 특히 겨울의 결로는 난방에 따른 실내외 온도차 때문인데 차가운 음료수병이나 얼음 잔에 물기가 맺히는 것을 상상하면 된다.

단열이 끊어지는 부위가 차가운데 따뜻하고 습기를 머금은 실내 공기가 열교 부위에 닿으면

[단열 방식과 장단점]

구분	외단열	중단열	내단열
단면	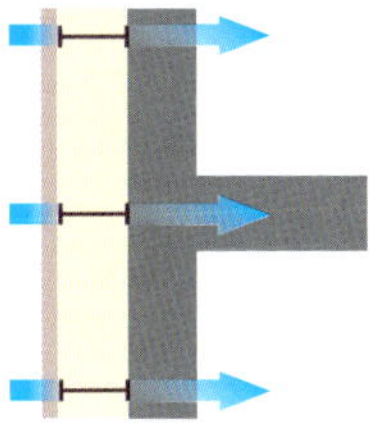	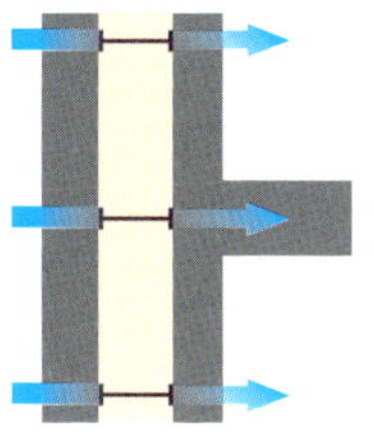	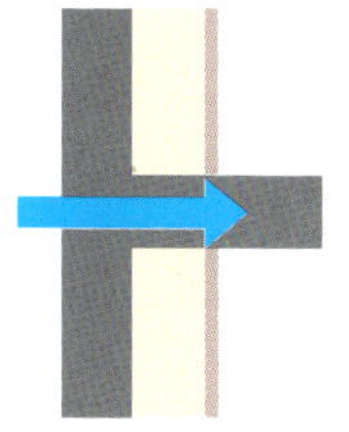
시공법	벽체 외부에 단열 및 마감	벽체 중앙부에 단열	벽체 내부에 단열 및 마감
장점	단열효과 우수	단열효과 우수	시공성 및 시공비 저렴
단점	단열재 마감이 어려움 마감재 고정물을 통한 열교	단열재를 관통하는 고정물을 통한 열교 발생	단열효과 저하 결로 발생 불가피

〈출처〉 HI시스템하우스

물방울이 맺히게 된다. 일반적으로 따뜻한 공기는 차가운 공기보다 더 많은 습기를 머금을 수 있는데 차가운 벽, 모서리 등 열교 부위를 만나면 수분을 방출하면서 결로를 유발하는 것이다. 결로가 발생하면 해당 부위 중심으로 곰팡이가 발생하기 쉬운 습하고 따뜻한 환경이 형성된다. 곰팡이는 외관상 보기도 싫고 하자 클레임의 원인도 되지만, 건축자재의 내구성을 떨어뜨리는 원인이 된다. 또한 곰팡이가 번식하면서 내뿜은 포자는 천식, 알레르기 등 다양한 질병의 원인이 될 수 있으므로 철저한 예방이 필요하다.

ZEB는 외단열을 기본으로 한다. 건물은 슬라브, 벽체가 있어 내부를 완벽히 감싸는 것은 불가능하고 조금의 열교라도 방지하기 위해서는 건물 외부를 감싸는 것이 유리하기 때문이다. 또한 외단열은 실내 면적 확보에 유리하다. 내단열 건물의 건축면적 계산은 마감재, 구조재, 단열재를 포함한 벽체 전체의 중심선을 기준으로 하기 때문이다. 단열재와 콘크리트 구조체의 두께가 각각 250mm(250t), 150mm(150t)인 가로, 세로 각 10m의 정방형 건물을 짓는다고 가정하면 건축면적은 100m^2(=10×10)가 된다.

내단열로 이 건물을 시공할 경우 벽체 전체의 중심선은 단열재와 구조체를 합한 두께의 절반인 200mm(=[250+150]÷2)로 계산되며, 중심선에서 건물 내부로 200mm만큼 공간이 들어가

[내단열과 외단열의 부위별 열관류율 비교]

내단열 구조	외벽–슬라브 접합부(단면)	측벽–슬라브 접합부(단면)	외벽–세대간벽 접합부(평면)	지붕슬라브–세대간벽 접합부(단면)
열관류율 산출 부위	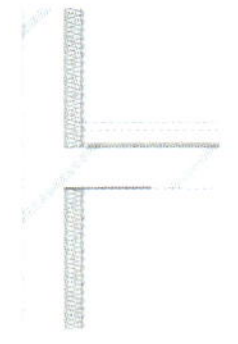	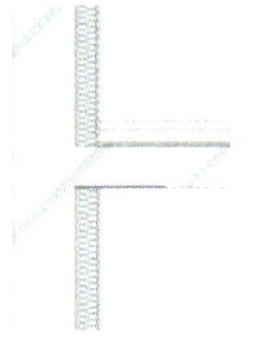	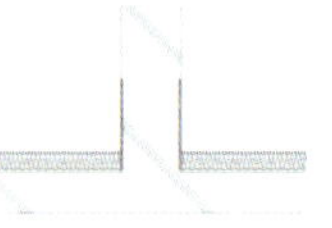	
열관류율 산출 결과	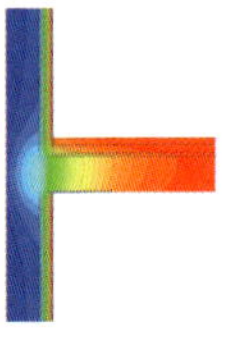	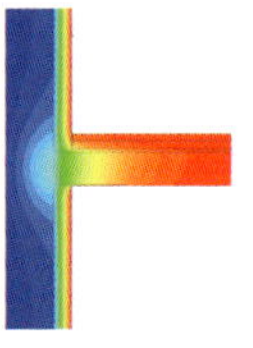	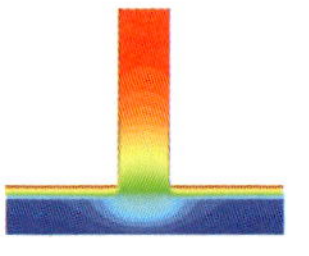	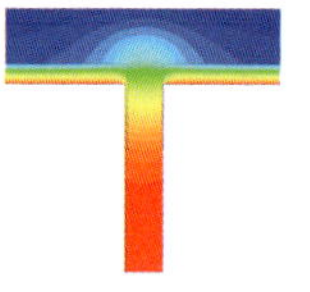
선형 열관류율	0.603 W/mK	0.539 W/mK	0.803 W/mK	0.498 W/mK

외단열 구조	외벽–슬라브 접합부(단면)	측벽–슬라브 접합부(단면)	외벽–세대간벽 접합부(평면)	지붕슬라브–세대간벽 접합부(단면)
열관류율 산출 부위				
열관류율 산출 결과	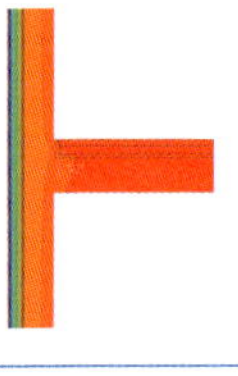			
선형 열관류율	0.150 W/mK (–75.1%)	0.109 W/mK (–79.8%)	0.093 W/mK (–88.4%)	0.035 W/mK (–93.0%)

〈출처〉 에너지 절약형 외단열 공동주택의 표준 설계, 시공기술 개발 및 경제성 분석(이화여자대학교, p.46)

게 된다. 양쪽 벽이 있으니 이 폭만큼 공간을 잡아먹으며 실제 실내 면적은 줄어들게 된다. 실내 면적은 92.16m^2(=[10−(0.2+0.2)] × [10−(0.2+0.2)]가 된다.

[단열 방식과 실내면적]

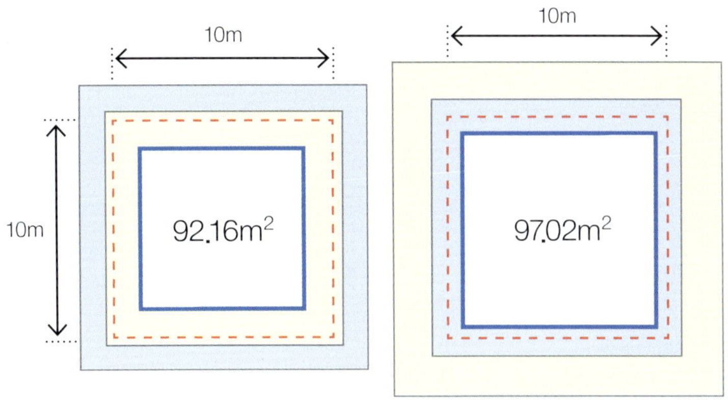

〈출처〉 외단열 공법과 열교분석(교육멘토 블로그)

만약 이 건물을 외단열로 시공할 경우 조건은 약간 달라진다. 외단열 건물의 건축면적 계산에 외부에 부착된 단열재의 두께는 포함되지 않는다. 외단열의 건축면적 계산은 구조체 골조 중심선을 면적의 기준으로 보기 때문이다. 벽체의 중심선은 75mm(=구조체 150÷2)로 계산되며, 양쪽 벽에서 이 폭만큼 공간 안쪽으로 들어가게 된다. 실내 면적은 97.02m²(=[10−(0.075+0.075)]×[10−(0.075+0.075)]가 된다.

거래와 과세의 기준이 되는 법적 면적은 100m²(=30.3평)으로 동일하지만, 실제 건물주 입장에서 사용하는 실내 면적은 내단열보다 외단열이 4.86m²(=1.5평)나 이익을 보게 된다. 세금은 똑같이 내는데 쓰는 면적은 넓다면 외단열쪽으로 마음이 기울게 된다.

우리는 현실적으로 하루 중 대부분의 시간을 건축/기계/전기 설비에 의해 만들어진 공간과 환경 속에서 살아갈 수밖에 없고, 여러 요인에 영향을 받고 반응하며 살아간다. 우리의 삶은 발전하고 있으며 경제도 성장하고 있다. 이러한 추세 속에서 쾌적한 생활과 실내 환경에 대한 요구 수준이 높아져서 열적 환경, 공기 질, 시각 및 청각적인 환경을 제어하고자 하는 다양한 기술요소들이 건물 계획단계부터 설계에 반영되어 왔다. 또한 적용되는 기술요소의 수준도 점차 높아져 왔으나, 이에 비례하여 높은 비용이 부담으로 작용하는 것도 사실이다. 그러나 앞서 언급한 바와 같이 제로 에너지 건축물의 도입은 경제성과 재실자의 건강, 쾌적성을 종합적으로

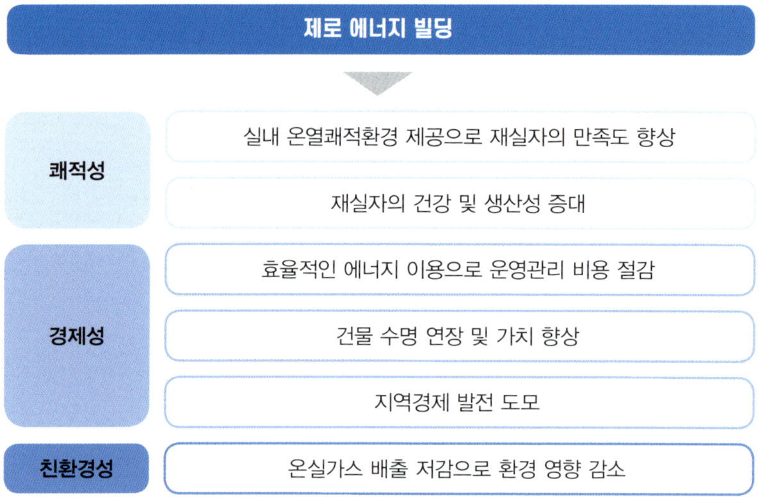

개선하는 데 도움이 된다.

단열/기밀 성능 개선으로 냉난방 열손실 감소, 침기율 감소 등으로 열적 쾌적성이 향상되며, 전열교환기를 이용한 기계환기 적용으로 미세먼지 유입을 줄여 실내공기질도 향상된다. 이는 재실자의 만족도에 따라 생산성 증대 효과까지 얻을 수 있다. 또한 건축 요소기술의 성능 향상으로 인해 냉난방 부하가 감소하여 부하에 대응하는 기계설비의 사용량이 줄어들고, 1차 에너지 소비량 절감을 통해 온실가스 배출 또한 감소하여 환경적인 영향을 줄일 수 있게 된다. 이러한 복합적인 기대효과를 달성하기 위해 제로 에너지 건축이 실현되고 있는 것이다.

III. 일단 검토부터 해볼까?

1 추진 배경 및 건축 주안점

2 건축 전 사전 조사

3 사업 방식 결정

1
추진 배경 및 건축 주안점

회사가 확장되면서 자연스럽게 사옥 공사를 계획하게 되었다. 일단 건물을 만들기 위해서는 부지를 찾아야 하고 해당 부지에 어떤 용도로 건물을 만들지를 결정하고, 수익모델을 고려해서 사업 방식을 결정해야 한다.

본 프로젝트를 시작하기 전에 회사에서 인수했던 자산 중에 일반적인 근린생활시설을 계획하고 있었던 토지가 있었다. 해당자산은 이미 1년 전에 설계사 계약 및 건축허가가 완료되어 있는 상황이었으며, 최종 시공사 계약 체결 전이었다. 해당 상황에서 2가지 선택의 길이 있었다.

첫째, 어디서나 볼 수 있는 일반 상업건물을 만들어 계획했던 목표와 수익을 만들어 내는 것이다. 실무자 입장에서는 가장 손쉽고 부담이 적은 방법이다. 둘째, 건물을 제로 에너지 빌딩으로 변경하고 설계부터 다시 시작하는 것이다. 일반 건물에서 설계 변경은 디자인 위주의 변경이지만, 일반 건물에서 제로 에너지 빌딩으로 변경하는 것은 디자인부터 모든 것을 다시 설계해야 하는 쉽지 않은 방식이다.

하지만 친환경 건축 솔루션을 서비스하는 회사의 특성을 고려했을 때, ZEB사옥 프로젝트는 회사의 외적 성장과 내부 기술력 입증을 위해서는 피할 수 없는 길이었다. 건물을 만들고자 하

[인허가 및 계약 체결 상황]

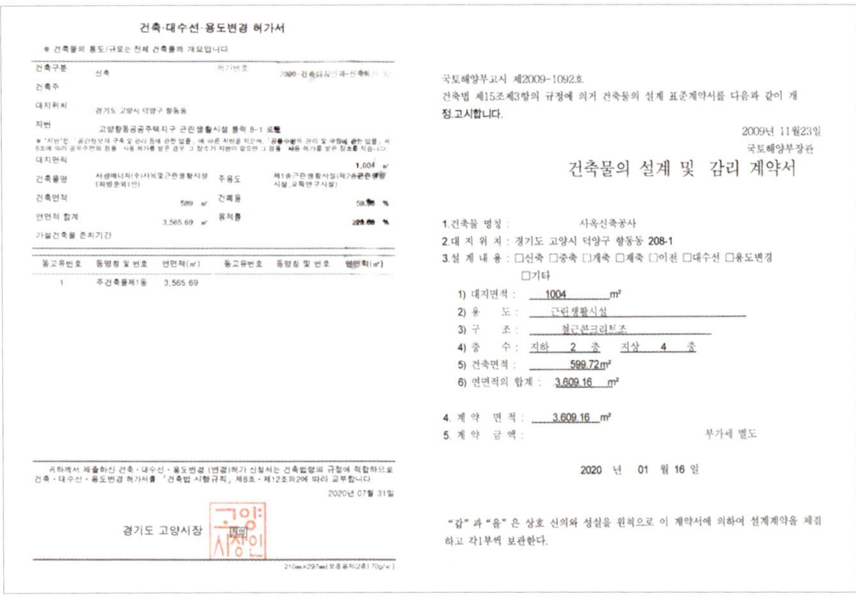

건축·대수선·용도변경 허가서

※ 건축물의 용도/규모는 전체 건축물의 개요입니다

건축구분	신축	허가번호	2020-건축디자인과-신축허가-3/
건축주			
대지위치	경기도 고양시 덕양구 향동동		
지번	고양향동공공주택지구 근린생활시설 블럭 8-1 로트		
대지면적			1,004 ㎡
건축물명	서울에너지(주)사옥및근린생활시설 (외 1인)	주용도	제1종근린생활시설(제2종근린생활시설,교육연구시설)
건축면적	589 ㎡	건폐율	[illegible] %
연면적 합계	3,565.69 ㎡	용적률	[illegible] %
가설건축물 존치기간			

동고유번호	동명칭 및 번호	연면적(㎡)	동고유번호	동명칭 및 번호	연면적(㎡)
1	주건축물제1동	3,565.69			

귀하께서 제출하신 건축·대수선·용도변경 (변경)허가 신청서는 건축법령의 규정에 적합하므로 건축·대수선·용도변경 허가서를 「건축법 시행규칙」 제8조·제12조의2에 따라 교부합니다

2020년 07월 31일

경기도 고양시장

국토해양부고시 제2009-1092호

건축법 제15조제3항의 규정에 의거 건축물의 설계 표준계약서를 다음과 같이 개정.고시합니다.

2009년 11월23일

국토해양부장관

건축물의 설계 및 감리 계약서

1.건축물 명칭 : 사옥신축공사

2.대 지 위 치 : 경기도 고양시 덕양구 향동동 208-1

3.설 계 내 용 : □신축 □증축 □개축 □재축 □이전 □대수선 □용도변경 □기타

1) 대지면적 : 1004 m²

2) 용 도 : 근린생활시설

3) 구 조 : 철근콘크리트조

4) 층 수 : 지하 2 층 지상 4 층

5) 건축면적 : 599.72m²

6) 연면적의 합계 : 3,609.16 m²

4. 계 약 면 적 : 3,609.16 m²

5. 계 약 금 액 : 부가세 별도

2020 년 01 월 16 일

"갑" 과 "을" 은 상호 신의와 성실을 원칙으로 이 계약서에 의하여 설계계약을 체결하고 각1부씩 보관한다.

는 건축주 및 관계된 사람들에게 ZEB를 권장하기 위해서는 국내 최초의, 가장 상징적인 사례를 경험해야 한다. 흔히들 말하는 "먹어본 자가 맛을 안다"라는 말처럼 친환경 건축물 솔루션의 최고봉을 입증하기 위해서 우리는 모든 기술을 모아서 가장 에너지 성능이 우수하고 민간에서 쉽게 만들 수 없는 고성능 건축물을 만들어야 하는 과제에 도전하게 되었다.

일단 운명을 받아들이고 사옥 관련한 시공사 선정 등 건설 프로세스를 전면 중단시키고 건물 방향성을 변경하기 시작했다. ZEB 건물로 인증 받기 위해서는 BEMS 도입과 건축물 에너지 효율등급 1++등급 이상을 취득하고 건물에너지 자립률 20% 이상 달성이 필수적이다.

BEMS는 Building Energy Management System의 약자로 건물 에너지 관리시스템을 말하며, 빌딩 내 에너지 관련 정보를 실시간으로 수집 분석하여 에너지 사용효율을 개선하는 시스템이다. ZEB 건물은 에너지 절감이 주된 목적이기 때문에 반드시 건축물에 BEMS와 같은 모니터링 시스템이 반영되어야 한다.

건축물 에너지 효율등급은 건물의 에너지 성능에 등급을 표기하는 것으로 건축물 에너지 관리에 대한 인식을 유도하기 위해서 정부에서 도입한 등급제도이다.

[ZEB인증 기준]

건축물 에너지 효율등급	+	에너지 자립률	+	BEMS 및 원격검침기 설치
최소 1++등급 필요		최소 20% 이상		6~9개 항목 측정/평가

등급	단위면적당 1차 에너지 소요량 (kWh/m²·년)		ZEB 적용	평균 인증 비율
	주거용	주거용 이외		
1+++	60 미만	80 미만	가능	5.2%
1++	60이상 90미만	80이상 150미만		26.5%
1+	90이상 120미만	150이상 200미만	불가	25.0%
1	120이상 150미만	200이상 260미만		26.0%
2	150이상 190미만	260이상 320미만		15.8%
3	190이상 230미만	320이상 450미만		1.5%
4	230이상 270미만	450이상 520미만		0.1%

ZEB 등급	에너지 자립률 (생산량÷소비량)	ZEB 인센티브 (건축기준 최대 완화 비율)
1등급	100% 이상	15%
2등급	80%~100% 미만	14%
3등급	60%~80% 미만	13%
4등급	40%~60% 미만	12%
5등급	20%~40% 미만	11%

[공공기관의 건축물 에너지 효율등급 인증 의무]

구분	적용대상	건축물 에너지 효율등급
공공기관	연면적 3천m² 이상 신축 및 별동 증축	1등급 이상
	공동주택/오피스텔	2등급 이상
시장형·준시장형 공기업	연면적 3천m² 이상 신축 및 별동 증축	1++등급 이상

* 녹색건축물 조성지원법 시행령 제12조 2항, 공공기관 에너지이용 합리화 추진에 관한 규정 제6조

〈출처〉 한국환경건축연구원

가장 높은 등급인 1+++부터 7등급까지 총 10단계로 구분되어 지며, 정보 및 공공기관 소유의 신축건물일 경우 건물 규모와 용도에 따라 정해진 기준 이상의 건축물 에너지 효율등급을 취득해야 한다.

반면 민간 건축물의 경우 ZEB인증을 취득할 계획이 없다면 특정 등급 취득이 필요하지 않다. 하지만 특정 등급을 취득할 경우 건축물 완화기준이 적용되기 때문에 일정 규모 이상의 건축물을 설계할 때 용적률 완화 등의 이점을 얻기 위해서 특정 등급 이상을 취득하는 경우가 있다.

[에너지 효율등급 전국인증현황]

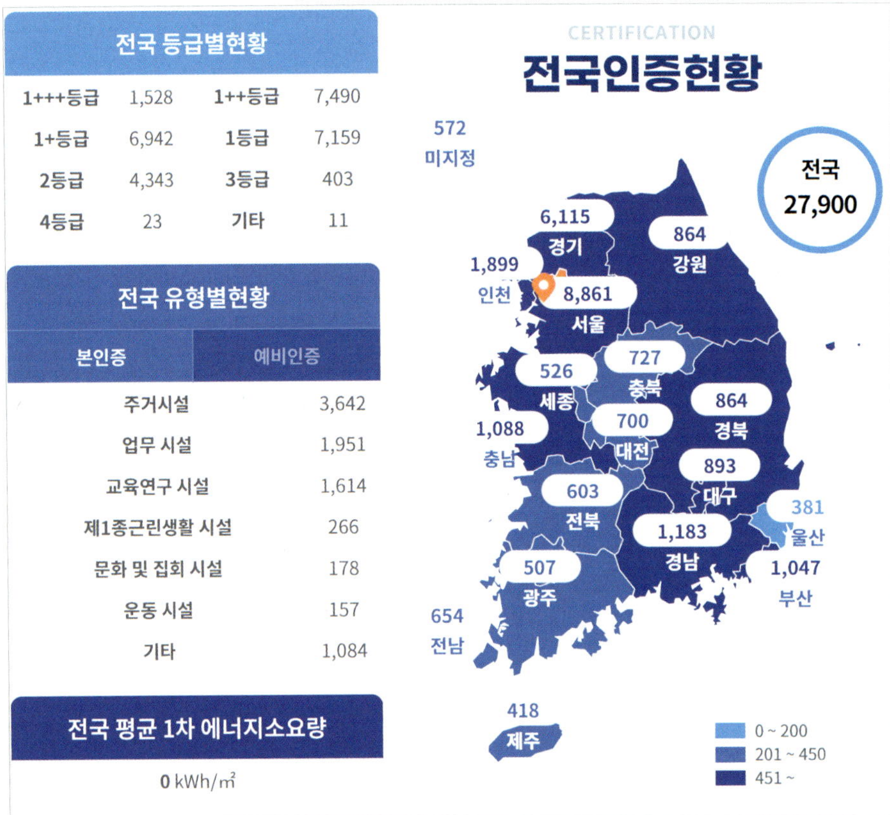

〈출처〉 건축물 에너지 효율등급 인증시스템

인증시스템 통계를 볼 경우 ZEB인증이 가능한 1++등급의 건축물은 전체 인증건물의 26.5%를 차지하고 있으며, 가장 높은 등급인 1+++는 5.2%를 차지하고 있다. 인증을 진행하는 건축물의 약 30%는 ZEB인증이 가능하다는 뜻으로 해석 가능할 수 있다. 그렇다면 ZEB인증현황은 어떻게 될지 자료를 검토해 보았다.

예상했던 것처럼 공공건물이 전체 인증의 96.7%로 압도적으로 높은 비율을 차지하고 있었고 민간건물은 약 3.3%로 11개소가 등록되어 있었다. 그렇다면 건축물 에너지 효율등급 1++ 이상의 건축물의 대부분이 인승 의무를 갖고 있는 공공건물이라고 유추할 수 있다. ZEB 등급은 공공 및 민간건물 관계없이 접근이 가장 수월한 5등급이 과반수 이상을 차지하고 있었다.

건축물 에너지 효율등급과 ZEB인증현황을 통계 데이터로 확인해 보았을 때 민간건물 대상

[공공 및 민간 ZEB인증현황 분석]

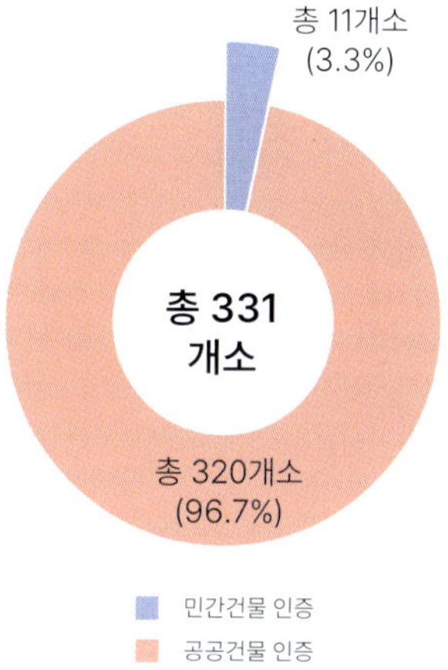

공공건물 인증현황

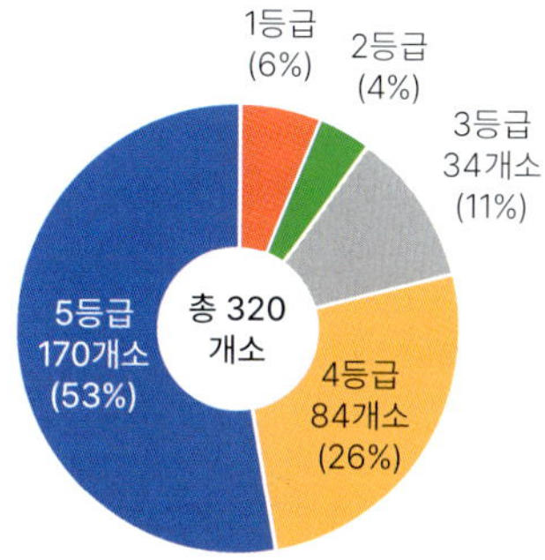

ZEB 본인증	계	'18년	'19년	'20년	'21년	'22년
1등급	19	–	–	1	5	13
2등급	13	–	1	2	1	9
3등급	34	1	1	3	3	26
4등급	84	–	–	3	21	60
5등급	170	2	3	3	53	109
계	320	3	5	12	83	217

민간건물 인증현황

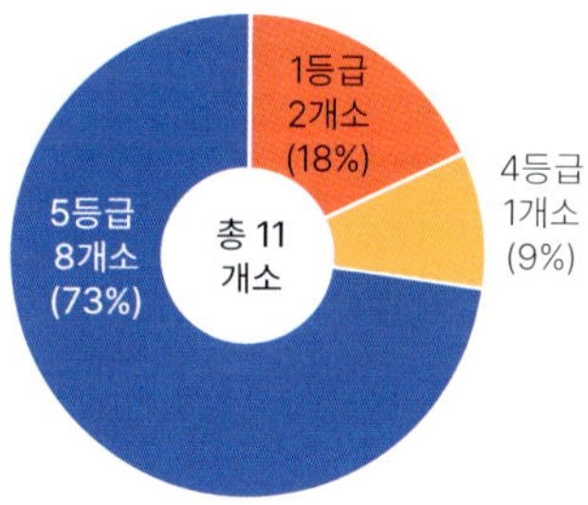

ZEB 본인증	계	'18년	'19년	'20년	'21년	'22년
1등급	2	–	–	1	–	1
2등급	–	–	–	–	–	–
3등급	–	–	–	–	–	–
4등급	1	–	–	–	1	–
5등급	8	1	1	1	3	2
계	11	1	1	2	4	3

〈출처〉 제로 에너지 빌딩 인증시스템 인증현황 데이터 기준

으로 ZEB인증은 매우 희소성 높은 행위로 판단되었기에 우리는 건물 방향성에 대해서 진지한 고민을 하기 시작했다. 접근성이 좋은 5등급으로 건물을 만들지 또는 희소성을 띄는 1등급으로 만들어 최고의 기술력을 자랑할지 고민했다. ZEB건물을 만드는 것만으로도 민간에서 쉽게 결정하기 어려운 일이었으며, 당시 민간 1등급 건물은 시범용 주거 건물이었다. 하지만 우리의 건물은 실제 상업건물로, 1등급으로 만들 경우 "국내 최초 ZEB 1등급 상업용건물"이라는 타이틀을 확보할 수 있다. 이왕 어렵게 ZEB건물로 방향성을 결정했다면 상대적으로 접근이 수월한 5등급보다는 "국내 최초"라는 타이틀을 얻을 수 있는 1등급으로 만드는 것이 기나긴 고민에 대한 최대한의 보답이라 생각하여, ZEB 1등급 건축물로 방향을 확정하였다.

설계 방향을 ZEB 1등급으로 설정하였기 때문에 그다음에 결정해야 하는 부분은 '어떠한 에너지원으로 자립률 100% 이상을 만들어 낼 것인가'라는 것이었다. 해당 고민에 대해서는 이미 마음속으로는 "태양광 에너지"로 결정을 해 놓은 상황이었다. 여러 가지 에너지원 중에서 가장 저렴하고 효과가 높기 때문이다. 하지만 ZEB에서는 우리가 생각한 것과 다를 수도 있기 때문에 공공기관 건물 대상으로 만들어진 제로 에너지 건축물 인증사례집 데이터를 검토해 보았다.

[공공기관 ZEB인증 에너지원 분석]

구분	총계	에너지원		
		태양광	태양광 + 지열	태양광 + 연료전지
인증수	31	24	6	1
비율	100%	77.4%	19.4%	3.2%

〈출처〉 제로 에너지 건축물 인증사례집 기준

결과는 예상했던 것과 같이 태양광 사용이 압도적으로 높았으며, 에너지원 사용방식은 총 3가지 패턴으로 확인되었다. 이들의 공통점은 태양광 에너지를 기본으로 사용하고 부족한 부분을 지열 및 연료전지로 충당했다는 점이다. 즉 ZEB 에너지 자립률을 만들기 위해서는 태양광 에너지가 가장 기본이 된다는 뜻으로 해석할 수 있다.

이러한 태양광 에너지를 도입하기에 가장 적합한 곳은 건물 옥상일 것이다. 건물 옥상 면적이 원하는 용량의 태양광 설비를 도입할 수 있을 만큼 넓을 경우 자립률을 높이는 것은 쉬운 일이 된다. 하지만 자립률 등급이 높아질수록 옥상 면적만으로 달성률을 맞추는 것은 쉬운 일이 아니다. 공공건물의 경우 수익 창출보다는 공익을 위해 제공되는 특성이 있기 때문에 교육연구시설, 운동시설 등의 넓은 면적의 낮은 층 건물이 주가 된다. 이러한 건물의 경우 일반적인 민간건물 대비 옥상 면적을 통해 ZEB 달성이 다소 수월하다.

하지만 건물의 가로폭이 좁고 세로폭이 길게된 분양 및 임대 목적의 건물의 경우 옥상 면적만으로 일정 비율의 태양광 설비 설치가 쉽지 않을 것이다.

넓은 옥싱 면직의 30%에 실시할 수 있는 설비용량은 층고가 높은 건물의 경우 옥상 전체에 태양광을 설치해야만 가능한 수준이다. 이렇게 옥상 면적의 전체를 태양광 설치에 할애할 경우 옥상 녹화 등의 휴식공간으로 사용할 수 없으며, 지자체 태양광 설비의 공작물 허가기준인 70%

[지상층 면적 대비 태양광 설치 면적 비율]

구분	ZEB등급			비고
	5등급	4등급	3등급	
지상층 면적 대비 태양광 설치 면적 비율	9.2%	16.6%	30.1%	평균값

〈출처〉 제로 에너지 건축물 인증사례집 기준

[대지면적에 따른 태양광 설치 면적 비율]

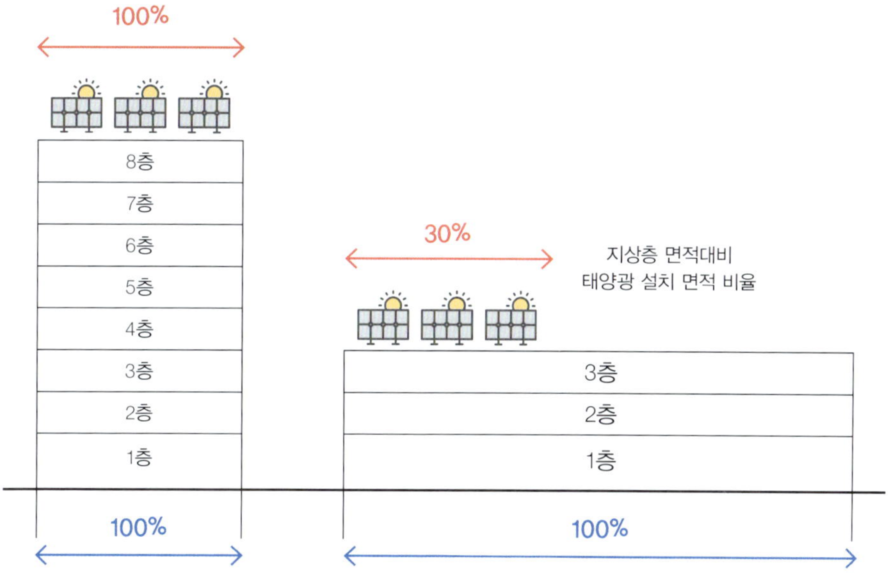

를 초과하여 법적인 문제가 발생하게 된다.

그렇다면 옥상 면적이 상대적으로 낮은 건물은 ZEB 높은 등급 달성이 불가능한 것일까? 옥상 면적만 활용할 경우에는 목표 달성이 쉽지 않은 것이 사실이지만, 벽면을 활용할 경우 자립률 달성이 가능하게 여건을 바꿀 수 있다. 아직은 국내 건설시장에서는 익숙하지 않은 BIPV Building Integrated Photovoltaic 즉, 건물 일체형 태양광 발전시스템을 건물에 반영할 경우 원하는 목표를 달성할 수도 있다. BIPV는 태양광 설비와 건물 외장재 역할을 동시에 수행하는 시스템으로, 건물 벽면에 마감재를 대신하여 사용한다. 옥상 면적으로 자립률을 충당하기 어려울 경우 벽면에

BIPV를 도입하여 목표한 자립률을 채울 수 있다.

〈출처〉 AVANCIS 외

아직 국내에 BIPV 관련하여 엔지니어링 사례가 많지 않기 때문에 우리는 민간 상업용 ZEB건물에 BIPV를 적극 반영하여 1등급으로 만드는 것을 최우선 과제로 선정하였다.

2
건축 전 사전 조사

제로 에너지 빌딩을 생각할 때 우리는 엄청난 테크놀러지들의 집합체인 듯한 느낌을 받는다. 때론 지붕 위에 우뚝 솟은 태양광 패널의 공중지붕을 보면서 제로 에너지를 실현하고 있다고 말하는 분들도 있다. 실제로 친환경 건축의 학문적 연구들이 이어져 왔고, 이미 현재 대한민국은 건축기준은 세계 선두그룹이다.

그리고 제로 에너지를 실현할 수 있는 각종 테크놀러지들이 날이갈수록 눈부시게 발전하고 있다. 예를 들어 태양광 패널이 붙어 있어도, 태양광 패널임을 모를 정도의 기술들이 만들어지고 있는 것이다. 물론 지금까지의 제로 에너지 빌딩의 이미지는 어울리지 않는 과도한 차양과 어색하게 달려 있는 푸른 태양광 패널이 그려진다.

하지만 앞으로의 제로 에너지 빌딩은 에너지를 위해 디자인을 포기하는 것이 아니라, 제로 에너지의 세련된 기술로 더 세련되고 멋진 건축물이 탄생될 것이며, 더군다나 그 건물의 에너지 사용량이 제로 혹은 그 이상에 가까운 빌딩인 것이다. 그야말로 잘 생겼는데 전교 1등까지하는 엄친아 빌딩이 아닐까?

하지만 이러한 내용들이 법과 인증기준들 사이에서 혼란스럽게 논의되고 있어서 설계적 관점에서 간단히 설명하자면 3가지 단계로 정리할 수 있다.

1단계는 친환경 건축물이다. 태초의 자연의 요소, 즉 바람, 기후, 기온, 습도 등의 요소들을 이용하여 재실환경을 좋게 만들 수 있도록 설계하는 기법들이다. 지역별 전통 건축물에 적용되는 토속적이고, 자생적인 내용들이 많고, 우리는 이것을 패시브 기법이라고 부른다.

2단계는 기계의 에너지 효율에 대한 내용이다. 아무리 통풍과 차양을 잘 적용했다 하더라도 추운 겨울과 더운 여름에 냉난방을 하지 않을 수 없다. 즉 기본적인 보일러, 에어컨, 펌프 등의 장비들의 사용이 불가피하며 이 장비들을 고효율 장비 등을 적용하여 이왕 쓰는 에너지도 최소화하는 단계이다.

3단계는 제로 에너지 빌딩이다. 앞에서 이야기한 것처럼 녹색건축단계에서 패시브적인 요소를 적용하고, 높은 에너지 효율을 가지고 있는 기기, 장비를 적용한 엑티브 기술요소를 반영하여 에너지를 적게 사용하고, 그 에너지마저도 태양광, 풍력 등 에너지를 생산하는 요소들을 건물에 적용하여 그 건물에 사용되는 에너지를 제로로 만들어버리는 것이다. 즉 우리가 제로 에너지 빌딩의 계획에 대해서 이야기하려면 친환경 건축물의 방대한 내용과 장비의 에너지 효율에 대한 기술적인 이야기, 그리고 신재생에너지의 활용에 대한 하이테크적인 이야기까지 방대한 내용들을 이야기해야 하지만 에너지엑스 사옥의 설계와 시공단계에 반영되고, 또 작동하는 부분들을 주된 줄거리로 이야기를 따라오다 보면 위의 전체적인 맥락이 구체적으로 보일 것이다.

건축설계는 건축가를 비롯하여 수십 명의 전문가들이 협력하여 건축주의 수많은 요구사항, 수십 가지의 법적인 제약, 또 재료, 물성 간의 결정, 유지보수의 관계 등 안개같이 자욱하게 존재하는 수많은 제약사항들을 초기 건축계획의 방향을 주시하면서 한걸음씩 앞으로 가면서 그 안개를 조금씩 걷어내는 과정, 즉 창의력의 불씨를 팀워크 전체의 집중력과 지구력으로 횃불을 만들어내는 과정이라 생각한다.

그럼 ZEB의 설계는 뭔가 다를까? 위의 전통적인 프로세스와 하나도 다를 바 없다. 하지만 사실은 다른 세상이다. 평생 시력이 나쁜 상태로 살던 사람이 성능 좋은 안경을 쓰게 된다면 아마 안경을 쓰기 전과 후의 주변상황은 다를 것이다. 주변은 바뀌지 않았지만, 그 사람은 황홀하고 새로운 세상을 만나게 될 것이다.

즉 모든 디자인 결정과정과 설계단계에서 추상적인 부분들이 여러 데이터와 에너지 성능을 통해 개연성을 확보하게 되었고 그 데이터, 성능값이 디자인으로 적용되기 시작한 것이다. 이 제로 에너지 빌딩 설계, 제로 에너지 디자인이라는 것은 어떤 건축가에게는 이제까지 없던 신무기가 될 수 있지만 어떤 건축가에게는 또 다른 제약, 굴레로 인식될 것이다.

예를 들면 조금은 추상적이었던 건축물의 Mass study 과정은 음영시뮬레이션으로 수치적인 로직logic을 가진 형태로 변화되며 조금 더 뷰를 확보하는 정도의 창의 계획은 열손실과 SHGC Solar Heat Gain Coefficient, 태양열취득계수, 환기량까지 고려하며 전체 건물의 벽면이 결정된다. 추상적인 비례라는 훈련을 통해 다져지던 현대 모더니즘 건축의 안목은 에너지 데이터를 통해 초기에 해석, 결정되며 그것이 전체적인 디자인 완성도에 기여 또는 관여하게 되면서 전통적인 건축물과는 겉모습은 비슷할지 몰라도 근본적으로 다른 명확한 의도와 성능 데이터를 가지고 있는 친환경 건축물이 완성되게 된다.

결국 전통적인 프로세스와 다른 것이 없지만 전체 프로세스의 작업에 대한 해상도가 높아졌다. 즉 건축가가 바라보고 결정해야 할 모든 내용들이 더 많아지고, 한편으로는 더 풍성해졌다. 그리고 이것을 해내기 위해 현대 건축가에게는 전기설비, 기계설비, 신재생에너지설비에 대해 이해하고, 디자인 과정에서 적용하고 합리적인 결정을 할 수 있는 능력까지 필요로 하게 되었다.

물론 현재 대한민국의 제로 에너지 빌딩의 의무화로 많은 신축건물들이 제로 에너지 빌딩을 표방하며 우후죽순 생겨나겠지만 에너지 컨설팅의 능력만으로 의무적으로 생산되는 제로 에너지 빌딩이 아닌 처음부터 제로 에너지를 위한 디자인 결정의 해상도, 즉 디자인 개념과 개연성을 가지고 궁극적인 제로 에너지 빌딩설계가 되어야 진정한 제로 에너지 빌딩설계라 할 수 있지 않을까?

제로 에너지 설계에 대해서는 통합 디자인이라는 정의로 이론적인 디자인 기법들이 현재 시중에도 수십 가지가 공개되어 있다. 단 소개된 기법들은 해당 국가, 특정 사례에 적용될지는 몰라도 우리나라에서는 작동하지 않거나 오히려 더 건물에 악영향을 끼치게 만든다는 것을 약 10여 년 넘게 실제로 경험하고 있는 것이다. 또한 효과에 비해 어마어마한 공사비를 요구하는 전략들도 수두룩하여 실제 지어진, 또는 작동의 유무는 어느 책에서도 경험, 결과치를 함부로 말하지 않는다. 책임의 소지가 있기 때문일 것이다. "논의할 때는 해외와 국내는 상황이 달라 사례에 나온 내용은 책에는 이렇게 작동되지만, 우리나라는 기후와 여건이 달라 작동이 안되거나 유명무실해"라고 공유할 뿐이다. 그러면서 대형건물에서 제법 공사비를 들일 수 있는 프로젝트의 디자인을 특이하게 하기 위해 에너지절약, 녹색건축이라는 부연설명이 필요할 때 등장했지만 역시 작동하지 않고 무용지물이 될 수 있는 것이다. 이제 통합 디자인 요소의 작동과 투입비용을 고려하여 지역, 기후에 맞춰 통합 디자인을 하되, 마치 오리가 물에 고요하게 떠 있듯 건축물의 디자인이 장식이 아닌 필요에 의한 디자인을 하되 제로 에너지를 위해서 건축의 조화로움, 완성도가 희생되지 않는 것이고 그 정도의 기술력과 디테일이 바탕이 되어 제로 에너지 빌딩을 만들 수 있는 것이다.

1. 현황분석

일반 건축물과 친환경 건축물의 디자인의 차이는 현황분석이라는 첫 번째 단계부터 약간 다르다. 물론 일반적인 설계단계에서 현황분석이라는 것은 당연히 고려하는 것이나, 친환경 건축을 목표로 잡는다면 이 현황분석에서의 자연환경 요소들은 디자인을 결정하는 주요 요인으로 작용하며, 이 요인들은 통합 디자인 기법 등 여러 기술적 요소의 시너지를 통해 효과를 극대화하여 제로 에너지 목표에 효과적, 경제적으로 도달할 수 있도록 하는 데 이용할 수 있다.

입지분석

– 현장실사를 통해 대지와 건축물의 형상, 주변환경, 바람길 등 환경영향 요소를 분석한다.

지형분석

– 대상 부지의 형태, 주변 지형, 부지 내 레벨을 확인한다.

기후분석

– 대상 부지의 평균 기온, 평균 풍속, 연간 일조시간 및 일사량 검토 등의 기후 분석을 통해 건물의 형태, 신재생에너지원 도입을 검토한다.

미기후분석

– 대상 부지의 자연요소, 인접 건축물 및 인공구조물, 도로 및 교통량 파악 등을 통해 환경 영향을 파악한다.

[현황분석]

입지분석

- 대상부지가 어디에 위치하는가?
- 주변에는 어떤 시설들이 있는가?

- 도시 또는 계획지구 단위의 **특성파악**
- 시설 간의 **상호영향 관계 파악**

* 참고자료: 지자체 홈페이지, 지구단위계획, 토지이용계획

지형분석

- 대상부지 주변의 지형은 어떠한가?
- 부지 내 레벨은 어떠한가?

- 지형특성에 따라 대상부지에 대한 **시뮬레이션 수행**(일조, 바람길 등)

* 참고자료: 현황도, 위성사진, 토지이용계획도 등

기후분석

- 대상부지의 기후는 어떠한가?
- 미기후에 영향을 주는 요소는 있는가?

- **최근 10년치 통계값** 사용
- **정확한** 통계작업 필요

* 참고자료: 기상청 기후관측자료, 기상연보, 환경영향평가서

입치 및 지형분석

- 인접건물 및 주변환경을 고려한 환경영향 최소화 계획
- 계획부지 내 적극적인 자연환경 유입 및 연계공간 조성 고려
  - 일사저감계획, 인접건물 일조영향 검토
  - 인접도로 소음영향 검토
  - 연간/여름/겨울 주풍향 검토

생체기후도 분석

- 생체기후적 요구 분석 결과 난방, 냉방, 쾌적, 제습, 가습 비율 확인
  - 냉방 및 환기 필요/제습 필요 (6~9월)
  - 자연형 난방 필요 (4~5월, 10~11월)
  - 설비형 난방 필요 (12~3월)

일조분석

- 부지 내 일조가능시간 검토
- 일조환경을 고려한 건물배치 위치 확인

기류분석

- 부지 내 기류속도 및 방향 등 특성 파악
- 풍환경을 고려한 건물배치 및 개구부 계획

소음분석

- 부지에 영향을 미치는 소음원 검토
- 소음 영향 범위 검토

생태공간 유형

자연지반녹지 / 인공지반녹지 / 수공간 / 옥상녹화 / 투수성 포장

열섬현상 완화

- 알베도 및 열용량을 고려하여 수공간, 녹지, 포장면 계획으로 여름철 부지 내 온도 저감

〈출처〉 제로 에너지 건축물 인증 기술요소 참고서

부지환경성능분석

– 일조: 대상 부지 건물로 인한 인접시설 일조 침해, 주변 자연환경에 의한 일조침해 검토

– 기류: 대상 부지로 유입되는 기류를 분석

– 소음: 도로소음 영향범위와 주변 소음발생시설을 고려한 이격거리 검토

생태적 외부공간 조성

– 옥상 및 입면 녹화 계획을 통해 건물 냉·난방부하의 약 2~3% 저감, 열섬현상 완화 기여

– 부지 내 녹지 및 수공간 조성 검토

2. 대지 특성 분석

건물 방향성을 결정하고 현황분석을 마치면 다음으로 중요한 것이 건물을 어느 정도 규모로 만들 것인지 또는 만들 수 있는지를 확인하는 것이다. 이를 위해서는 가장 먼저 건물을 계획하는 대지의 특성 파악이 우선이다. 즉 건폐율 및 용적률과 용도지역, 지구, 구역을 확인해야 한다.

우선 건폐율과 용적률은 해당 부지에 지을 수 있는 건물의 규모를 예측할 수 있는 수치이다. 건폐율은 해당부지 면적 기준으로 건물을 설치할 수 있는 건축 바닥 면적을 말한다. 예를 들어 소유하고 있는 대지면적이 100m²이고 건폐율이 70%라고 한다면, 최대 70m²의 부지를 건축에 사용할 수 있다는 뜻이다.

용적률은 건물을 얼마나 높게 지을 수 있는지를 확인할 수 있는 지표로 대지면적 대비 건물의 총 연면적의 비율을 말한다. 여기에서 사용되는 연면적은 건물의 각 층 면적의 합계를 말하며, 지하층 면적과 지상층 주차장 면적, 피난안전구역 및 대피공간은 연면적 산정에서 제외된다. 예를 들어 100m² 대지면적을 지닌 부지에 1개 층 면적을 50m²로 할 경우 용적률 300%일

[건폐율에 따른 건축 바닥 면적 예시]

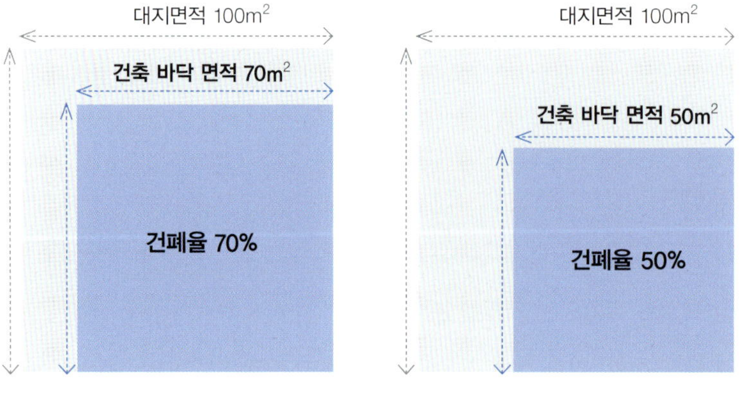

때는 6층까지 만들 수 있으며, 용적률 250%일 때는 5층까지 만들 수 있다. 용적률 산정 시에는 주차면적이 포함되지 않기 때문에 1층을 주차장으로 활용할 경우 기존보다 1개 층 높게 올릴 수도 있으니 해당 부분은 설계사무소와 사전에 면밀한 점검이 필요하다.

[용적률 계산 예시]

이처럼 건폐율과 용적률은 건물의 규모를 확정짓는 매우 중요한 요소로서 신규 부지를 구매 예정이라면 반드시 해당 부지의 특성을 사전에 파악하는 것이 필요하다. 하지만 건축에 대해서 평소에 관심이 없는 사람이라면 해당 내용을 스스로 파악하기에는 다소 어려울 수 있다. 이럴 경우에는 정부의 인터넷 사이트인 "토지이음"을 활용하여 토지이용계획을 열람할 경우 보다 쉽게 해당 내용을 확인할 수 있다.

[토지이음 접속 화면]

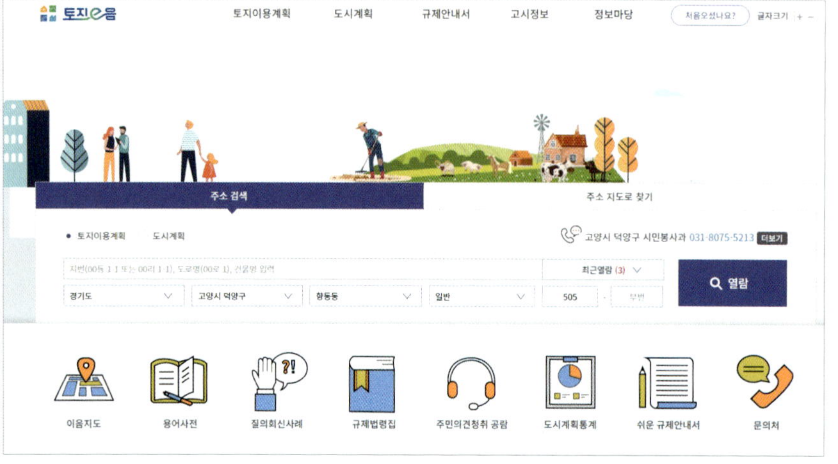

토지이음에 접속하여 해당 부지 주소를 검색하면 아래와 같이 부지에 대한 정보가 출력된다.

[토지이용계획열람 화면]

기본적으로 화면에는 토지에 대해서 지목, 면적, 개별공시지가, 용도지역 등을 보여주며, 출력된 화면에서 좌측의 건폐율·용적률 탭을 클릭하면 아래와 같이 상세한 건폐율과 용적률을 확인할 수 있다.

[건폐율 및 용적률 산출 화면]

지역·지구 등 안에서의 행위제한내용 | 행위제한내용 설명

행위가능여부 | 건폐율·용적률 | 층수·높이제한 | 건축선 | 도로조건

· 건폐율과 용적률은 법령 및 조례에서 규정한 수치를 단순 산출한 것으로서 모든 법률적 요건을 계산한 결과가 아닙니다.
· 용도지역별 면적은 단순 추출한 것으로서 전체면적과 일치하지 않을 수 있습니다.
· 본 서비스는 법적 효력이 없으며, 참고 자료로만 활용이 가능합니다.

소재지	경기도 고양시 덕양구 향동동 505

▪ 산출정보 (규제 법령 기준일 : 2022.04.29)

만화설명 보기

(산출면적 기준일 : 2023.01.09)

전체면적	1,004 ㎡	제2종일반주거지역	1003.2㎡

▪ 규제 법령 (규제 법령 기준일 : 2022.04.29)

용도지역지구	건폐율(조례)	용적률(조례)
제2종일반주거지역	60%	230% 250%(「주택법」 제2조에 따른 리모델링을 하는 경우)

건폐율

새창보기

제2종일반주거지역
국토의 계획 및 이용에 관한 법률 제77조(용도지역의 건폐율)
국토의 계획 및 이용에 관한 법률 제84조(둘 이상의 용도지역 · 용도지구 · 용도구역에 걸치는 대지에 대한 적용 기준)
국토의 계획 및 이용에 관한 법률 시행령 제46조(도시지역 내 지구단위계획구역에서의 건폐율 등의 완화적용)
국토의 계획 및 이용에 관한 법률 시행령 제93조(기존의 건축물에 대한 특례)
국토의 계획 및 이용에 관한 법률 시행령 제94조(2 이상의 용도지역·용도지구·용도구역에 걸치는 토지에 대한 적용기준)
고양시 도시계획 조례 제56조(용도지역안에서의 건폐율)
고양시 도시계획 조례 제58조(건폐율의 강화)

이처럼 홈페이지를 통해서 간략하게 정보를 확인해 볼 수 있다. 해당 화면을 자세히 보면 건폐율과 용적률 산출정보 아래에 용도지역지구 항목이 추가로 나와 있다. 건물의 규모와 해당 부지에서 적합한 건축물을 유도하기 위해 용도지역, 지구, 구역으로 상세하게 구분되어진다.

[용도지역, 용도지구, 용도구역 정의]

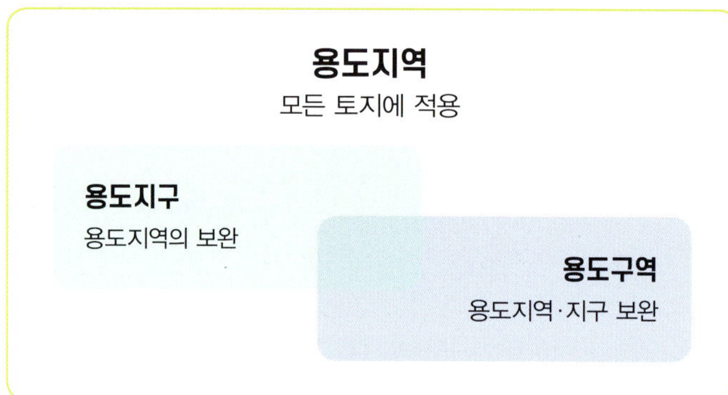

〈출처〉 서울도시계획 포털

용도지역은 모든 토지에 적용되는 대 범주로서 각 용도지역에 맞춰 건축물의 용도, 건폐율, 용적률, 높이 등을 제한하여 해당되는 용도지역에 맞게 활용하기 위해 지정하게 된다. 크게 도시지역, 관리지역, 농림지역, 자연환경보전지역으로 나뉘게 된다.

[용도지역 정의]

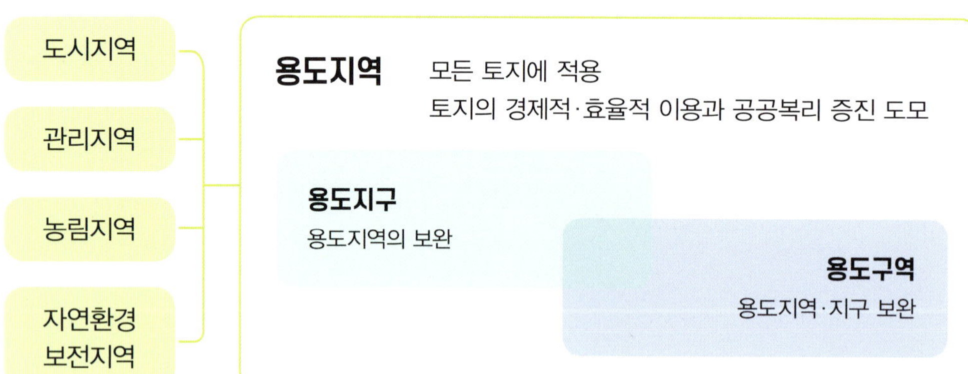

〈출처〉 서울도시계획 포털

도시지역은 우리가 흔히 알고 있는 인구와 산업이 밀집된 지역을 말한다. 도시는 주거, 상업, 공업, 녹지로 나뉘며, 해당 지역은 다음의 표와 같이 상세한 목적에 맞춰 다양한 종류로 구분되어지며, 각각의 지역의 목적에 맞는 건폐율과 용적률을 설정해 놓았다.

[용도지역별 건폐율과 용적률]

용도지역			건폐율	용적률
도시지역	주거지역	제1종 전용주거지역	50% 이하	100% 이하
		제2종 전용주거지역	50% 이하	150% 이하
		제1종 일반주거지역	60% 이하	200% 이하
		제2종 일반주거지역	60% 이하	250% 이하
		제3종 일반주거지역	50% 이하	300% 이하
		준주거지역	70% 이하	350% 이하
	상업지역	중심상업지역	90% 이하	1500% 이하
		일반사업지역	80% 이하	1300% 이하
		근린상업지역	70% 이하	900% 이하
		유통상업지역	80% 이하	1100% 이하
	공업지역	전용공업지역	70% 이하	300% 이하
		일반공업지역		350% 이하
		준공업지역		400% 이하
	녹지지역	보전녹지지역	20% 이하	80% 이하
		생산녹지지역		100% 이하
		자연녹지지역		100% 이하
관리지역	보전관리지역		20% 이하	80% 이하
	생산관리지역			80% 이하
	계획관리지역		40% 이하	100% 이하
농림지역			20% 이하	80% 이하
자연환경보전지역			20% 이하	80% 이하

〈출처〉 국토의 계획 및 이용에 관한 법률 시행령 제84조, 제85조

용도지구는 지역구분을 더욱 세분화하기 위해 사용하는 개념으로 보다 계획적인 도시 개발을 위해서 상세 목적에 맞춰 용도지역상의 건폐율, 용적률, 높이 등에 대한 제한을 강화하거나 완화하여 목적에 맞는 개발을 유도하기 위해 지정한다.

[용도지구 정의]

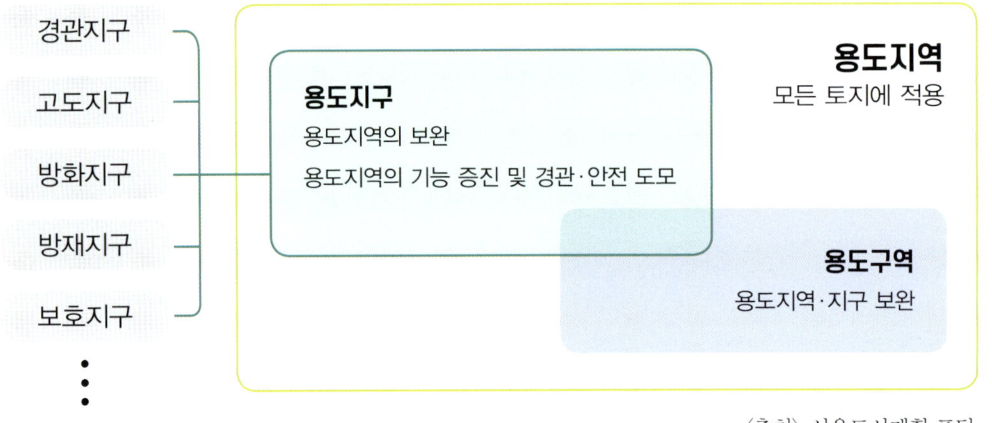

〈출처〉 서울도시계획 포털

용도지구는 경관, 고도, 방화, 방재, 보호, 취락, 개발진흥, 특정용도제한, 복합용도 지구 등으로 나뉘게 된다. 예를 들어 고도지구에서는 건축물의 최고 높이를 규제하기 위해 지정된 지역으로 해당 부지에서는 도시관리 계획으로 정해진 높이를 초과하여 건물을 세울 수가 없다. 용적률이 여유가 있다 하더라도 높이 제한에 걸릴 경우 초기계획했던 설계가 불가능해 질 수 있기에 사전 검토가 필요하다. 최근 들어 역사문화환경보호지구 근처에 공동주택이 들어서서 각종 이슈가 발생하였다.

[보호지구]

〈출처〉 서울도시계획 포털

역사문화환경보호지구는 문화재, 공항, 군사시설 등 중요 시설물, 생태보호가치가 있는 지역을 보호하기 위해서 지정하며, 건축진행 시 해당 지자체 조례 등에 의해서 규제가 있을 수 있으니 반드시 사전 검토 및 지자체 문의 등을 통해 올바른 건축계획을 진행해야 한다.

용도구역은 용도지역과 용도지구의 추가 보완을 위한 구역 설정으로 용도지역과 지구에서 제한 및 완화한 건폐율, 용적률 높이 등에 대해서 추가로 제한을 강화하거나 완화시켜 토지의 목적성에 맞는 활용을 유도한다.

[용도지역 정의]

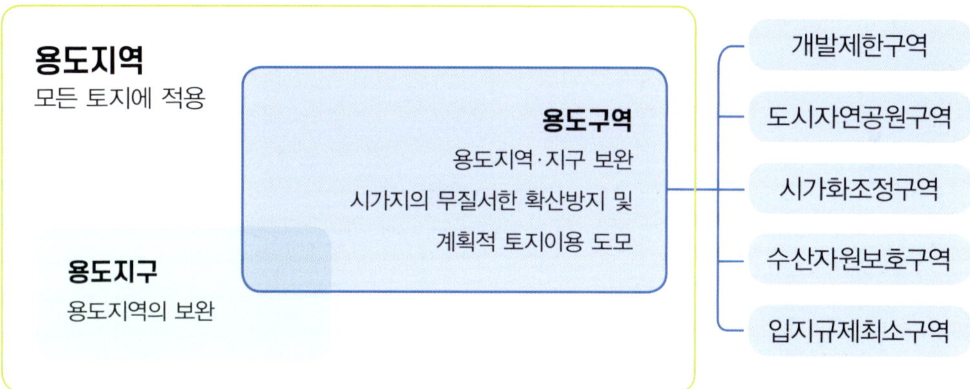

용도구역	지정권자	정의
개발 제한구역	국토교통부장관	도시의 무질서한 확산을 방지하고 도시주변의 자연환경을 보전하여 도시민의 건전한 생활환경을 확보하기 위하여 도시의 개발을 제한할 필요가 있거나 국방부장관의 요청이 있어 보안상 도시의 개발을 제한할 필요가 있다고 인정되는 지역
도시자연 공원구역	시·도지사, 대도시 시장	도시의 자연환경 및 경관을 보호하고 도시민에게 건전한 여가·휴식공간을 제공하기 위하여 도시지역 안에서 식생이 양호한 산지의 개발을 제한할 필요가 있다고 인정되는 지역
시가화 조정구역	시·도지사	도시지역과 그 주변지역의 무질서한 시가화를 방지하고 계획적·단계적인 개발을 도모하기 위하여 대통령령으로 정하는 기간 동안 시가화를 유보할 필요가 있다고 인정되는 지역
수산자원 보호구역	해양수산부장관	수산자원을 보호·육성하기 위하여 필요한 공유수면이나 그에 인접한 토지
입지규제 최소구역	도시·군관리계획의 결정권자	도시지역에서 복합적인 토지이용을 증진시켜 도시 정비를 촉진하고 지역 거점을 육성할 필요가 있다고 인정되는 지역

〈출처〉 서울도시계획 포털

용도구역에는 총 5가지 구역으로 나뉘며 상세 정의는 위의 표와 같다. 이 중에서 4가지 구역은 개발 등을 일부 제한할 수 있는 지역이나 입지 규제 최소 구역은 해당 구역의 도시 정비를 촉진 및 육성하기 위해 지정하는 구역으로 해당 구역에 지정된 부지에서는 타 용도 구역대비 건축제한 등이 유연하게 적용되어 건축물 축조가 보다 수월하게 진행할 수 있다. 이러한 입지 규제최소구역은 2015년 1월에 신설되었으며 1차례 연장이 되어 2024년까지 유지된다.

이처럼 토지는 해당 용도에 맞게 용도지역, 지구, 구역 등의 상세 지정을 통해서 건축물의 건폐율, 용적률, 높이 등을 지정한다.

건축을 계획하는 과정에서 가장 많이 접하게 되는 항목은 지구단위계획구역이다. 지구단위계획구역은 도시계획수립 대상지역의 일부에 대하여 체계적이고 계획적으로 관리하기 위해 수립하게 되며, 쉽게 말해서 해당 지역에 알맞은 건축물을 만들 수 있도록 유도하는 지역이다.

[지구단위계획]

〈출처〉 서울도시계획 포털

우리가 계획하고자 하는 사옥 부지는 지구단위계획구역에 포함되어 있었다. 일반적으로 부지가 지구단위계획구역에 포함되지 않을 경우 앞서서 확인했던 용도지역에 따른 건폐율과 용적률을 따르게 된다. 하지만 지구단위계획구역에 포함될 경우에는 해당 지구단위계획에 따른 건폐율과 용적률이 적용된다. 해당 부지는 제2종 일반주거지역으로, 건폐율 60%, 용적률 250% 지역이었으나, 지구단위계획구역에 포함되어 건폐율 60%, 용적률 230%로 조정되었다.

[지구단위계획 예시]

구분		근린생활시설용지
건축물 용도	도면표시	–
	허용용도	•「건축법 시행령」 별표1의 제1종 근린생활시설, 제2종 근린생활시설(실외골프연습장, 안마시술소, 단란주점, 장의사, 총포판매사 제외) •「건축법 시행령」 별표1의 노유자시설 중 아동관련시설 •「건축법 시행령」 별표1의 교육연구시설(학원에 한함) •「건축법 시행령」 별표1의 업무시설(오피스텔 제외)
	불허용도	•권장용도 및 허용용도 이외의 용도 •「학교보건법」 및 「고양시 도시계획 조례」에 의거 당해 토지에 건축할 수 있는 건축물 외의 용도
건폐율		60% 이하
용적률		230% 이하
높이		5층 이하
해당블록		근생2 ~ 근생19

〈출처〉 서울연구원

지구단위에 포함된 부지의 경우 해당 구역의 건폐율과 용적률에 맞춰 건물을 계획하여야 한다. 일부 지구단위 구역에서는 ZEB건축기준완화 인센티브 반영이 불가하기 때문에 사전에 철저한 검토가 반드시 선행되어야 한다.

지구단위계획구역에서의 일반적으로 용적률은 기준용적률, 허용용적률, 상한용적률 3가지로 나뉘어서 표기되며 상세 의미는 아래의 표와 같다.

[일반상업지역 기준 지구단위 용적률 예시]

구분	계획		
	기준용적률	허용용적률	상한용적률
일반상업지역	300%	630%	법적용적률의 2배 이하

〈출처〉 서울연구원

[용적률 정의]

구분	의미
기준용적률	지구단위계획구역에서 전면도로의 폭, 경관, 그밖의 기반시설 등 입지적 여건을 고려하여 「도시계획 조례」 용적률의 범위 안에서 블록별, 필지별로 별도로 정한 용적률
허용용적률	지구단위계획을 통하여 정해지는 용적률로서 인센티브로 제공되는 용적률과 기준용적률을 합산한 용적률로 당해용도지역의 용적률 범위 안에서 별도로 정한 용적률
상한용적률	추가로 부여되는 용적률을 기준용적률 또는 허용용적률과 합산한 용적률의 범위 위에서 상한을 별도로 정하고 있음(서울특별시 도시계획 조례 시행규칙 제2조)

〈출처〉 서울연구원

기준용적률은 지구단위계획에서 기본적으로 주어지는 용적률의 기본값이다. 즉, 기준용적률이 높을수록 사업성이 높아진다. 허용용적률은 지구단위계획에서 건물이 각종 인증을 취득할 경우 주어지는 인센티브를 반영한 용적률이다. ZEB 용적률 인센티브는 허용용적률에 적용되는 항목 중 하나이다.

[인센티브 반영시 용적률 예시]

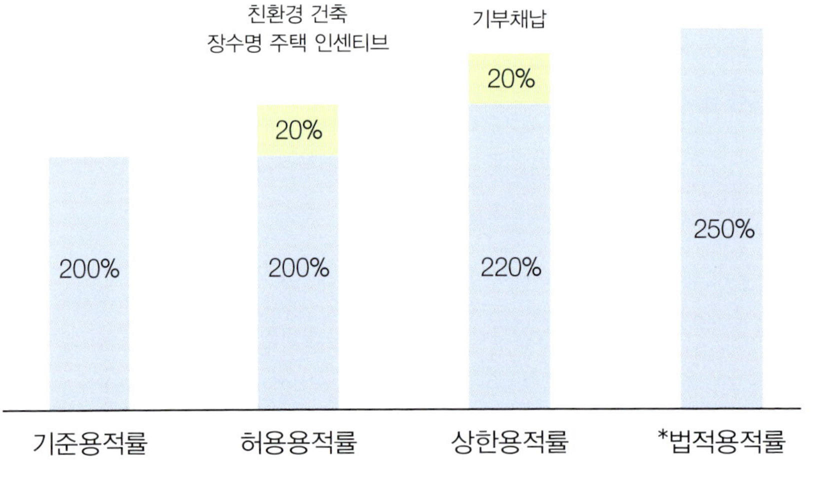

* 법적용적률: 서울시 도시계획조례 제3종일반주거지역 기준

[서울시 주거환경정비사업 기본계획의 인센티브 기준]

2010 기본계획

항목		인센티브	최고기준
리모델링이 쉬운 구조	라멘구조	10%	10%
	무량판 구조	5%	
우수디자인	5%		5%
친환경 신재생에너지	친환경 우수	3%	5%
	신재생에너지	2%	

2025 기본계획

항목		인센티브	
우수디자인		15%	최대 20% 이내
장수명주택	우수등급 이상	10%	
녹색건축물 에너지 효율등급	에너지 효율인증 1등급, 녹색건축 인증 최우수 등급	12%	
	에너지 효율인증 1등급, 녹색건축 인증 우수 등급	8%	
	에너지 효율인증 2등급, 녹색건축 인증 최우수 등급	8%	
	에너지 효율인증 2등급, 녹색건축 인증 우수 등급	4%	
신·재생에너지 공급률 (건축물의 총에너지 사용량 중 신·재생에너지를 이용하여 공급되는 에너지의 비율)	20% 초과	3%	
	20% 이하 ~ 15% 초과	2%	
	15% 이하 ~ 10% 초과	1%	
지능형 건축물	1등급	15%	
	2등급	12%	
	3등급	9%	
	4등급	6%	
역사문화보전	지정 및 등록 문화재 보전, 옛길/물길 등 복원(재현) 등 (위원회에서 인정하는 경우)	5%	

ZEB 이외에도 우수디자인, 지능형건축물 등 다양한 인센티브 항목이 있으니 건축 설계 단계에서 비용 효율적인 인센티브 항목을 선정하여 계획에 반영해야 한다. 상한용적률은 건축주가 보유하고 있는 부지의 일부를 공공시설 부지로 제공하면서 추가로 받는 용적률을 말한다. 마지막 법적용적률은 크게 법 상 용적률과 조례 상 용적률 2가지로 나뉘어서 볼 수 있다.

[지자체별 ZEB 인센티브 지원 항목]

지자체		ZEB 인센티브 항목			
		건축기준 완화	인증비지원	지방세 감면	공사비 지원
서울특별시		○	○	○	
대구광역시		○			
대전광역시		○			
광주광역시		○	○	○	
세종특별자치시		○			
제주특별자치도		○		○	
부산광역시		○	○	○	
부산광역시	기장군	○			
인천광역시		○			
인천광역시	옹진군	○			
울산광역시		○		○	
울산광역시	울주군	○			
경기도			○		
경기도	가평, 광주, 군포, 김포, 시흥, 안산, 양주, 양평, 여주, 연천, 이천	○	○		
경기도	안성, 파주	○	○	○	
경기도	과천, 구리, 동두천, 수원, 안양, 오산, 용인, 의왕, 평택, 포천, 하남, 화성	○			
경기도	광명, 부천	○			총사업비 또는 비용의 1/2 범위에서 500만원 이내
경기도	고양, 남양주		○	○	
경기도	의정부		○	○	총사업비 또는 비용의 1/2 범위에서 500만원 이내
경기도	성남		○		
강원도		○			
경상북도			○	○	
경상북도	성주, 울릉, 거제	○			
경상남도	김해, 밀양, 창원, 통영	○			
충청북도	진천, 보은, 영동, 옥천, 진천, 청주	○			
충청남도			○		
충청남도	공주, 논산, 부여, 아산, 예산, 천안	○			
전라북도		○	○		
전라북도	익산, 임실	○			
전라남도		○	○	○	
전라남도	구례, 여수	○			
전라남도	순천				총 공사비의 1/2 범위에서 최대 2천만원 지원

3. 에너지 규제 검토

건물을 계획할 때 건폐율과 용적률 이외에도 추가로 검토해야 하는 부분이 있다. 국가에서는 제로 에너지 건축 의무화를 위해 세부 로드맵을 구축하고 있다. 이에 발맞춰 지자체는 지자체별로 녹색건축물 설계기준을 연도별로 수립하여 건축물의 에너지 절감 및 신재생에너지 설치를 권장하고 있다. 신재생에너지 설치는 2004년 공공기관 설치의무화 제도의 시작을 통해 연면적 1,000m^2 이상의 건축물의 신축, 증축, 개축의 경우 건축물의 에너지 사용량의 일정 비율(2023년의 경우 32%) 이상을 신재생에너지를 통해 공급하도록 의무화하였다. 반면 민간에서는 지자체별로 건축규모와 연도에 따라 공급 의무 비율이 상이하다.

[지역별 신재생에너지 설치비율]

구분		신재생에너지 설치비율				비고
		'22년	'23년	'24년	'25년	
공공 건축물		32%	32%	34%	34%	2년 주기로 2% 증가되어 '30년 설치비율 40% 예정
민간 건축물	서울	11%	13%	13%	13%	PV 의무설치용량(kW) = 대지면적[m^2] × 0.01[kW/m^2]
	인천	9%	9%	10%	10%	
	대구	11%	12%	13%	14%	
	경기	1%	1%	1%	1%	-
	대전	6%	7%	8%	9%	-
	광주	6%	7%	7%	7%	-
	부산	9%	10%	10%	10%	2가지↑ 재생E 복합설치 필요
	충남	11%	12%	13%	14%	-
	경남	7%	8%	9%	10%	2가지↑ 재생E 복합설치 필요

* 공공건축물: 정부 지자체 등의 공공기관 건물 연면적 1,000m^2 이상 기준/민간건축물: 비주거건물 연면적 3천~1만m^2 기준

각각의 지자체는 신재생에너지 설치비율을 해당 건물 규모와 주거/비주거에 따라 적용 등급을 구분하고, 연도별로 설치비율을 설정하여 지자체별 녹색건축설계기준에 표기하였다.

예를 들어 부산과 서울에 연면적 4,000m^2 규모의 상가 건축허가를 2023년에 취득하는 것을 목표로 할 경우 부산지역에서는 신재생에너지를 약 8% 설치해야 하는 반면, 서울시의 경우

12% 설치해야 한다.

[지역별 신재생에너지 설치비율 검토]

■ **건물 구분**

구분	주거	비주거
가	1,000세대 이상	연면적 합계 10만m^2 이상
나	300세대 이상 ~ 1,000세대 미만	연면적 합계 1만m^2 이상 ~ 10만m^2 미만
다	30세대 이상 ~ 300세대 미만	연면적 합계 3천m^2 이상 ~ 1만m^2 미만
라	30세대 미만	연면적 합계 3천m^2 미만

■ **연도 및 규모별 설치비율**

구분			'21년	'22년	'23년	'24년	'25년
부산시	주거	가, 나	6%	7%	8%	9%	ZEB 건축 의무화
		다	–	5%	6%	7%	
	비주거	가, 나	8%	9%	10%	11%	
		다	–	7%	8%	9%	
서울시	주거	가	8%	9%	10%	ZEB 건축 의무화	
		나	7.5%	8.5%	9.5%		
		다	7%	8%	9%		
	비주거	가	12%	12%	14%		
		나	11%	11%	13%		
		다	10%	10%	12%		

이처럼 신재생에너지 설치비율뿐만 아니라 ZEB건축 의무화 시기도 지자체별로 차이가 나기 때문에 해당 부지에 맞는 지자체 조례를 사전에 확인할 필요가 있다.

그렇다면 지자체 녹색건축 설계기준에 표기된 비율에 맞춰 신재생에너지를 설치해야 한다면 얼마만큼 설치해야 하는지 알아보자.

신재생에너지 공급의무 비율은 아래의 공식에 따라 계산된다.

$$\text{신재생에너지 공급의무 비율} = \frac{\text{신재생에너지 생산량}}{\text{예상 에너지 사용량}} \times 100$$

$$\text{예상에너지 사용량} = \text{지역계수} \times \text{용도별 단위에너지 사용량} \times \text{연면적}$$

[신재생에너지 공급의무비율 계산 1]

구분	지역계수 [ⓐ]	*단위 에너지 사용량 (ⓑ_kWh/㎡·yr)	연면적 ⓒ_/m^2	예상 에너지 사용량 (kWh/yr) [ⓓ=ⓐ×ⓑ×ⓒ]	공급의무량	
					% [ⓔ]	kWh/yr [ⓓ×ⓔ]
서울	1	374.47	4,000	1,497,880	12%	179,746
부산	0.93	374.47	4,000	1,393,028	8%	111,442

*단위에너지 사용량: 업무시설 기준 반영(374.47kWh/m^2·yr)

■ 지역별 보정계수

구분		지역계수
1	서울	1.00
2	인천	0.97
3	경기	0.99
4	춘천	1.00
5	강릉	0.97
6	대전	1.00
7	충북	1.00
8	전북	1.04
9	충남	0.99
10	광주	1.01
11	대구	1.04
12	부산	0.93
13	경남	1.00
14	울산	0.93
15	경북	0.98
16	전남	0.99
17	제주	0.97

■ 건축물 용도별 보정계수

구분			단위 에너지 사용량(kWh/㎡·yr)
공공용	1	교정 및 군사시설	392.07
	2	방송통신시설	490.18
	3	공공용 업무시설	371.66
문교, 사회용	4	문화 및 집회시설	412.03
	5	종교시설	257.49
	6	의료시설	643.52
	7	교육연구시설	231.33
	8	노유자시설	175.58
	9	수련시설	231.33
	10	운동시설	235.42
	11	관광휴게시설	437.08
	12	장례식장	234.99
	13	판매 및 영업시설	408.45
상업용	14	운수시설	374.47
	15	상업용 업무시설	374.47
	16	공동주택	230
	17	위락시설	400.33

공급의무량이 계산이 되면 신재생에너지원 중 어떠한 에너지로 의무량을 충당할지 검토해야 된다. 신재생에너지원은 총 8종 19개로 구분되며, 각각의 단위에너지 생산량과 원별 보정계수를 곱하여 kW당 에너지 생산량을 산출하게 된다. 국내에서 주로 사용되고 있는 에너지원은 태양광, 지열, 연료전지 등이 있으며, 이 중 태양광이 압도적인 비율로 가장 많이 설치되고 있다. 태양광에는 우리가 흔히 볼 수 있는 고정식 일반태양광(PV), 태양빛에 따라 회전하는 추적식,

그리고 건축물 외장재를 대체할 수 있는 건물일체형 태양광(BIPV)으로 나뉘게 된다. 추적식은 건물에서 적용하기 어렵기 때문에 일반태양광과 건물일체형 태양광으로 공급의무량을 계산해 보았다.

[신재생에너지 공급의무비율 계산 2]

구분	*단위 에너지 사용량 (ⓐ_kWh/㎡·yr)	원별 보정계수 (ⓑ)	kW당 에너지 생산량 (kWh/kW·yr) [ⓒ=ⓐ×ⓑ]	설치 의무량 (*공급의무량 ÷ ⓒ)	
				서울	부산
일반태양광 PV	1,358	0.95	1,290	139.3kW	86.4kW
건물일체형 태양광 BIPV	923	6.12	5,649	31.8kW	19.7kW

*공급의무량: 서울 179,746kWh/yr, 부산 111,442kW/yr 기준

■ 단위 에너지 생산량 및 원별 보정계수(신재생에너지 설비의 지원 등에 관한 지침 [별표10])

신·재생에너지원		단위 에너지 생산량		원별 보정계수
태양광	고정식	1,358	kWh/kW·yr	0.95
	추적식	1,765		1.47
	BIPV	923		6.12
태양열	평판형	596	$kWh/m^2 \cdot yr$	1.78
	단일진공관형	745		1.42
	이중진공관형	745		1.42
	공기식무창형	487		1.53
	공기식유창형	557		2.87
지열에너지	수직밀폐형	864	kWh/kW·yr	1.26
	개방형	864		1.00
집광채광	프리즘	132	$kWh/m^2 \cdot yr$	7.76
	광덕트	73		7.77
	실내루버형	184		2.77
연료전지	PEMFC(고분자 전해질)	7,415	$kWh/m^2 \cdot yr$	2.20
	SOFC(고체 산화물)	9,198		8.71
수열에너지	해수	864	kWh/kW·yr	1.30
	하천수	864		1.30
목재펠릿		322	kWh/kg·yr	0.32
소형풍력		2,375	kWh/kW·yr	4.50

* 여기서 정해지지 않은 신·재생에너지원에 대한 단위 에너지 생산량과 원별 보정계수는 지침 제55조의 분야별위원회의 심의를 거쳐 센터의 장이 정한다.

[에너지원별 kW당 에너지 공급량]

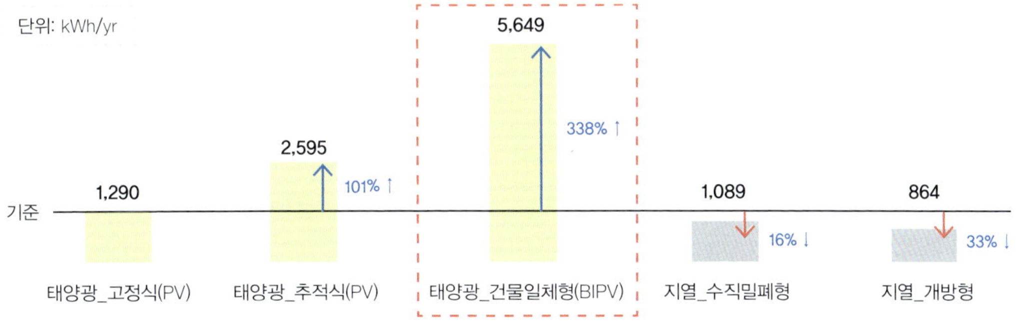

신·재생에너지원		ⓐ 단위 에너지 생산량 [kWh/kW·yr]	ⓑ 원별 보정계수	kW당 에너지 인정량 [ⓐ×ⓑ_kWh/yr]	kW당 에너지 인정량 비교 (고정식 PV 기준)
태양광	고정식 PV (일반태양광)	1,358	0.95	1,290	기준
	추적식 PV (일반태양광)	1,765	1.47	2,595	101%
	BIPV (건물일체형 태양광)	923	6.12	5,649	338%
지열 에너지	수직밀폐형	864	1.26	1,089	84%
	개방형	864	1	864	67%

검토 결과 서울시 기준 일반태양광으로 설치 시 약 139.3kW를 설치해야 하는 반면, 건물일체형 태양광으로 설치할 경우 일반태양광 대비 약 77% 감소된 31.8kW만 설치하면 된다. 일반태양광이 건물일체형 태양광 대비하여 단위에너지 생산량이 47% 높지만, 건물일체형 태양광의 원별 보정계수가 일반태양광 대비 544% 높아서 결과적으로 kW당 에너지 생산량은 건물일체형 태양광이 일반태양광보다 약 338% 높은 에너지 생산량을 갖게 된다. 건물일체형 태양광의 보정계수가 높게 책정한 이유는 건물일체형 태양광 활성화의 목적도 있지만, 도심지의 좁은 바닥 면적에 비하여 상대적으로 높은 높이를 지니고 있는 상업용 건물에 적극 반영할 수 있도록 하기 위함일 것이다. 이러한 상업용 건물에 일반태양광만으로 신재생에너지를 공급하려면, 옥상 면적의 한계로 인해 목표 달성이 불가능할 것이다.

본 사례에서 검토한 서울 기준 연면적 4,000m^2의 상업건물에 일반태양광으로 설치 의무량을 채우기 위해서는 변환효율 21.07%의 500W모듈 279장이 필요하며, 279장을 설치하기 위해서는 총 662.02m^2의 옥상 면적이 필요하다. 일반적으로 옥상에 옥상녹화 휴게면적, 공조설비 설치면적이 있기 때문에 실제 옥상 전체 면적을 태양광 설치를 위해 사용할 수 없으며, 지역별 건축물 태양광 설치 기준에서도 옥상 전체 면적의 70~90%로 제한하고 있다.

[지역별 건축물 태양광 설비 설치 기준]

분류/지역		서울특별시	경기도	부산광역시
1. 옥상(평지붕)면 설치높이	최대 높이	건축물 높이에 따라 태양광 설치 최대높이 제한 3m 이하	옥상 바닥면에서 5m 이하 옥탑 바닥면에서 2m 이하	건축물 높이에 따라 태양광 설치 최대높이 제한 3m 이하
	바닥면 이격거리	30cm 이상	30cm 이상	30cm 이상
2. 경사지붕(박공지붕) 설치높이	방열공간	지붕 바닥면 20cm 이내	지붕면과 모듈 최하단, 최상단 사이는 최소 10cm 이상, 최대 1m 이하	지붕 바닥면 20cm 이내
3. 경사각	옥상 (평지붕)형	발전효율 및 디자인을 고려하여 설치	36° 이내	발전효율 및 디자인을 고려하여 설치
	경사 지붕형	지붕면과 평행 (5° 이내 오차범위 허용)	경사지붕면에 평행유지	지붕면과 평행 (5° 이내 오차범위 허용)
4. 경계면 돌출	옥상 (평지붕)형	돌출하지 않음	돌출하지 않음	돌출하지 않음
	경사 지붕형	지붕 경계면 이내로 설치	지붕 경계면 이내로 설치	지붕 경계면 이내로 설치
5. 설치면적	옥상 (평지붕)형	옥상바닥 면적의 70% 이내	수평투영면적 기준으로 옥상바닥 면적의 90% 이내 설치	옥상바닥 면적의 70% 이내
	경사 지붕형	지붕경계면을 제외하고 100% 이내	지붕경계면을 제외하고 100% 이내	지붕경계면을 제외하고 100% 이내

그렇기 때문에 건물 입면에 건물일체형 태양광을 설치해야만 하는 것이다. 건물일체형 태양광으로 동일한 조건으로 설치면적을 산정해보자. 적용하는 모듈의 변환효율을 15%로 가정할 경우 총 212.1m²의 면적이 필요하게 된다. 일반태양광 대비 1/3 수준의 면적만 확보하면 설치 의무량을 충족할 수 있게 된다. 현실적으로 옥상 면적 662m²를 확보하는 것보다는 건물 입면 212m²를 확보하는 것이 상대적으로 손쉬운 방법이다. 그러나 단순하게 건물 입면에 태양광을 설치하면 될 것으로 생각하고 설계를 진행하면, 해당 부위 태양광 공사하는 과정에서 건물디자인 훼손, 설치면적 확보 불가 등 다양한 문제가 발생할 수 있다. 그렇기 때문에 건물 설계 진행

시 총 설치 필요용량과 어떠한 모듈을 반영할지 사전에 철저하게 검토해야 한다.

건물 입면에 설치할 수 있는 건물일체형 태양광 모듈은 CIGS와 결정질 셀 방식의 모듈로 크게 2가지로 나뉘어 있다.

[모듈 종류별 특장점]

구분	결정질 블랙 모듈 적용	컬러 CIGS 모듈 적용	컬러 결정질 모듈 적용
형상			
특장점	• 블랙 모듈로 깔끔한 외관 확보 가능 • 컬러 모듈 대비 높은 발전효율	• 컬러 사용으로 미려한 외관 디자인 가능 • 외벽 거치 방식으로 간편한 시공	• 컬러 사용으로 미려한 외관 디자인 가능 • 실란트 마감으로 방수 신뢰성 확보 가능

CIGS모듈은 표준 사이즈로 생산되는 반면 결정질 모듈은 필요에 맞게 사이즈 조절을 할 수 있다. 건물 설계시 CIGS모듈을 반영하고자 한다면, 건물의 디자인을 모듈 사이즈에 맞춰 설계하면 보다 깔끔한 디자인의 건물일체형 태양광을 설치할 수 있다. 결정질 모듈을 적용할 경우에는 CIGS모듈 적용시보다 자유로운 건물 디자인이 가능하다. 단 일방적으로 건물 디자인에 결정질 모듈을 맞출 경우 모듈 제작 사이즈가 다양해져서 모듈 제작 단가가 상승하게 된다. 따라서 합리적인 금액으로 공사하기 위해서는 건물에 맞는 표준 사이즈를 사전에 결정하고 건물 설계에 적극 반영하여 공사비용의 절감을 노려야 하겠다.

[모듈 종류별 적용 예시]

건물을 계획하기 위해서는 지금까지 검토했던 내용 이외에 매우 많은 항목이 존재한다. 이러한 복잡한 검토는 일반인보다는 건축가 즉, 설계사무소에서 전문적으로 검토 진행이 가능하다. 하지만 건축주로서 모든 것을 설계사무소에 맡기는 것보다는 앞서 검토했던 건폐율, 용적률을 확인해 보고, 지자체 녹색건축설계기준에 따른 설치 의무량이 있는지 사전 검토하고, 만일 의무량이 있을 경우 건물에 어떠한 모듈을 반영할지 정보 파악이 필요하다. 건물일체형 모듈을 확인하기 위해서 모듈 제조사 홈페이지를 통해 확인하는 것보다는 태양광 전시회 및 건축자재

박람회에서 직접 실제 모듈을 육안으로 살펴보고, 재질과 컬러 등을 제조업체와 상의하여 해당 내용을 설계사에게 전달하여 건물에 적극 반영해 줄 것을 요청하면, 디자인적 완성도가 높은 에너지 절약형 건물을 만들 수 있게 될 것이다.

[건물디자인과 일체된 건물일체형 태양광 예시]

3

사업 방식 결정

건축 전 사전 조사 과정을 통해 우리는 건물을 세울 부지의 용도와 건폐율, 용적률 등을 확인하였고, 태양광만을 통해서 ZEB 1등급을 달성하는 것을 목표로 삼았다. 이러한 방향성을 설계사와 공유하여 기본적인 건축개요를 작성하였다.

[에너지엑스 사옥 건축개요]

▌현황측량

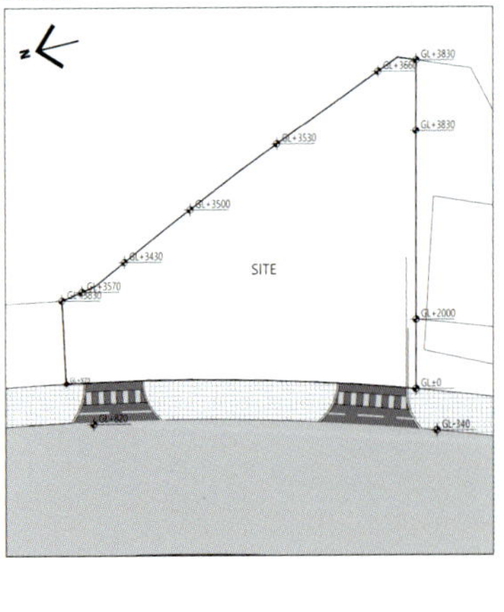

▌대지 현황

대 지 위 치	경기도 고양시 덕양구 향동동 505
대 지 면 적	1004.00 ㎡ (303.71 평)
지 역 지 구	제2종일반주거지역, 지구단위계획(향동보금자리)
도 로 현 황	서측 20M도로 면함

▌건축 개요

구 분		내 용	비 고
용 도		제1종, 제2종 근린생활시설, 교육연구시설	
건 축 면 적		528.13 ㎡	
지 하 층 면 적		993.90 ㎡	
지 상 층 면 적(용적률산정용)		2,280.97 ㎡	
연 면 적		3,274.87 ㎡	
건 폐 율	법 정	60 %	
	계 획	52.60 %	
용 적 률	법 정	230 %	
	계 획	227.19 %	
규 모		지하2층, 지상5층	
주차대수	법 정 (시설면적)	(근린생활시설 /134㎡ + 교육연구시설 /200㎡)	고양시 주차장 조례
		18 대	
	계 획	20 대	
조경면적	법 정	1,004 m2 X 0.15 = 150.6 ㎡	
	계 획	151.58 ㎡	
구 조		철근콘크리트조	
마 감		재료마감표 참조	
건물높이		27.58 M	

이처럼 건물의 방향성과 개요가 정리되면 가장 중요한 사업 방식을 정해야 한다. 일반적인 건축물 공사에 관련되는 이해관계자들은 크게 4가지 분류로 나눌 수 있다.

[건축 관련 관계자]

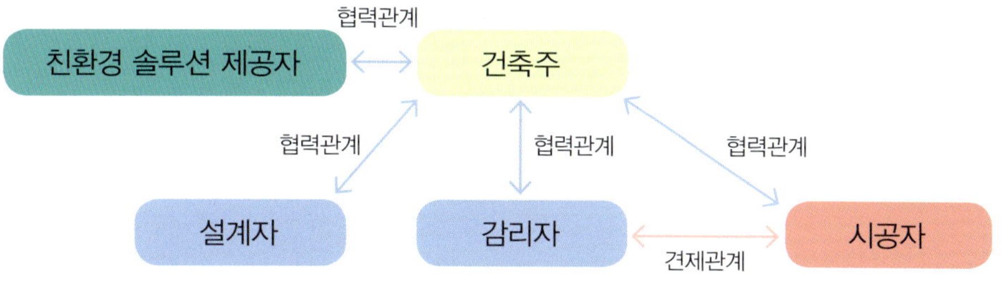

- 건축주: 건축프로젝트의 소유자이며, 발주자 역할 수행
- 설계자: 건축주의 요구사항을 반영하여 관련 법규에 맞게 건물의 디자인 및 평면구성을 도면과 서류로 작성하는 역할
- 시공자: 계약 공사금액과 기한에 맞춰 도면을 실제 건축물로 만들어 내는 역할
- 감리자: 발주자를 대신하여 도면과 시방서에 맞춰 건물이 만들어지는 지를 감독하는 역할

상기 분류의 이해관계자들이 사업 절차에 맞춰 진행하는 것이 건설프로젝트이다. 즉, 건물주 혼자서 모든 것을 해결할 수 없다는 것이다. 또한 건축을 자주 접하는 전문 시행업체와 다르게 일반인의 경우 평생의 꿈이 건축주가 되는 것일 수도 있는 것처럼 건축에는 많은 비용과 시간이 투입되며, 결정하고 수행한 내용에 대해서 돌이킬 수 없다. 그렇기 때문에 혼자서 모든 결정을 하는 것보다는 전문 관계자들과 신중하게 모든 것을 결정해 나가는 것이 보다 수월하고 완성도 높은 건축의 시작이 될 수 있다. 그리고 일반적인 건축물 공사가 아닌 제로 에너지 건축물 공사를 위해서는 5번째 이해관계자로 추가되는 친환경 솔루션 제공자가 있다. 제로 에너지 건축프로젝트의 에너지 관련 요구사항을 반영하기 위해 친환경 컨설팅에서부터 실질적인 에너지 솔루션을 IT 및 엔지니어링의 기술로 제공하는 역할을 맡는다. 여러 업체들이 부분적으로 나누어 친환경 솔루션 제공자의 역할을 맡을 경우가 많으나 에너지엑스에서 친환경 솔루션 제공자의 역할을 모두 종합하여 기술을 제공하기에 회사에 기술적 선도사례로 국내 최초 1등급 ZEB

상업용 건물을 만들게 된 것이다. 그렇다면 ZEB 건물을 만들기 위해서는 어떻게 해야 하는지 지금부터 알아가 보도록 하자.

우선 일반적인 건축 프로세스를 알아보고 ZEB 진행을 위해서 추가로 어떤 점을 유념해야 하는지 알아보자. 일반적인 건축의 프로세스는 크게 사업 기획 → 설계 → 시공 → 운영으로 4가지 단계를 통해 진행된다.

[일반 건축 프로세스]

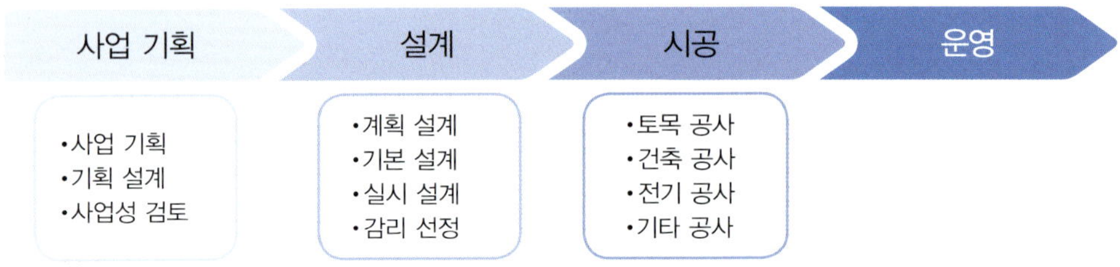

사업 기획 단계에서는 사업 기획과 기획 설계 등으로 나뉘게 된다. 사업 기획은 프로젝트의 필요성 및 적정성 등을 사전에 검증하여 해당 프로젝트의 진행 타당성을 확인하게 된다. 기획 설계에서는 해당 부지의 건폐율, 용적률 등을 활용하여 건물의 예상규모와 프로젝트 아웃라인을 작성하여 프로젝트의 적정성을 검토하기 위한 기초 정보를 제공한다. 여기까지는 일반적인 건물 기준이며 ZEB로 반영하기 위해서는 추가적인 검토 과정이 필요하다. ZEB로 반영할 경우 용적률 인센티브를 받을 수 있기 때문에 해당 부지의 지구단위계획 포함 유무와 용적률 인센티브를 받을 수 있는지를 해당 지자체에 문의하여 건물의 규모 산정에 보다 정확성을 높여야 한다. 용적률 인센티브를 받을 경우 해당 부지 주변 건축 시세에 따라 다르겠지만, 도심에 위치하여 임대 및 분양성이 높은 부지의 경우 일반 건축 대비 오히려 사업성이 향상되는 효과를 갖게 된다. 당연한 이야기겠지만 ZEB를 달성하기 위해 투입되는 사업비보다 ZEB 혜택으로 인한 순이익이 높게 산출될 경우 ZEB인증은 하지 않을 이유가 없게 된다.

그렇기 때문에 기획 단계에서는 ZEB 인센티브 적용 가능성을 반드시 검토해야 한다. 적용 가능성을 확인하는 방법은 설계사에게 기획 설계에서 ZEB 적용성 검토를 요청할 수 있으며, 건축주가 직접 확인하기 위해서는 해당 부지에 속한 지자체의 건축 또는 녹색건축 담당 부서와

[ZEB 적용 효과 예시]

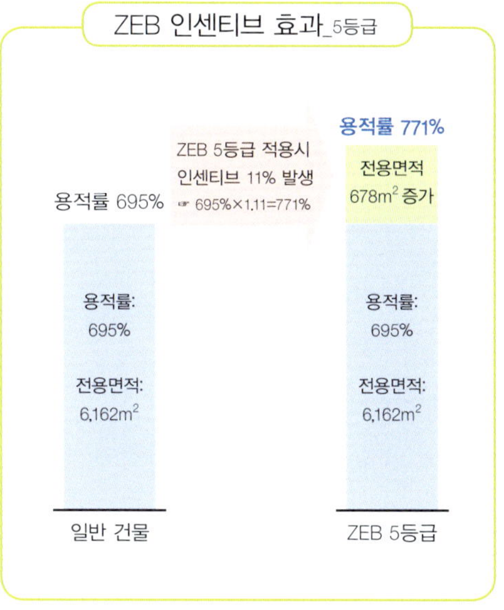

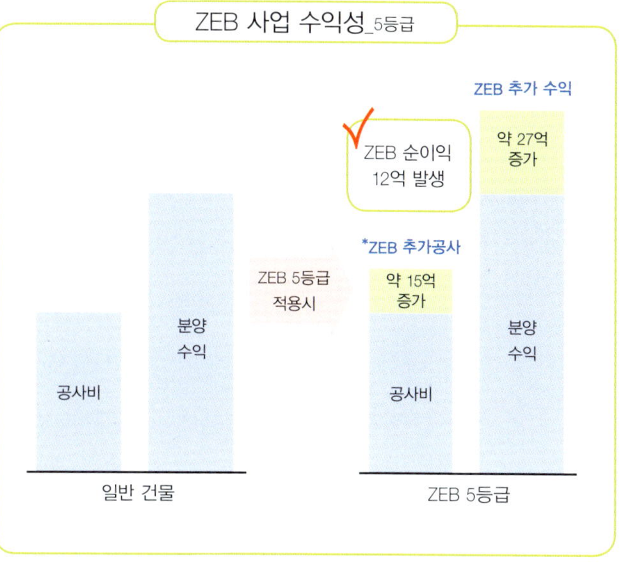

*ZEB 추가 공사비 15억원 = 증가된 면적에 대한 건축공사비 12.5억원 + ZEB 관련 설비 2.5억원(태양광 등)

※ 에너지엑스 **ZEB 프로젝트 분석 기준

[ZEB 인센티브 질의 결과 정리 내용]

담당 주무관 질의 결과

1) 지구단위 계획담당 : * 주문관** (도시교통정책실 도시계획정책)

- ZEB활성화를 위해 용적율 인센티브 반영되는 사실 인지하고 있으나, 향동 지구 단위 계획에서 해당 인센티브를 반영하지 않았기 때문에 추가 인센티브 불가 (지구단위 계획 및 지자체 조례에 기준이 수립되어 있으면 적용 가능함)
- 지구단위 계획시 건축물의 용적율 등을 고려하여 도로 설계를 완료하였기 때문에 추가적인 용적률 상향 불가
- 국토부 질의회신사례에서도 본 건 관련내용에서도 추가 인센티브 적용 불가로 나옴

  ☞ 지구단위 계획 수립시 추가 인센티브 내용을 반영 할 경우 용적율 적용 가능하다고 나와 있음. 즉, 완료된 지구단위 계획에서는 추가 적용 불가

분류 : **지구단위계획**

Q ※ 출처 : 국토부 토지E음 사이트의 질의 회신 사례

지구단위계획에 포함되어 있지 않은 다른 법령의 건축물 완화 규정 적용 가능 여부

[도시정책과-8964, 2015.09.23]

수원 호매실 공공주택지구 조성사업이 준공(2014.6.30.)되어 「택지개발촉진법」 제16조에 따라 지구단위계획으로 관리하고 있음

「녹색건축물 조성 지원법」 제15조제2항에 따르면 녹색건축의 인증을 받은 건축물 등에 대해서는 용적률 및 높이를 완화(115퍼센트 이하)하여 적용할 수 있도록 하고 있는 바, 위 내용이 지구단위계획의 내용에 포함되어 있지 않아도 건축물의 용적률 또는 높이에 대한 완화가 가능한지 여부

A

○ 「국토의 계획 및 이용에 관한 법률」(이하 '국토계획법')에 따른 지구단위계획은 해당 지역을 체계적·계획적으로 개발 및 관리하기 위해 수립하는 법정계획으로서,

- 계획 수립 시 기반시설의 배치·규모, 건축물 용도제한, 용적률, 건폐율, 가구, 획지, 건축물의 배치·형태, 건축선 등을 정하고 이에 적합한 경우에만 건축물 건축 및 용도변경, 공작물 설치를 허용하도록 하고 있습니다.(국토계획법 제52조 및 제54조)

○ 이와 관련 「녹색건축물 조성 지원법」, 「건축법」 등 관련 법령에서 용적률 등을 완화할 수 있도록 규정한 경우 지구단위계획 수립 시 용적률 등의 완화가 필요하다고 판단하면 관련 법령의 취지와 내용을 지구단위계획에 반영하여 용적률 등을 완화 적용할 수 있음을 알려드립니다.

〈도시정책과-8964, 2015.09.23〉

문의처 : 도시정책과

2) 녹색건축 지원 조례 담당 : *(주문관)** (시민안전주택국 건축디자인과 건축 정책)

- ZEB 인센티브를 지구단위계획구역에서 추가 적용하기 위해 지구단위파트에게 요청하였으나 불가회신 받음

도시계획 담당 부서에 질의를 통해 가능성을 확인할 수 있다. '용적률 인센티브가 가능하겠지' 라는 생각을 갖고 계획 설계로 들어가는 것보다는 지자체 관련 담당 부서와 질의를 통해 가능성을 반드시 확인하는 것을 적극 권장한다. 우리는 사옥의 기획 단계에서 해당부지가 지구단위 계획에 포함된 부지여서 인센티브를 받을 수 없다는 것을 인지했음에도, 건물의 가치를 생각하여 사업을 진행시켰다. 만일 ZEB 인센티브를 받을 수 없다는 것을 뒤늦게 확인이 된다면, 프로젝트 전체가 흔들릴 수 있기 때문에 정확한 사전검토가 필요하다.

기획 단계에서 ZEB를 진행하기로 최종적으로 결정했다면, 이제는 본격적으로 설계 진행을 위한 결정을 해야 한다. 일반 건축이었다면 설계사와 본격적인 계약을 체결하고 설계를 진행하게 될 것이다. 하지만 ZEB의 경우에는 설계사 선정에 있어서도 함께 검토해야 하는 과정이 남아 있다.

[일반 건축과 ZEB 건축 프로세스 비교]

	사업 기획	설계	시공	운영
일반 건축	•사업성 검토 ※ 건축주 & 금융	•수익성 및 디자인 중심 설계	•신속한 공정 진행	•분양 및 임대
ZEB 건축	•ZEB 사업성 검토 ※ 에너지 컨설팅	•에너지 중심 디자인 설계 ※ BIPV 입면 적용 필요	•신속한 공정 진행 •에너지 설비 시공 ※ BIPV, BEMS 적용	•분양 및 임대 •에너지 모니터링

일반 건축에서도 건축법규 관련하에 지역에 따른 단열기준을 충족시키고 고효율 설비를 반영하는 반면, ZEB에서는 지역 단열기준보다 높은 수준의 단열기준을 수립해야 하며, 에너지원을 고려한 고효율 기자재를 반영하고, 건물의 에너지 자립률 달성을 위해서 옥상 및 입면에 태양광 설비를 적극 반영해야 한다. 또한 이렇게 반영한 단열과, 고효율 설비와, 태양광 설비를 적용할 경우 에너지 자립률이 어떻게 산출되는지 지속적으로 확인하면서 설계를 맞춰가야 한

[ECO2 시뮬레이션 프로그램]

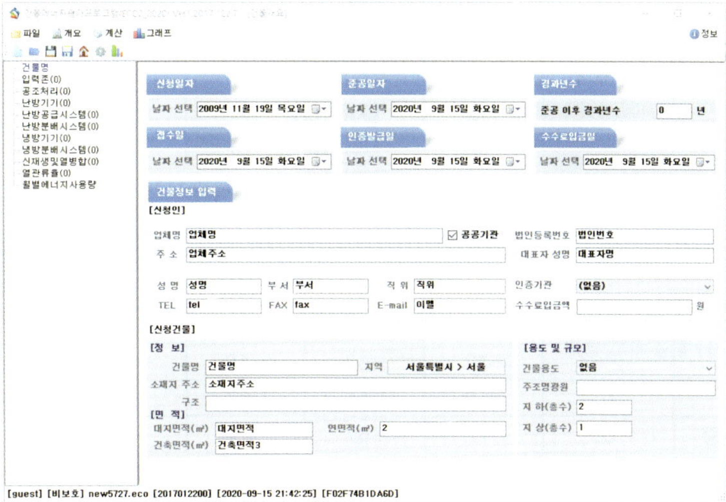

■ 에너지 자립률 검토 히스토리

1차 검토	신재생에너지	난방에너지	냉방에너지	급탕에너지	조명에너지	환기에너지	합계
요구량	0.0	24.7	17.3	7.5	18.8	0.0	68.3
소요량	−11.9	11.2	3.7	6.3	14.5	4.2	39.9
1차소요량	−32.8	30.8	10.1	17.3	39.9	11.7	109.8
CO_2 발생량	0.0	5.3	1.7	3.0	6.8	2.0	18.8
등급용1차소요량	0.0	30.8	10.1	17.3	33.1	11.7	103.0

에너지 자립률: 23.00%　단위면적당 1차 에너지 생산량: 32.8　단위면적당 1차 에너지 소비량: 142.6

2차 검토	신재생에너지	난방에너지	냉방에너지	급탕에너지	조명에너지	환기에너지	합계
요구량	0.0	24.7	17.3	7.5	18.8	0.0	68.3
소요량	−22.8	8.2	2.7	4.6	10.6	3.1	29.2
1차소요량	−62.6	22.5	7.3	12.6	29.1	8.5	80.0
CO_2 발생량	0.0	3.8	1.3	2.2	5.0	1.4	13.7
등급용1차소요량	0.0	22.5	7.3	12.6	24.1	8.5	75.0

에너지 자립률: 43.90%　단위면적당 1차 에너지 생산량: 62.6　단위면적당 1차 에너지 소비량: 142.6

3차 검토	신재생에너지	난방에너지	냉방에너지	급탕에너지	조명에너지	환기에너지	합계
요구량	0.0	24.7	17.3	7.5	18.8	0.0	68.3
소요량	−31.3	5.8	1.9	3.2	7.5	2.2	20.6
1차소요량	−86.1	15.9	5.2	8.9	20.5	6.0	56.5
CO_2 발생량	0.0	2.7	0.9	1.5	3.5	1.0	9.6
등급용1차소요량	0.0	15.9	5.2	8.9	17.0	6.0	53.0

에너지 자립률: 60.38%　단위면적당 1차 에너지 생산량: 86.1　단위면적당 1차 에너지 소비량: 142.6

발주 방식은 크게 3가지로 나뉠 수 있다. 가장 일반적인 방식인 설계와 시공을 각각 분리해서 진행하는 방법과, 설계와 시공을 일괄로 하나의 업체에게 맡겨서 진행하는 Turn-key 방식, 발주처를 대신하여 사업을 관리해주는 CM Construction Manager를 고용하여 공사를 진행하는 건설사업 관리 방식이 있다. 발주 방식에 정답이 있는 것은 아니니 때문에 프로젝트의 특성을 고려하여 발주 방식을 결정해야 한다. 발주 방식에 따라 건축공사의 공기와 계약금액 증감에 대한 책임의 주체가 결정되기 때문에 더욱 신중을 기해야 한다. 발주자가 건축프로젝트에 적극적으로 참여하고자 한다면 가장 전통적인 설계시공 분리 방식을 권장하고, 만일 모든 것을 외부에 맡기고 다른 일에 집중하고 싶다면 턴키 방식 또는 건설사업 관리 방식을 권장한다. 우리의 경우 ZEB 1등급 달성이라는 쉽지 않은 목표가 있었기 때문에 설계시공 분리 방식을 택했다. 이 방식은 비교표에서 언급했던 것처럼 사업참여자 간 대립 관계가 형성되기 때문에 발주자의 중재 역할이 중요하다. 우리는 공사에 적극 참여하기를 원했기에 발주자이며, 중재자로서 공사를 진행시켰다. 이러한 방식으로 진행할 경우 발주자의 역할이 생각보다 많아지는 반면, 결정 및 중재 사안 발생시 즉각적으로 결정해 줄 수 있기 때문에 오히려 프로세스를 부드럽게 만들어 줄 수 있었다.

발주 방식을 결정하면 본격적인 공사업체를 선정해야 하는 일이 남게 된다. 건축 시공사는 일반적으로 건축공사가 메인이기 때문에 ZEB건축을 고려할 때는 에너지 엔지니어링에 조금 더

[BIPV 공정 특징]

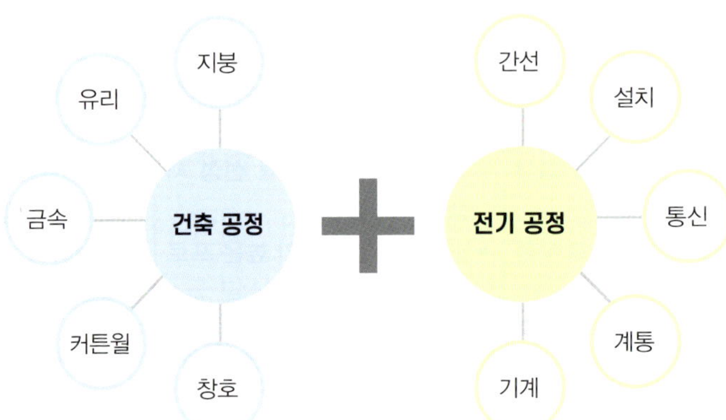

[커튼월 입면 BIPV 복합공정]

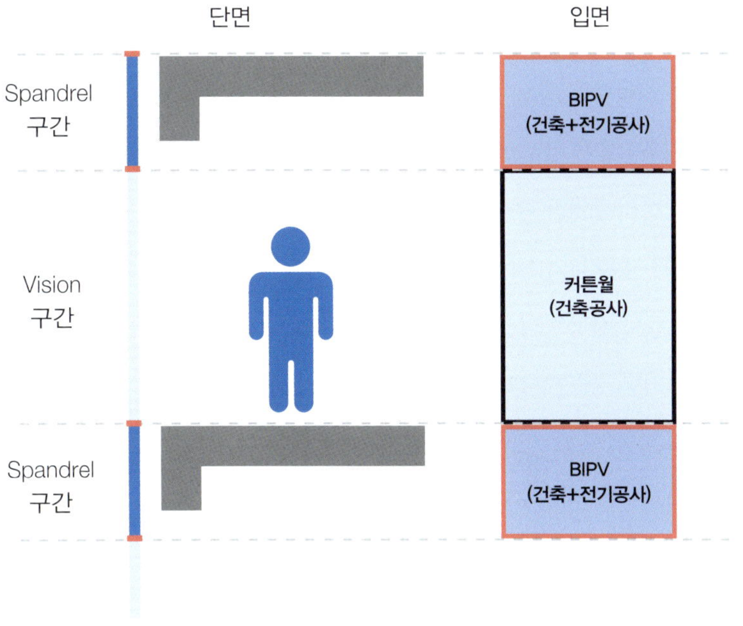

[외단열 입면 BIPV 복합공정]

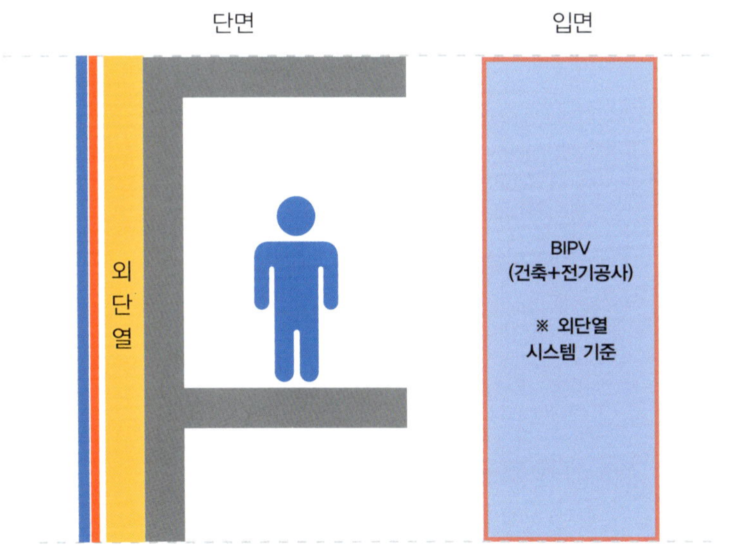

복합공정(전기공사와 건축공사 중첩되는 부위로 공종 간 협업이 요구됨)

집중해서 업체 선정에 신중을 기해야 한다. 그 이유는 BIPV 공정은 건축과 전기가 혼합된 엔지니어링의 특성을 가지고 있기 때문이다. 즉 해당 공정을 건축 파트에서 또는 전기 파트에서 단독 수행할 수 없다는 것이다.

태양광 모듈이 전기자재와 건자재 역할을 동시에 수행하기 때문에 복합공정이 발생하며, 해당 부분을 명확하게 정리해야만 수월한 BIPV 엔지니어링이 진행될 수 있다. 일반적인 BIPV공사는 원도급 건설사가 발주처와 계약을 체결하고 전문 엔지니어링 회사와 하도급 계약체결하여 처리하는 방식을 주로 사용한다. 이러한 방식으로도 외단열 시스템에 반영되는 소규모 설비공사는 큰 문제가 없지만, 대규모로 커튼월과 외단열 등에 반영되는 공사일 경우에는 BIPV 엔지니어링을 수행해본 건설사를 선정하거나, 건축공사와 에너지공사를 분리해서 진행하는 방식을 선택할 수 있다. 본 사옥을 진행할 때는 BIPV공사가 Spandrel구간, 창호의 하부 Fix구간, 외

[일반 건축과 ZEB 건축 사업비 비율 비교]

일반 건축

건축공사	기계공사 / 전기/통신/소방공사 / 토목/조경
총 공사비의 65% 기초공사 창호 및 유리공사 도장공사 철근콘크리트공사 미장공사 조적공사 방수공사 가설공사 석/타일공사 기타공사	**기계공사** 총 공사비의 17% 장비설치공사 각종배관공사 전력간선공사 냉난방설비공사 전등/전열공사 **전기/통신/소방공사** 총 공사비의 10% 배선설비공사 방송공사 스프링클러공사 **토목/조경** 총 공사비의 8% 가설공사 토공사 식재공사

ZEB 건축

건축공사	에너지공사
총 공사비의 50.9% 기초공사 창호 및 유리공사 도장공사 철근콘크리트공사 미장공사 조적공사 방수공사 가설공사 석/타일공사 기타공사	총 공사비의 49.1% 장비설치공사 각종배관공사 전력간선공사 냉난방설비공사 전등/전열공사 배선설비공사 방송공사 창호공사 스프링클러공사 태양광 설치공사 외단열 BIPV 설치공사

〈출처〉 공사비정보광장_유형별공사비_조달청 및 자체 분석

단열 구간으로 총 3가지 종류로 나뉘어서 복합적으로 되어야 했으며, BIPV 엔지니어링 규모가 건설공사의 하도급 계약으로 처리하기에는 큰 편이었다. 또한 에너지 분야가 중요한 ZEB 건축이기 때문에 해당 공사에 대해서는 주도적으로 이끌어 갈 수 있게 하기 위해 건축 공정과 에너지 공정을 분리하여 계약을 체결하였다.

2가지 공사를 분리하여 계약 체결하는 것이 ZEB공사에서 항상 정답이 될 수는 없다. 본 현장의 경우 BIPV 엔지니어링의 난이도와 전문성이 일반 건축공사 대비 높은 편이어서 공사 품질 향상을 위해 전문 업체와 분리계약을 체결하였다. 즉 1개의 현장에 2개의 시공사가 존재하게 된다. 2개의 업체가 하나의 건물을 협업해서 만들어 나가야 하기 때문에 업체 간 사전 업무 분장을 하여 분란의 소지를 최소한으로 만들어서 공사를 진행시켰다.

시공사 선정 방식을 결정하고 나면 최종적으로 공사 계약 체결을 진행해야 한다. 일반적으로 공사비 지급 방식은 크게 정액 도급, 단가 도급, 실비정산 보수가산 도급 방식으로 3가지로 정리된다.

우리가 흔히 알고 있는 정액 도급 방식은 가장 간편한 방법일 수도 있지만, 건설 상황 변화에 대응이 어려워 공사 종료 시 복잡한 상황이 벌어질 수도 있다. 그 이유는 총 공사금액을 결정하여 예정된 기한 내에 건물을 만들어야 하는 계약이지만, 공사 진행과정에서 예상치 못한 이슈 및 설계변경 등으로 인한 공사비 증가 발생 시 해당 내용을 시공사에서 책임지고 처리 시 특별한 문제는 없지만, 만일 시공사에서 받아들이지 못할 경우 상호 협의를 통해 이슈 사항을 정리해야 한다.

단가 도급 방식은 공정별로 정해진 단가를 정하여 계약 및 시공하는 방식으로 계약 체결 전 상세한 설계 내역 분석을 통해서 보다 정확한 공종별 단가를 협상할 수도 있다. 마지막 실비정산 보수가산 도급 방식은 앞서 말한 2가지 도급 방식에는 시공사 이윤이 반영되어 총 공사금액이 결정되는 반면, 실비정산 보수가산 도급 방식은 공사를 진행하며 발생되는 총비용에 시공사 이윤을 추가로 반영하는 방식이다. 해당 발주 방식은 긍정적인 면과 부정적인 면이 동시에 발생할 수 있다. 일반적인 공사에서 비용절감은 바로 시공사의 이윤으로 직결되는 매우 중요한 부분이다. 그렇기 때문에 시공사는 비용과 공기를 절감하기 위해 최선의 노력을 다한다.

이상적인 방향으로 진행되면, 건설 품질을 확보하며 건물의 실제 사용시기가 앞당겨져 건물

[공사비 지급 방식 비교]

구분	정액 도급 (Lump sum)	단가 도급 (Unit Price)	실비정산 보수가산 도급 (Cost Plus Fee)
개요	총 공사금액을 결정하고 계약	공정별로 일정 공사 단위별로 단가를 결정하고 계약	실비정산금액에 보수금액 산정방식을 정하고 계약
공사금액 변동성	하	중	중
리스크 대응성	하	중	상
발주자 책임범위	하	중	상

주와 시공사 모두 혜택을 보게 된다. 하지만 반대의 경우로는 계약된 공사기한을 맞추기 위해 날림공사를 하거나, 시공사 이윤을 높이기 위해 저품질의 자재를 사용하여 시공품질이 떨어지는 이슈가 발생할 수도 있다. 반면 실비정산 보수가산 도급 방식은 시공사의 이윤이 정해져 있고, 투입된 비용에 대해서 정산 받을 수 있기 때문에 시공사에서 무리한 공사를 진행할 필요성이 없어진다. 대신 건설 과정에서 발주처의 결정사항 및 책임 범위가 늘어나게 된다. 왜냐하면 발주처의 결정에 따라 시공비 및 공기가 늘어나게 될 수 있기에 모든 중요한 결정은 시공사 자체적으로 결정하지 않으려 할 수 있기 때문이다. 그렇기 때문에 이러한 도급 방식은 시공사와 발주처 간의 상호 신뢰가 기반이 되어야 하며, 프로젝트 진행 전 해당 공사에 대한 상세한 스터디가 필요하게 된다.

당 현장의 경우 에너지공사 부분에 대해서 실비정산 보수가산 도급 방식을 택하여 진행하였다. 해당 발주 방식을 선택한 이유는 건설 착수 전부터 해당업체와 프로젝트에 대한 스터디가 충분히 이루어졌고, 에너지공사 전반에 걸쳐 고품질의 안정적인 에너지 시스템 구축을 위해서는 발주처의 결정이 지속적으로 필요할 것이라는 판단 하에 해당 발주 방식을 택하였다.

발주 방식에 따라 공기와 총액 변동에 대한 책임의 주체가 결정되기 때문에 공사에 대한 철저한 사전 준비를 통해 프로젝트 성향에 맞는 발주를 진행하기를 권장한다.

Ⅳ. ZEB를 설계해보자

1 설계 방향 설정 및 기본 현황 분석

2 Passive Design

3 Active Design

4 Renewable Energy

5 BEMS

6 설계 검증을 위한 ECO2 시뮬레이션

1
설계 방향 설정 및 기본 현황 분석

1. 설계 방향 설정

건물 계획 초기단계에서는 설계 방향을 먼저 설정한다. 설계 방향은 대상 부지 주요 이슈, 건축주 요구조건과 이에 따른 주요 기능 검토를 토대로 설정한다. 이는 제로 에너지 건축물과 일반 건축물 모두 동일하나 건축, 기계, 전기, 신재생 기술 요소의 성능에서 차이를 갖는다.

[대상 부지 위치 및 주변 현황]

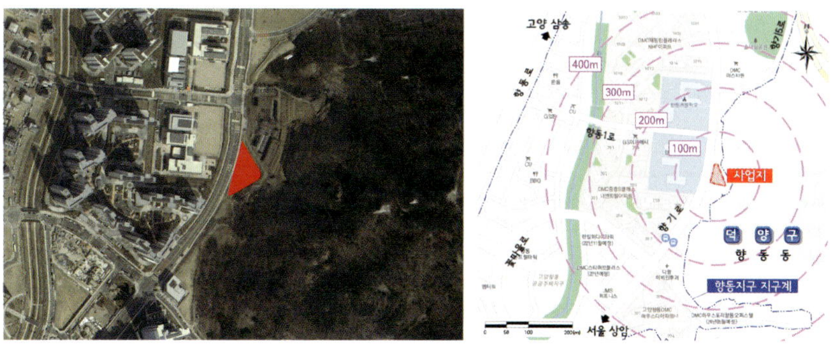

건축 프로젝트는 기업 아이덴티티 구축 전략의 일환으로 제로 에너지 건축물인증 1등급, 에너지 자립률 100% 이상을 만족하는 건축물을 목표로 설정하였다. 이에 따라 초기 계획단계부터 기본 현황 분석과 함께 건축, 기계/전기설비 성능 상향 설계가 진행되었으며, 건물 지붕 및 입면에 태양광 PV와 BIPV를 적극 반영할 수 있는 방향으로 검토하였다.

[설계방향 설정: 일반 건물 또는 제로 에너지 건물]

or

제로 에너지 건축물 인증은 건축물 에너지 효율등급인증 1++ 이상, 에너지 자립률 20% 이상, 건물 에너지 관리시스템BEMS 또는 원격검침전자식계량기 설치 기준을 만족해야 한다. 제로 에너지 건축물 인증기준은 다음과 같다.

건축 프로젝트의 두 번째 요구사항은 드라이브스루Drive-Thru; DT 매장 계획이다. 드라이브스루 매장은 차량으로 이동하면서 음식물을 구입할 수 있는 편리함을 갖고 있으나 교통정체, 차량 및 보행자 사고 사례가 발생함에 따라 안전시설 설치, 도로점용허가 신청 등의 계획을 수립해야 한다. 특히 본 건물과 같이 복합건물에서의 저층부 드라이브스루는 인허가 단계에서 입, 출차 등의 부하계산과 부설주차장 진출입구와의 간섭 등 교통영양평가를 통해 해결해 나가는 과정이 중요했으며, 구조적으로도 차량의 진입동선과 주차장 등의 해결이 중요한 부분으로 작용했다. 최근 서울시에서는 드라이브스루 승차구매점 인근의 안전한 보행환경 조성을 위한 '승차구매점드라이브 스루 안전계획'을 수립하여 지난 21년부터 시행해오고 있으며, 이와 같은 안전계획은 서울시뿐만 아니라 다른 지자체에도 확산될 것으로 보인다.

에너지엑스 사옥 대상 부지는 삼각형 형태의 제약적인 형태로 인해 드라이브스루 매장 진출입로 및 지하주차장 진출입로 동선과 지상층 평면 구성 계획이 법적 필수 사항들과 함께 면밀

[제로 에너지 건축물 인증기준]

기준	요건	평가
기준 1	건축물 에너지 효율등급인증 1++ 이상	건물 에너지 해석 프로그램(ECO2) 평가 • 주거용: 90 kWh/m^2·yr 미만, 비주거용 : 140 kWh/m^2·yr 미만
기준 2	에너지 자립률 20% 이상	건물에너지 해석 프로그램(ECO2) 평가 • 건물에서 소비하는 에너지 중 신재생에너지 생산량 비율
기준 3	BEMS 또는 원격검침전자식계량기 설치	체크리스트 평가항목별 적용여부 판단 • 에너지 소비량 계측 및 실시간 관리 시스템

건축물 에너지 효율등급인증		
등급	연간 단위면적당 1차 에너지 소요량(kWh/㎡·yr)	
	주거용 건축물	주거용 이외의 건축물
1+++	60 미만	80 미만
1++	60 이상 ~ 90 미만	80 이상 ~ 140 미만
1+	90 이상 ~ 120 미만	140 이상 ~ 200 미만
1	120 이상 ~ 150 미만	200 이상 ~ 260 미만
2	150 이상 ~ 190 미만	260 이상 ~ 320 미만
3	190 이상 ~ 230 미만	320 이상 ~ 380 미만
4	230 이상 ~ 270 미만	380 이상 ~ 450 미만
5	270 이상 ~ 320 미만	450 이상 ~ 520 미만
6	320 이상 ~ 370 미만	520 이상 ~ 610 미만
7	370 이상 ~ 420 미만	610 이상 ~ 700 미만

제로 에너지 건축물 인증등급	
등급	에너지 자립률 (%)
1등급	100 이상
2등급	80 이상 ~ 100 미만
3등급	60 이상 ~ 80 미만
4등급	40 이상 ~ 60 미만
5등급	20 이상 ~ 40 미만

히 검토되어야 할 주요 항목으로 논의되었다.

그 외 건물 용도에 따른 층별 조닝, 건물 수직 및 수평 동선, 외부 녹지공간 확보, 태양광 설치 검토(건축, 전기, 태양광 시공 디테일) 등 주요 기능적인 사항이 허가 이전부터 논의되었다.

[승차 구매점 필수시설 및 권장시설]

구분	시설명	내용
필수시설	경보장치	자동차 진출입로에 설치
	볼라드	불법주정차 구역 및 보도 횡단보도에 설치
	진출입로 바닥재료	보행의 연속성 확보를 위하여 진출입로에 기존 보도 포장재와 가급적 동일한 재료를 사용
	경사구간	차량이 진출입로임을 인식할 수 있도록 붉은색 계열로 시공
	점자(선형)블록	교통약자 이동증진 편의법 시행규칙에 따라 장애인의 안전을 위하여 점자블록 설치
	대기공간[진입로]	진입로에서 대기차량의 보도침범 방지를 위해 여유공간(약 6m) 확보
	정지선[진출로]	진출로에서 차량이 일시정지 후 보행자 등이 접근 확인 후 보도 진입
권장시설	부가차로[진입로]	진입로에서 차량의 수요가 많아 교통상황에 영향을 미치는 경우 차량 대기공간 확보
	차단기[진출로]	진출로의 시야확보가 어려운 경우 추가 설치
	진출입로 도로반사경	진출입로의 시야확보가 어려운 경우 설치

〈출처〉 서울시 보행정책과 '승차구매점(드라이브스루) 안전계획'

2. 기본 현황 분석

누구든 배산임수라는 말에 대해서 한 번쯤은 들어봤을 것이다. 이 말은 좋은 집터를 이야기할 때 쓰는 말로서 산을 등지고, 물을 앞에 둔다라는 뜻이다. 이것이 단지 풍수에서나 이야기하는 말일까? 이 말은 앞에서 이야기한 친환경건축이라는 것의 가장 기본적인 개념이다. 산을 등지고 있다는 것은 여름에 뒷산과 앞에 물의 온도와 기압 차로 산에서 내려오는 바람으로 한여름에 집을 식힐 수 있고, 반대로 추운 날은 앞마당이나 물에서 데워진 공기가 산 쪽으로 올라가면서 차가운 집주변의 공기를 따듯하게 만들어준다. 이와 같이 지형을 고려하면 기본적인 기압의 차이로 인한 미기후의 방향을 알아낼 수 있다.

서울의 서쪽에 위치한 대상 부지는 서울의 북서풍이나 남서풍의 바람이 불며, 미기후적으로

[지형과 바람]

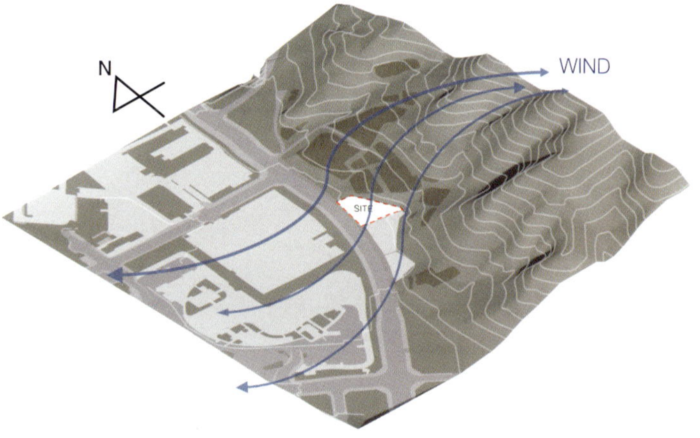

[일조와 경관]

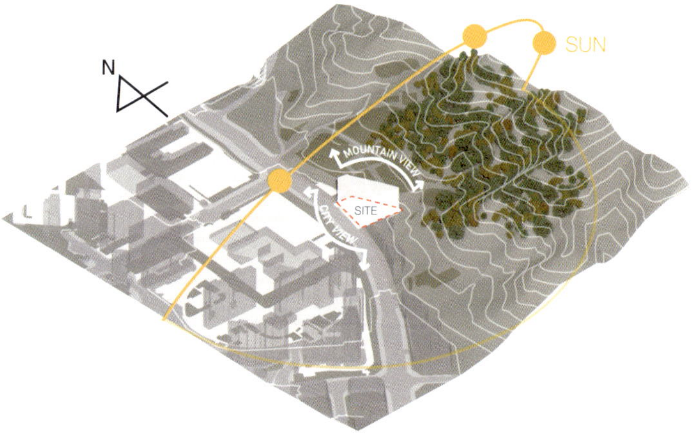

는 동쪽으로 산이 위치하여 바람의 방향이 서풍이 우세할 것으로 예상되었다. 이를 잘 활용하면 기압 차에 의한 자연환기를 극대화할 수 있을 것이라 판단되었다.

일조 및 일사 분석은 지형과 기류 분석 이상으로 중요하다. 일조량을 파악하여 얼마만큼의 시간 동안 어떤 각도에서 대상 부지에 우세한지 일사량은 얼마나 이용할 수 있는지를 검토하고, 이를 입면 디자인 또는 신재생에너지 디자인에 적용할 수 있다. 건물에 중요한 일조를 효율적으로 컨트롤하여, 실내채광과 태양광발전을 동시에 효율적으로 만드는 것이 ZEB 입면설계의 출발점이다.

본 사이트의 경관은 동측으로는 산을 바라볼 수 있고, 서측으로는 학교들이 위치하고 있어서 시각적으로 아주 개방적인 상태로 부지의 일조상황이 양호하였다.

[지장물과 주변건물]

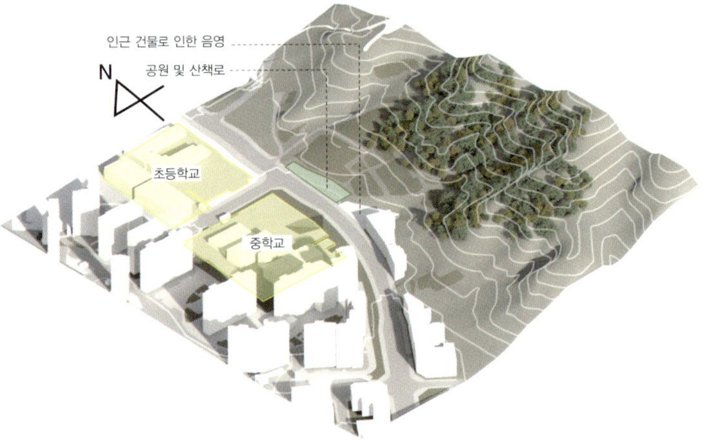

도심지에서 제로 에너지 빌딩을 설계할 때는 지장물이나 주변 건물의 상황만큼 예민한 것은 없다. 즉 태양광 패널의 일조시간에 결정적인 영향을 미치게 되기도 하고, 또 옆 건물의 상황이 빠르면 몇 년 후 느리게는 수십 년 후에는 재건축 등을 통해 일조컨디션이 달라질 수 있기 때문이다. 주변에 옹벽이나 구조물 또한 같은 영향을 끼칠 수 있으니 현황측량을 통해 정확한 높이와 상황을 파악해야 한다.

2
Passive Design

Passive Design은 건물 배치 및 형태 계획, 외피 단열 계획을 통해 건물에너지부하를 줄여 에너지요구량(난방, 냉방, 급탕, 환기, 조명)을 최소화하는 단계이다. 에너지요구량은 건물의 형태, 방위, 창면적비, 자재 특성 등과 같은 건축요소 자체의 에너지 성능을 의미한다.

'한국에너지공단 제로 에너지 가이드'에 따르면 비주거건물의 경우 연간 단위면적당 에너지요구량 75(kWh/m^2·yr) 미만을 권장하고 있다. 에너지요구량을 줄여야 기계설비의 에너지 소비량과 신재생에너지 설치규모도 최소화할 수 있다.

1. 건물 배치 및 형태 계획

건물 배치 및 형태 계획은 모든 건축물의 계획설계 단계에서 검토하는 기본 현황 분석, 법규검토 등을 토대로 진행하며, 배치 및 형태가 결정되면 평면, 입면 및 단면에 대한 세부 계획을 진행한다.

[대지 이용 계획]

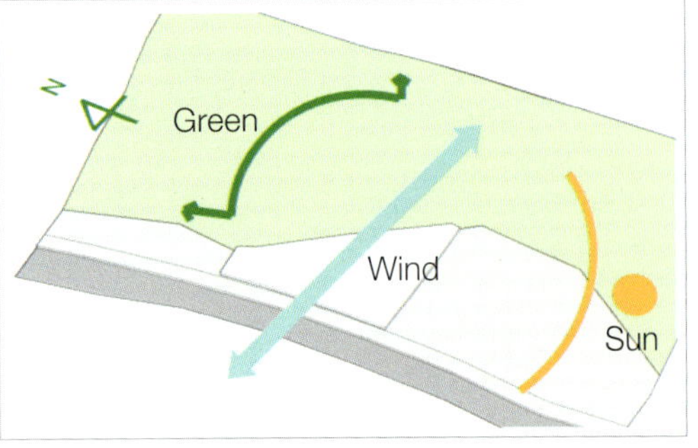

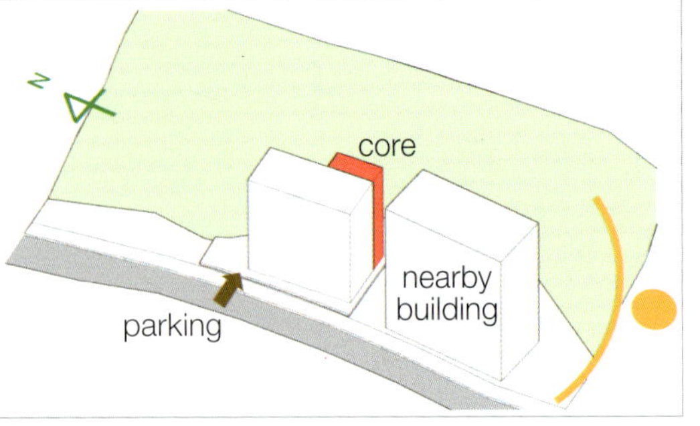

■ 배치계획

배치를 위해 중요한 것은 도로 앞을 꽉 채워 막아버리는 근생 빌딩과 같은 배치 형태를 걷어내는 것이다. 그렇게 도로를 피하니 후면 동쪽으로는 자연이 펼쳐지며, 재실자들이 자연을 바라볼 수 있게 되었고, 전면도로 측은 스텝가든을 설치하여 저층부 서측 일부를 제외하고는 모든 재실 공간에서 자연을 느낄 수 있도록 하였다. 그리고 인접 건물 측으로 인접해서 주차장이나 드라이브스루 등의 동선 등을 배치하였다.

[향, 일조, 접근성을 고려한 배치 계획]

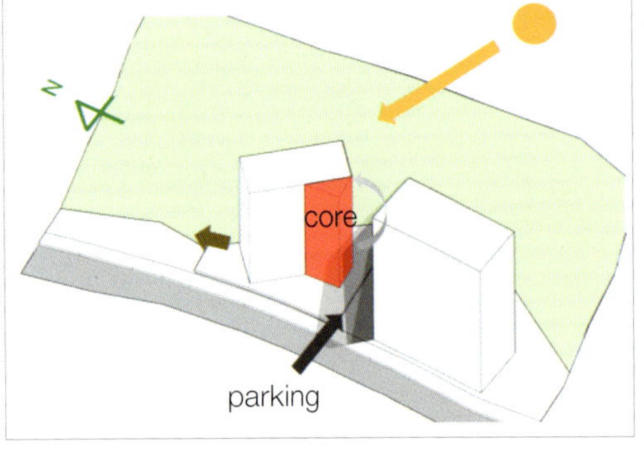

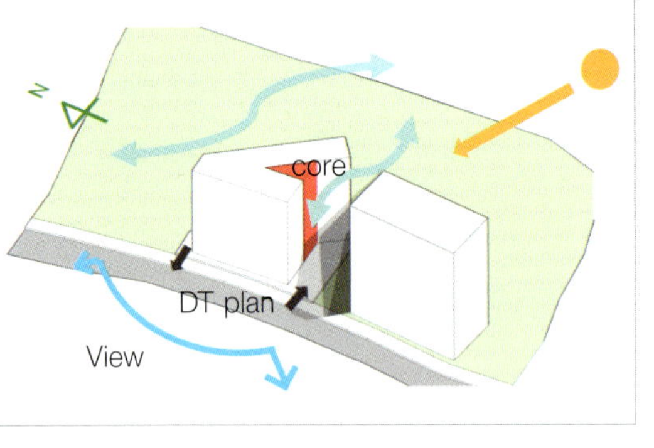

■ **조망, 소음, 기류 등의 데이터를 통한 디자인**

조망은 본 대지에서 아주 좋은 편이었기에, 그 조망을 따라 거실을 길게 배치하였고, 깊이를 8~10m 정도로 깊지 않게 조절하여 엑티브 디자인 부문에서도 그 부하의 조절이 원활할 수 있도록 하였으며, 세로 루버형 파사드 디자인을 통해 균질한 실내조도와 환기성을 확보하였다. 또한 기류나 소음 등의 분석을 통해 서측의 스텝가든과 같은 완충공간을 설치하여 기류와 소음에 대한 대책을 동시에 확보하였다.

[조방, 소음, 기류 등의 데이터를 통한 디자인]

수직루버형 파사드를 활용한 서측 채광 조절 및 균질한 내부 조도 확보

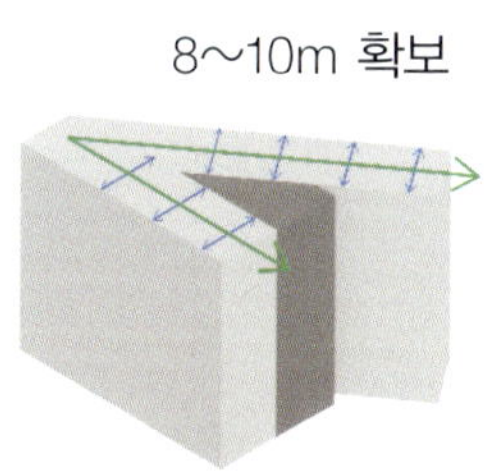

길고 얇게 계획된 거실조닝으로 임대공간 변화의 균질성 확보

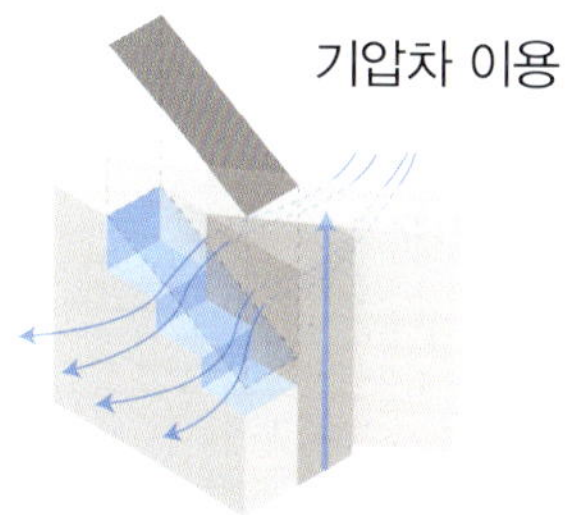

태양광패널지붕을 가진 스텝가든을 통한 패시브 환기성 확보

[바람길 분석]

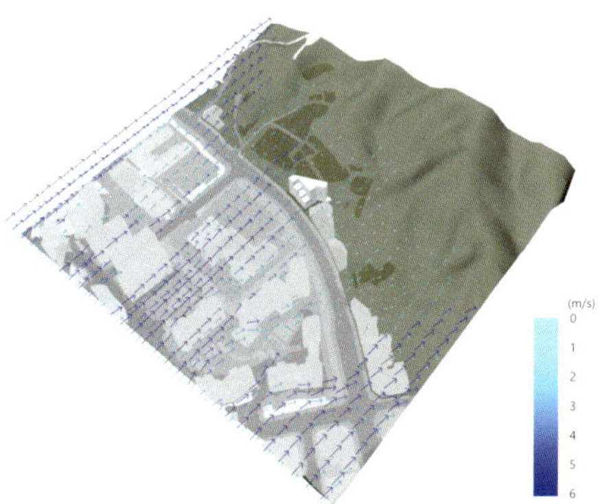

전체

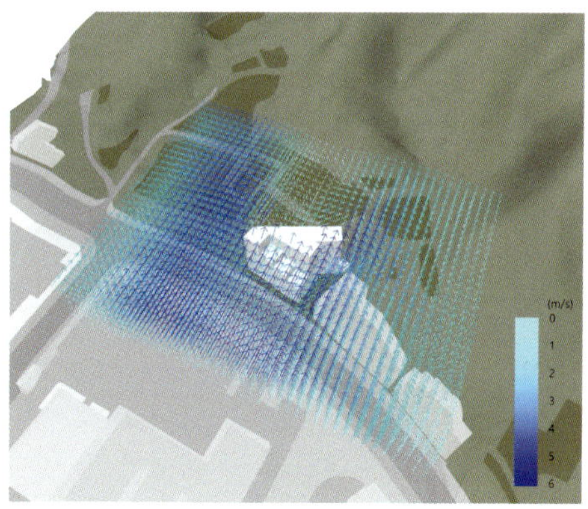

상세

[일조량 분석]

[음영 분석(춘분 4.1 기준 Sun Path Diagram)]

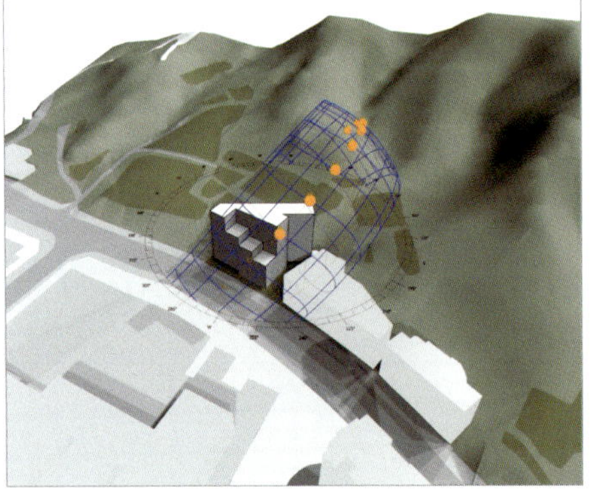

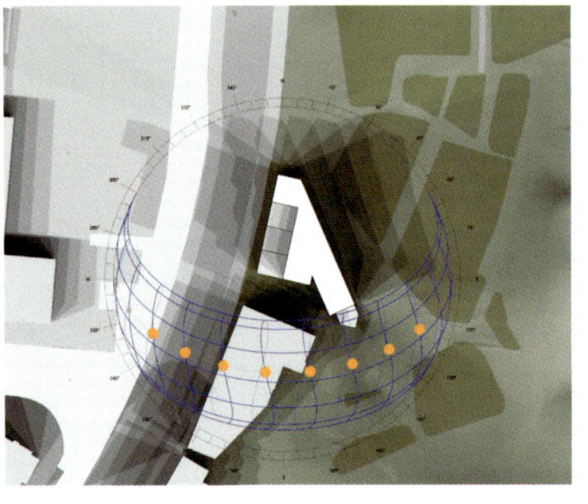

■ **실 조닝계획**

음영시뮬레이션 분석자료를 통해 분석해 본 결과 대지의 남측 부위가 코어위치로도 적합했다. 동측의 옥상정원으로부터 북, 서측으로 연결되는 긴 거실을 조성하였고, 코어의 지하 인접 공간에 기계, 전기, 방재실을 전부 배치하여 본 건물의 태양광 발전상황이나 각종 장비들의 성능을 실시간으로 모니터링 및 통제할 수 있도록 하였다. 옥상에는 건축면적 90%까지(고양시 기준) PV 패널 및 인버터실을 설치하여 건물에서 생산된 직류 전기를 교류로 변환하여 전기실로 연결될 수 있도록 하였다

[실 조닝계획]

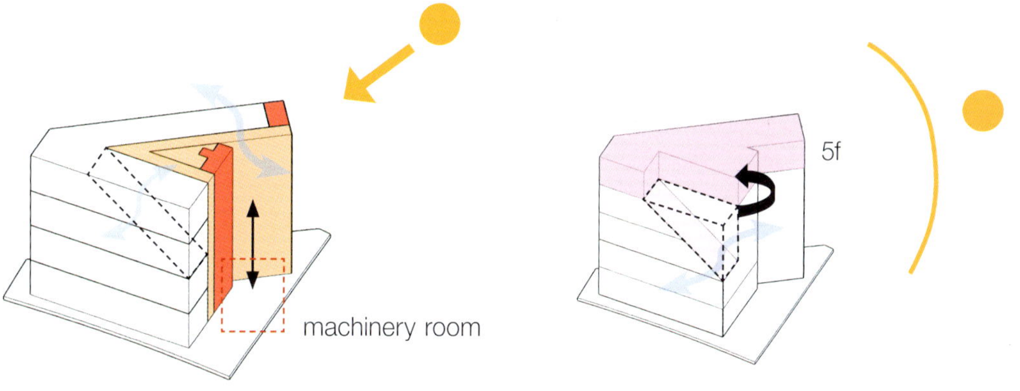

■ **외부공간계획**

건물 주변의 원활한 배수와 생장이 가능한 조경공간을 조성하기 위해 동, 서로 3미터 이상 높이차를 보이는 대지의 형상을 그대로 활용할 수 있도록 건축물의 가벽과 두꺼운 보를 통해 건물의 외곽을 잡아주며 동시에 배수를 할 수 있도록 자갈과 유공관을 표토에 묻어두어 건물의 낮은 서측면까지 유도하여 우수관으로 연결시켰다. 동시에 서측의 진입구 좌우측으로 최대한 많은 조경면적을 확보하기 위해 스틸 플랜트박스를 설치하고, 스텝가든의 중심에도 조경을 설치하되 원활한 배수를 위해 휴게벤치를 겸하는 플랜트박스를 설치하여 우기에도 오버플로어 계획을 통해 실내로 우수가 침투하지 않도록 하였다.

[외부공간계획]

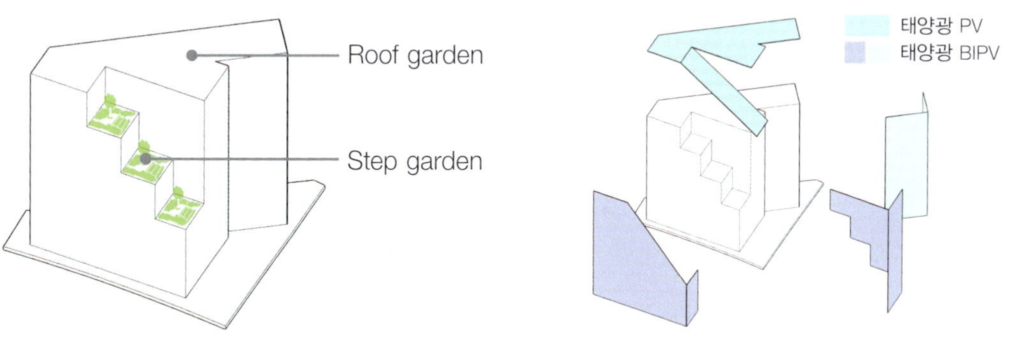

임대건물의 평면계획은 변화무쌍함에 대응하는게 중요하다. 즉 재실공간의 균질성이 최우선이 되는 것이며, 특별한 장치나 숙달이 필요한 장치 등은 배제하는 것이 좋다. 평면은 사실상 땅의 형상에 매우 민감하게 영향을 받는다. 특히 이 필지처럼 삼각형일 경우는 더더욱 그렇다. 그러나 재실공간을 만드는 것은 조닝의 가장 우선이며 코어의 형상이 땅의 형상과 같이 삼각형으로 조성되면서 사공간을 수직배관과 소방관련 샤프트로 활용하면서 복도와 거실의 요철을 거의 없도록 만들었고, 수직으로 올라가면 갈수록 조금씩 줄어드는 바닥면적 대신에 점점 더 환기와 통풍, 채광이 좋은 재실공간이 만들어질 수 있도록 하였다.

[수직, 수평 동선 계획, 코어 계획, 층별 조닝계획]

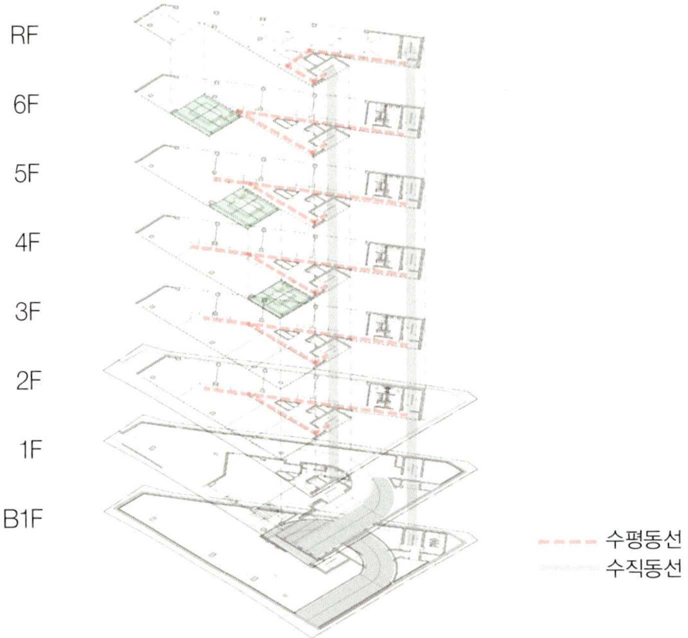

■ **접근성, 출입계획: 1층 주출입구, DT매장, 지하주차장 진출입계획**

지하주차장은 진출입을 겸할 수 있는 규모의 넓은 폭으로 설계하였으나, 드라이브스루 교통영향평가를 통해 법적기준보다 더 넓은 폭으로 계획되었으며, 드라이브스루와 지상주차장의 진출입로를 확보하기 위해서 건물의 남, 북측 양 끝단으로 차량 진출입동선을 집중시키고 중심

부위에는 조경공간과 건물의 주출입구와 드라이브스루 매장의 진출입구를 나란히 배치시켰다. 중요한 것은 후면 코어에서 대피로를 확보하는 것이었고 최소한의 대피로를 드라이브스루 측면통로를 통해 확보하는 방향으로 최종 정리할 수 있었다.

[접근성, 출입계획]

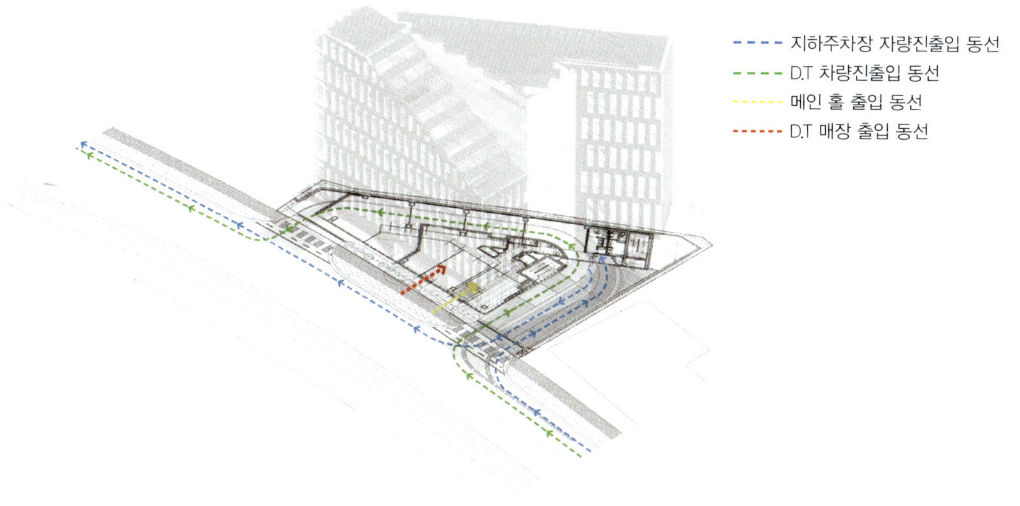

■ **구조계획**

기본적인 구조는 콘크리트 라멘구조이다. 그러나 구조계획의 가장 어려운 부분은 1층 바닥부분이다. 전면부의 경사진 출입구의 높이, 부설주차장의 진출입로의 램프의 구조와 같은 방향으로 들어가나 높이가 다른 드라이브스루의 구조형태, 그리고 드라이브스루의 진행방향에 따라 높아지는 바닥판에 따른 실내에서의 서비스 높이의 변화와, 각종 코어에서의 피난복도에 대한 높이, 그리고 동측에서 내려오는 우수침투를 방지하기 위한 구조적 덧벽 등 1층 바닥의 구조는 이러한 복합적인 내용들을 지하와 지상부분의 기둥들을 고려하여 배치조정하였다.

[구조계획]

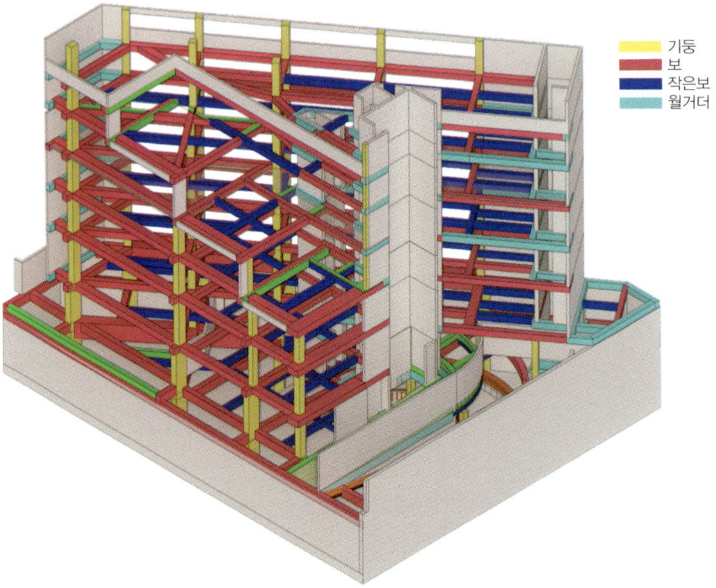

이 건물에 쓰인 태양광 패널이 모두 불투명한 검정색이 아니다. 비젼스트라이프라는 반투명한 태양광 패널이 있다. 이런 반투명한 태양광 패널과 불투명한 태양광 패널을 이용한 입면 디자인을 고안하는 작업이었다. 아마 태양광 패널로 입면계획을 한다고 생각하면 최대한의 효율을 위해서는 모든 면이 태양광 패널이어야 하고 궁극적으로 빛이 투과가 되지 않는 블랙박스가 될 것이다. 이 대지의 현황조사를 통해 전기를 발전할 수 있는 태양광 패널의 주된 방향은 남, 서쪽이라는 것을 알 수 있었으며, 빛을 컨트롤 하기 위해 버티컬 루버 시스템이 필요했다. 그래서 세로로 번갈아가며 투명과 불투명, 그리고 반투명한 스킨이 패브릭을 직조하듯 번갈아 짜여진 패브릭패턴같은 입면을 계획하였다. 즉 직조하듯이 솔리드한 켜와 투명한 패널의 켜를 번갈아 배치하고 그 사이로 배선과 배수, 그리고 설치를 위한 디테일을 커튼월과 함께 풀어가며 최종 입면의 태양광패턴 디자인을 완성할 수 있었다.

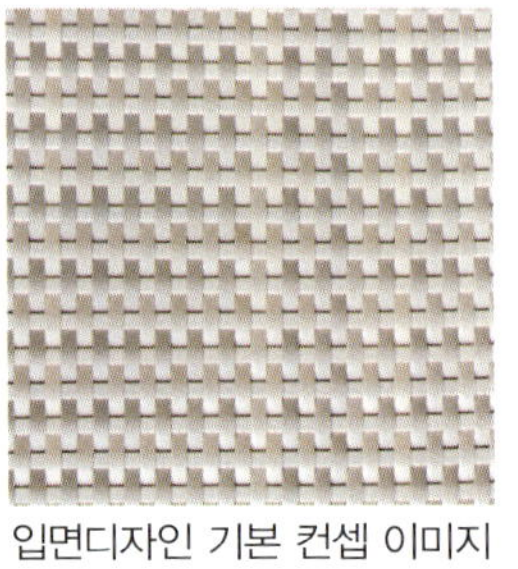

입면디자인 기본 컨셉 이미지
(보이드와 솔리드가 직조된 파사드)

[입, 단면 계획 – 1]

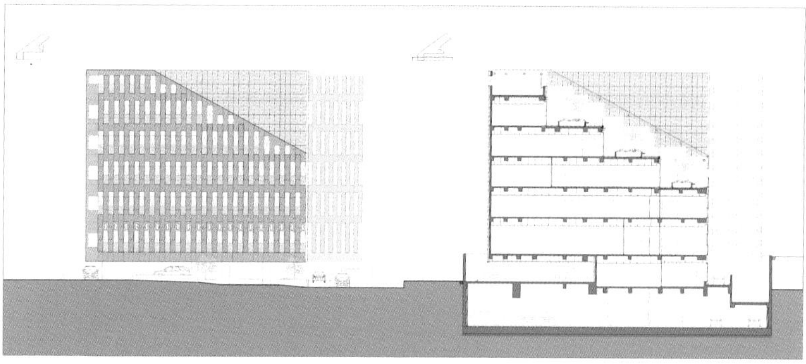

[입, 단면 계획 – 2]

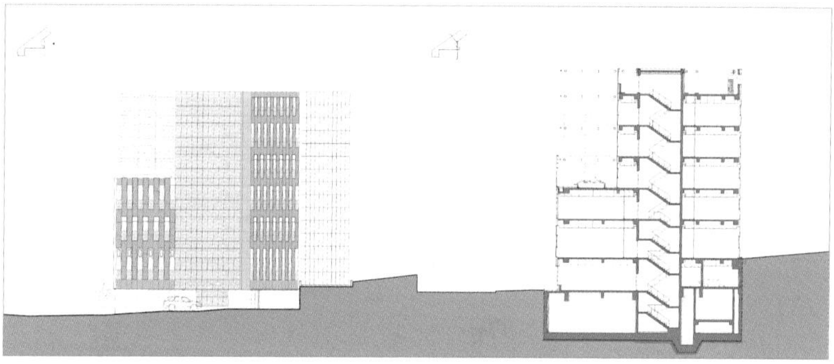

[단면 디테일-1]

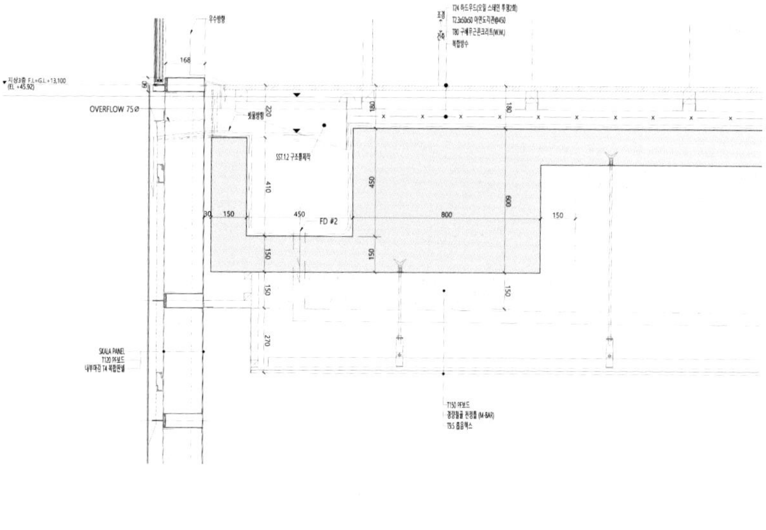

[실내 렌더링 이미지]

■ 태양광 적용을 고려한 입면 계획

제로 에너지 건축물 1등급을 만족하는 건물을 계획할 경우, 건물 옥상에 설치되는 태양광 규모만으로 에너지 자립률 100% 이상을 만족할 수 없기 때문에 반드시 입면 태양광까지 고려해야 한다. 따라서 입면 계획 시에는 설치될 태양광 모듈의 규격을 고려한 입면 분할 계획이 병행되어야 한다.

에너지엑스 사옥의 입면은 커튼월 방식을 적용하여 스팬드럴, 비전(고정창, 개폐창), 태양광 BIPV(외벽, 창)로 구분하여 계획하였다. 커튼월의 멀리언(세로바), 트랜섬(가로바) 간격, 층고와 입면 길이를 고려하여 설치될 모듈의 타입을 최소화해야 한다. 제작될 모듈 타입 수량이 많아질수록 태양광 공사비가 증가하므로 계획설계단계부터 건축설계와 태양광 설계 담당자 간의 지속적인 검토가 필요하다.

■ 창면적비

'한국에너지공단 제로 에너지 가이드'에 따르면 전체 평균 창면적비 약 30~35% 적용을 권장하며, 향별 창면적비 동 25~30%, 서 25~30%, 남 40~45%, 북 35~40% 적용을 권장하고 있다. 외피의 창면적비에 따라 냉·난방 에너지 요구량을 증가시켜 냉난방 설비의 에너지 소비량을 증가시킬 수 있다.

에너지엑스 사옥의 전체 창면적비는 39.82%로 권장 비율을 조금 벗어나는 수준이다. 이는 부지 제약적인 형태에 따라 계획된 서쪽과 북동쪽에 계획된 주 사용실의 입면과 남쪽의 계단, 복도 입면 전체 커튼월을 적용하여 스팬드럴 구간도 창면적에 포함되어 창면적비가 상대적으로 높다.

[향별 창면적비]

창면적비	전체	북	북동	동	남동	남	남서	서	북서
외벽면적	1,801.98	206.59	431.6	152.05	210.05	180.47	223.97	321.18	76.07
창면적	1,192.11	2.42	447.01	–	3.30	273.94	87.19	374.95	3.30
합계	2,994.09	209.01	878.61	152.05	213.35	454.41	311.16	696.13	79.37
창면적비(%)	39.82	1.16	50.88	–	1.55	60.28	28.02	53.86	4.16

2. 외피 단열성능 계획

1) 단열성능 상향

'한국에너지공단 제로 에너지 가이드'에 따르면 단열성능은 법적기준대비 약 30% 수준으로 적용하고 창호는 로이복층 또는 로이삼중유리를 적용하는 것을 권장하고 있다. 이에 따라 에너지엑스 사옥의 외벽, 창의 성능은 중부2 법적 열관류율 기준의 30% 상향하는 수준으로 단열재의 두께와 창의 성능을 검토하였다.

에너지엑스 사옥의 외벽 열관류율은 법적 기준보다 33.3%(외기직접), 54.6%(외기간접) 상향 적용하였으며, 지붕은 14.3%(외기직접), 바닥은 20.5%(외기직접), 46.4%(외기간접), 외기직접창호는 각각 32.6%, 6.8% 수준으로 상향 적용하였다.

단열재 종류는 PF보드, 창은 42T 로이삼중유리(소프트코팅, 아르곤충진, SHGC 0.374) 설치를 계획하였다.

[비주거 건축물 단열 및 창호 열관류율 제로 에너지 가이드]

■ 비주거 건축물

단열 및 창호 열관류율 법적기준 수준 유지(비주거건축물의 경우 냉방부하 저감을 동시에 고려해야 함)

구분		법적기준 (중부2지역 비주거)	법적기준 (남부지역 비주거)	제로 에너지 가이드 (법적기준대비 약 30% 강화)
외벽	열관류율	0.24W/m^2·K	0.32W/m^2·K	EPI 0.8 배점 수준 (벽체단열 법적기준 수준 유지, 창면적비 30~35% 적용)
	열전도율 0.020W/m·K 기준 단열 두께	85mm	60mm	
지붕	열관류율	0.15W/m^2·K	0.18W/m^2·K	EPI 0.8 배점 수준 (단열성능 약 30~35% 적용)
	열전도율 0.020W/m·K 기준 단열 두께	130mm	110mm	
바닥	열관류율	0.20W/m^2·K	0.25W/m^2·K	EPI 0.8 배점 수준 (단열성능 약 30~35% 적용)
	열전도율 0.020W/m·K 기준 단열 두께	100mm	80mm	
창호성능		1.5W/m^2·K	1.8W/m^2·K	1.0~1.5W/m^2·K
		로이삼중유리	로이복층유리	로이삼중 시스템 창호 (열관류율/기밀성 동시 고려)

〈출처〉 제로 에너지 건축물인증 기술요소 참고서

[에너지엑스 사옥 형별성능내역 법적기준(중부2) 대비 적용비율 검토]

형별		외기직·간접	열관류율 (W/m^2·K)		상향비율 (%)	평균상향비율 (%)
			적용	법적		
외벽	W1, 1-2	외기직접	0.159	0.240	33.8	33.3
	W1-3	외기직접	0.158	0.240	34.2	
	W1-4, 1-6	외기직접	0.163	0.240	32.1	
	W1-5	외기직접	0.159	0.240	33.8	
	W2	외기간접	0.157	0.340	53.8	54.6
	W2-2	외기간접	0.152	0.340	55.3	
지붕	R1	외기직접	0.128	0.150	14.7	14.3
	R2	외기직접	0.129	0.150	14.0	
바닥	F1	외기직접	0.159	0.200	20.5	20.5
	F2	외기간접	0.155	0.290	46.6	46.4
	F3	외기간접	0.156	0.290	46.2	

형별		외기직·간접	열관류율 (W/m²·K)		상향비율 (%)	평균상향비율 (%)
			적용	법적		
창	C1/C1-1	외기직접	1.064	1.500	29.1	32.6
	C2	외기직접	0.982	1.500	34.5	
	C3	외기직접	0.897	1.500	40.2	
	C4	외기직접	1.100	1.500	26.7	
문	D1, 2	외기직접	1.500	1.500	-	6.8
	D3	외기직접	1.392	1.500	7.2	
	D4	외기직접	1.195	1.500	20.3	
	D5	외기직접	1.406	1.500	6.3	

[에너지엑스 사옥 창호 열관류율 및 상세 내용]

형별		외기 직·간접	열관류율		SHGC	상세 내용
			적용	법적		
창	C1/C1-1	외기직접	1.064	1.500	0.374	42T 로이삼중유리창, 소프트코팅, 아르곤충진 (6LOW-E + 12AR + 6CL + 12AR + 6LOW-E)
	C2	외기직접	0.982	1.500	0.374	
	C3	외기직접	0.897	1.500	0.516	10.25T 로이복층유리창, 소프트코팅, 공기충진 (5CL + 0.25진공 + 5LOW-E), 소방관 진입창
	C4	외기직접	1.100	1.500	0.374	42T 로이삼중유리창, 소프트코팅, 아르곤충진 (6LOW-E + 12AR + 6CL + 12AR + 6LOW-E)
문	D1	외기직접	1.500	1.500	0.774	방풍구조문, 5T 강화유리
	D2	외기직접	1.500	1.500	0.774	양개유리문(근린생활시설), 5T 강화유리
	D3	외기직접	1.392	1.500	0.000	단열철제방화문, 46.4mm 미네랄울 100K
	D4	외기직접	1.195	1.500	0.374	43T 로이삼중유리문, 소프트코팅, 아르곤충진 (5LOW-E + 14AR + 5CL + 14AR + 5LOW-E)
	D5	외기직접	1.406	1.500	0.516	28T 로이복층유리자동문, 소프트코팅, 아르곤충진 (6LOW-E + 16AR + 6CL)

■ **단열재 선택**

에너지엑스 사옥의 외벽 단열재는 PF Phenolic Foam 보드를 적용하여 검토하였다. 준불연 단열재인 PF보드는 프레온가스를 발포가스로 사용하지 않은 친환경 기준에 맞는 단열재이다. PF보드의 주요 장점 중 하나는 단열성능이다. 법적 열관류율 중부2 외벽 외기직접 기준(0.240 W/m²·K) 일반 단열재 대비 절반 두께로 우수한 단열성능을 가지며 전용면적 약 2% 이상 증가 효과를 얻는다.

두 번째는 25년 사용 시에도 90% 수준의 단열성능을 유지할 수 있는 지속성이다. 한국패시브건축협회 'PF단열재 공동주택/단독주택 에너지해석리포트'에 따르면 일반 단열재 대비 연간 냉·난방비 최대 30%를 줄여줄 수 있는 단열재이다.

세 번째는 공인시험기관 기준 준불연 및 내화 15분 적합자재로 화재 안전성까지 갖춘 단열재이다. 표면이 탄화되면서 화염이 전파되지 않고 유독가스 발생이 최소화되는 인증 자재이다.

단열재	PF board	U-Form	가 등급	나 등급
두께(mm)	80	85	135	155
열전도율(W/m·K)	0.020	0.023	0.034	0.038

* 측정규격 : KS L 9016 (전처리 70℃, 24hr), 측정기기 오차 ±2~5%

[단열재 비교]

구분	EPS(비드법)	XPS(압출법)	PIR(경질우레탄)	PF(페놀폼)	글라스울
제품이미지	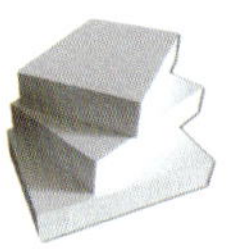				
재질	스티로폼	스티로폼 압출	우레탄	페놀릭 수지	유리면
KS 규격	KSM 3808	KSM 3808	KSM 3809	KSM 4898	KSL 9102
열전도율(W/m·K)	0.034	0.027	0.023	0.019~0.020	0.032~0.038
밀도	28K	32K	35K	35K	32K
내구성	수분에 의한 성능저하	경시변화 심함 40% 이상	경시변화 있음 25% 이상	경시변화 미비 4%	수분에 의한 성능저하
압축강도(N/㎠)	8~18	20	8	12~18	-
굴곡강도(N/㎠)	18	25	15	50	-
시공성(콘크리트)	타설 용이	타설 어려움	타설 어려움	타설 용이	-
투습계수 (ng/㎡sPa)	250 이하	145 이하	40 이하	25 이하	습기에 매우 약함
불연성	X	X	X	준불연	불연
유독가스발생	X	X	연소시 발생(HCN)	X	X

■ **단열재 설치 위치 선택**

단열재 및 창호 성능을 정하고 부위별 적용 열관류율 수준을 결정한 후 설계에 반영하려면 외단열과 내단열 여부를 결정해야 한다. 단열재 설치 위치에 따라 열손실에 많은 차이가 있기 때문에 건물 용도를 고려하여 단열재 설치위치를 결정해야 하며, 일반적으로 비주거건물은 외단열, 주거건물은 내단열 시공 방법을 선택한다.

[건물 외단열 및 내단열 개념도]

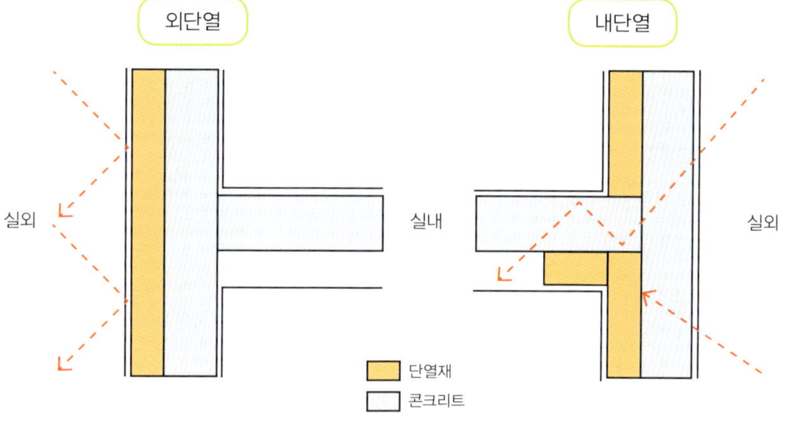

[건물 외단열 및 내단열 특징]

구분	외단열	내단열
실외변동	• 실외변동 적음 • 난방정지 시에 온도강하 적음 • 실내측 구조체 축열에 의해 실온변동 적음	• 실온변동은 외단열보다 큼 • 난방정지 시에 온도강하가 큼 • 여름철 구조체의 축열에 의해 실내온도가 높아지는 경우 발생
난방부하	• 부하량은 기본적으로 내단열과 큰 차이는 없으나 난방 방식에 따라 변동 • 간헐난방이나 사람이 상주하는 건물에 적합	• 사용시간이 짧은 건물에 유리
냉방부하	• 부하량은 내단열과 비슷 • 야간에 외기를 도입하여 냉기 축열시 유리 • 외장재와 단열재 사이에 외기가 유동할 수 있는 공기층을 설치하면 일사의 영향을 크게 줄일 수 있음	• 야간에 외기를 도입하지 않는 건물에서는 축열부하가 작으므로 외단열보다 유리

표면결로	• 난방정지 시 벽표면온도가 높기 때문에 결로발생 어려움	• 난방정지 시 벽표면온도가 낮기 때문에 결로발생 쉬움 • 결로방지를 위해 충분한 환기 필요
내부결로	• 실내측에 방습층이 없어도 결로가 발생하지 않음 • 외장재의 종류에 따라 단열재와 외장재 사이에 결로가 발생할 수 있으므로 이곳에 방습층을 설치하거나 환기를 시켜 결로발생을 방지	• 단열재의 실내측에 완전한 방습층을 설치하지 않으면 결로발생을 방지할 수 없음
열교현상	• 온열교 상태로 피해가 거의 없음 • 열교부분의 단열처리 쉬움	• 냉열교 상태로 국부결로가 발생하기 쉬움 • 열교부분의 단열처리가 시공상 또는 미관상 곤란한 경우 많음
구체보호	• 태양일사에 의한 직접 열취득이 적어 구체에 거의 영향을 미치지 않음	• 태양일사에 의한 직접 열취득이 커서 구체의 열화를 촉진

3
Active Design

Active Design은 실내를 쾌적하게 유지하기 위해 요구되는 부하(냉방, 난방, 급탕, 조명, 환기)를 처리하기 위한 기계, 전기설비 설계 단계이다.

용도에 따라 부하 저감을 고려한 설비용량을 산정하고, 고효율 기기 적용, 배치 및 공급 계획을 통해 반송동력, 배관손실 최소화할 수 있도록 계획하여 에너지 소요량을 줄여야 한다.

1. 냉·난방, 급탕 열원설비 계획

열원설비는 건물 위치, 용도 및 규모를 고려하여 중앙 또는 개별 공급 여부에 따라 그에 맞는 장비를 선정해야 한다. 에너지엑스 사옥은 근린생활시설, 교육연구시설(업무시설)로 개별 입주자가 입주하여 사용하는 공간으로 계획되어 필요에 따라 각 실별 제어가 용이해야 한다. 이에 따라 냉·난방 열원설비는 개별 냉·난방 방식인 전기히트펌프, 급탕 열원설비는 전기온수기 적용을 검토하였다.

전기히트펌프는 평균 COP 냉방 3.1, 난방 3.7 수준의 장비를 선정하였으며, 전기온수기는

1.5kW 용량의 장비를 선정하였다.

구분	중앙 냉·난방	개별 냉·난방
개요	• 건물 내 지하 또는 특정 위치에 기계실을 설치하여 배관을 통해 열매체를 사용처에 공급	• 사용처에 직접 열원기기를 배치하거나 층별 배치하여 공급하는 방식
장점	• 열원 공급이 안정적이다. • 대규모 설비로 열효율이 우수하다. • 유지관리가 용이하다.	• 필요에 따라 수시로 냉·난방이 가능하다. • 사용 개소가 적을 경우 공사비가 저렴하며 유지관리가 용이하다. • 배관 열손실이 적으며, 장비 증설이 용이하다. • 초기 투자비가 낮다.
단점	• 초기 투자비가 높다. • 관리시 전문인력이 필요하다. • 공급/환수 배관이 길어 열손실이 많다. • 최초 시공 이후 장비 증설에 따른 변경공사가 어렵다.	• 사용 개소가 많을 경우 유지관리가 어렵다. • 냉매배관의 최대길이가 제한적이다.

구분	개별식 급탕방식	중앙식 급탕방식
내용	• 급탕이 필요한 곳마다 설치하는 방식이다. • 긴 배관이 필요 없어 열손실이 적다. • 필요 시 수시로 온수를 쉽게 사용 가능하고 고온수 필요 시에도 쉽게 사용 가능하다. • 급탕 개소가 적을 경우 비용이 저렴하다.	• 열원기기, 저탕조, 순환펌프 등을 기계실 등 한곳에서 설치하고 건물 내 급탕 공급처에 배관을 통해 공급하는 방식이다. • 기기가 대규모이므로 열효율이 좋다. • 다른 설비시설과 동일 장소에 설치되므로 유지관리상 유리하다. • 호텔, 병원 등 급탕 개소가 많은 대규모 건물에 유리하다.
종류 및 특징	• 순간식 온수기 –세면기, 욕실, 주방싱크에 사용 –일반적인 열원은 가스 또는 전기를 사용 • 저장형 온수기 –학교, 공장, 기숙사 등 특정 시간 다량의 온수를 필요로 하는 장소에서 사용 –가열한 온수를 저탕조에 저장하여 사용 • 기수혼합식 –병원, 공장에서 사용 –증기를 열원으로 사용하는 경우 저탕조에 증기를 직접 불어넣어 가열하는 방식	• 직접 가열식 –온수보일러로 가열한 온수를 온수탱크에 모아두었다가 공급하는 방식 • 간접 가열식 –저탕조 내에 가열코일을 설치하고 코일에 증기 또는 온수를 통과시켜 저탕조의 물을 가열하는 방식

2. 환기설비 계획

환기는 신선한 공기를 실내에 공급하고 실내의 열과 습기를 밖으로 이동시켜 쾌적한 실내 환경을 유지시켜준다. 적절한 환기는 실내 공기 치환으로 결로현상 등을 막아주지만 과도한 환기는 에너지 낭비를 초래할 수 있다.

최근 시공되는 신축건물들은 시공성의 향상으로 기밀화되어 개폐창을 통한 자연환기만으로는 쾌적한 환경을 유지하기 어려워 기계환기와 자연환기를 병행할 수 있도록 설계에 반영해야 한다.

규모가 큰 건물의 경우 공기조화기 또는 환기조화기를 설치하여 최소외기를 도입하는 냉·난방 공조방식을 사용하며, 그 외의 건물에서는 실 단위 제어가 가능한 전열교환기를 기계환기설비로 사용한다.

에너지엑스 사옥은 열원설비와 마찬가지로 실 단위 제어가 가능한 전열교환기를 설치하여 사용하도록 계획하였다. 전열교환기는 실내·외 공기의 열교환을 통해 외부로 버려지는 에너지를 다시 사용하여 실내 온·습도를 유지하면서 기계환기를 하는 방식이다.

전열교환기는 필요환기량에 맞는 풍량 산정, 장비 선정(냉난방 유효전열교환효율 수준, 열교환소자 및 필터), 급·배기구 계획이 주요 검토 항목이다.

전열교환기를 설치하는 주용도실 이외에 환기가 필요한 화장실은 벽부착형 또는 천정형 배기팬을 설치하여 층별 배기 또는 옥상을 통해 배기하도록 계획하고, 화장실 배기는 층별 남자화장실과 여자화장실에 각각 천정형 배기팬을 4개씩 설치하여 4개의 배기팬이 각 층별 벽면에서 배기되도록 계획하였다.

[전열교환기 주요 검토 항목]

구분	상세 내용
풍량 산정	• 건축물의 설비기준 등에 관한 규칙에 따라 시설별 필요환기량을 만족하는 풍량을 산정한다.
유효전열교환효율	• 난방 70~80% 이상, 냉방 45% 이상의 유효전열교환효율을 갖는 장비를 선정한다.

전열교환소자	• 급·배기간의 열교환을 통하여 에너지 소비량을 저감하는 핵심 구성요소. • 동절기 내부결로 및 결빙현상이 발생할 수 있으므로, 프리히터 등과 같은 방지 장치가 설치되어 있는지를 확인한다.
필터	• 프리필터: 메인필터를 보호하기 위한 필터로 중량법 기준으로 30~70%의 미세먼지를 제거하는 수준이다.(입자가 큰 미세먼지) • 미디움필터: 기계환기설비에 가장 일반적으로 사용되는 필터로 계수법 기준으로 40~75%의 미세먼지 제거 성능 양호 수준 • 헤파필터: 병원, 클린룸 등에 사용되는 고성능 필터로 계수법 기준 75~99%의 미세먼지 제거 성능 우수 수준 • 전기집진필터: 환기 풍량이 큰 지하역사 등 대규모 다중이용시설 등에 사용되는 필터로 계수법 기준 75~99%의 미세먼지 제거 성능 우수 수준 • 압력손실이 적은 고효율 필터를 사용한다. • 필터는 소모품이므로 교체가 용이하도록 점검구 위치를 선정한다.
급·배기구	• 전열교환기 설치 대수마다 실별 급·배기구를 설치할 경우, 외벽 개구부가 많아져 열손실이 발생이 높으므로 특정 급·배기구 위치를 고려하여 층별 전체 또는 그룹별로 묶어 한 개의 덕트로 연결되도록 시공한다. • 외부에 면하는 급·배기구는 교차오염을 방지할 수 있도록 1.5m 이상의 이격거리를 확보하거나, 급·배기구의 방향이 서로 90° 이상이 되는 위치에 설치해야 한다.

[건축물의 설비기준 등에 관한 규칙]

[별표 1의6] 기계환기설비를 설치해야 하는 다중이용시설 및 각 시설의 필요 환기량

구분		필요 환기량(㎥/인·h)	비고
가. 지하시설	1) 지하역사	25 이상	
	2) 지하도상가	36 이상	매장(상점) 기준
나. 문화 및 집회시설		29 이상	
다. 판매시설		29 이상	
라. 운수시설		29 이상	
마. 의료시설		36 이상	
바. 교육연구시설		36 이상	
사. 노유자시설		36 이상	
아. 업무시설		29 이상	
자. 자동차 관련 시설		27 이상	
차. 장례식장		36 이상	
카. 그 밖의 시설		25 이상	

3. 조명설비 계획

제로 에너지 건축물 인증을 위한 조명설계 계획은 실 용도별 KS 조도기준을 만족하고 냉·난방공간 기준 비주거 평균 조명밀도 5~6W/m^2 이하 수준을 적용하는 것을 권장하고 있다.

에너지엑스 사옥의 전체 평균 조명밀도는 4.69W/m^2, 1층 드라이브스루 매장을 포함한 주용도실의 평균 조명밀도는 5.68W/m^2로 권장 수준을 만족하도록 설계되었다.

4

Renewable Energy

Renewable Energy는 건물 에너지 사용량 대비 신·재생에너지 생산량을 최대화하여 에너지 자립률을 확보하는 단계이다.

제로 에너지 건축물인증에 적용가능한 재생에너지원인 태양광, 태양열, 지열, 연료전지의 설치를 검토하여 대상 건물에 가장 효율적인 재생에너지원을 선정하고 제로 에너지 건축물인증 1등급을 만족하는 규모를 산정한다.

1. 제로 에너지 건축물인증에 적용 가능한 재생에너지원

1) 재생에너지원별 특징

구분	태양광	태양열	지열냉난방시스템	연료전지
기축 설치 가능 여부	설치 가능	설치 가능	천공 시공 필요	가스 배관 시공 필요
건물 적용 위치	지붕, 옥상, 벽면 설치 가능	지붕, 옥상 설치 가능	건축물 지하에 설치	환기 잘 되는 곳에 설치

자연 조건	남향위주 설치 필요. 음영시 출력저하	음영 없는 곳 일조시간 확보	열전도도 높은 토양을 가져야 함	가연성 물질이 없는 곳
안전성	폭우 시 침수 피해 과열 시 화재 우려	진공관에 과도한 힘을 가하면 파손 우려	지표물질 유입, 부동액 유출 우려	수소 누출 시 수소폭발 가능성
수명	20~25년	20~25년	30~50년	8~10년
종합효율	13~21%	40~50%	COP 3.45 이상	70~80%
유지보수	보수 접근성 좋음/ 주1회 일상점검	진공관형 고장 잦음 일일 1회 일상점검	배관 및 열교환 탱크 보수 필요	일반인 운영 어려움 정비 접근성떨어짐
디자인 다양성	다양한 색상과 투과도를 구현가능	집열 패널 모양만 고를 수 있음	-	-

2) 에너지 자립률

에너지 자립률은 제로 에너지 건축물 인증등급을 정하는 항목으로 ECO2 시뮬레이션 프로그램 결과로 도출되는 연간 단위면적당 1차 에너지 소비량 대비 연간 단위면적당 1차 에너지 생산량 비율을 말한다. 연간 단위면적당 1차 에너지 소비량은 연간 단위면적당 1차 에너지 생산량과 연간 단위면적당 1차 에너지 소요량의 합계를 의미한다.

[에너지 자립률(%)]

$$\text{에너지 자립률 (\%)} = \frac{\text{연간 단위면적당 1차 에너지 생산량 (kWh/m}^2\text{.yr)}}{\text{연간 단위면적당 1차 에너지 소비량 (kWh/m}^2\text{.yr)}} \times 100$$

$$\text{연간 단위면적당 1차 에너지 소요량} = \text{연간 단위면적당 에너지 소요량 X 1차 에너지환산계수}$$

$$\text{연간 단위면적당 에너지 소요량} = \frac{\text{난방에너지 소요량}}{\text{난방에너지가 요구되는 공간의 바닥면적}} + \frac{\text{냉방에너지 소요량}}{\text{냉방에너지가 요구되는 공간의 바닥면적}} + \frac{\text{급탕에너지 소요량}}{\text{급탕에너지가 요구되는 공간의 바닥면적}}$$

$$+\frac{\text{조명에너지 소요량}}{\text{조명에너지가 요구되는 공간의 바닥면적}}$$

$$+\frac{\text{환기에너지 소요량}}{\text{환기에너지가 요구되는 공간의 바닥면적}}$$

3) 신재생에너지원별 에너지 자립률 기여도

'한국에너지공단 제로 에너지 건축물인증 기술요소 참고서'에 따르면, 서울시 공공용 업무시설 신재생에너지 공급비율 25%의 설치용량 기준으로 신재생에너지원별 에너지 자립률을 비교한 결과 태양광 PV 52.81%, 태양광 BIPV 11.24%, 지열히트펌프 8.10%, 연료전지 3.42%로 태양광 PV가 에너지 자립률 민감도가 가장 큰 것으로 확인되었다.

태양광 PV와 태양광 BIPV는 설치형태, 향, 모듈효율에 따라 상이하나 적용 우선순위를 고려할 때 참고할 수 있는 결과이다.

[신·재생에너지원별 ECO2 시뮬레이션 상 1차 에너지량 및 에너지 자립률 기여도]

원별	1차 에너지 소비량 (kWh/㎡.yr)	1차 에너지 소요량 (kWh/㎡.yr)	1차 에너지 생산량 (kWh/㎡.yr)	에너지 자립률 (%)	태양광 PV 대비 에너지 자립률 비율
태양광 PV	249.84	117.90	131.94	52.81	1.00
태양광 BIPV	249.77	221.70	28.07	11.24	0.21
지열히트펌프	220.89	203.00	17.89	8.10	0.15
연료전지	233.80	225.80	8.00	3.42	0.06

* 서울시 공공용 업무시설 신재생에너지 공급비율 25% 기준으로 분석

[참고] 제로 에너지 건축물인증 기술요소 참고서

4) 태양광 1차 에너지 생산량 산정 반영항목

제로 에너지 건축물인증에 반영되는 태양광 성능평가 반영항목은 발전용량, 모듈면적, 모듈기울기, 모듈방위, 모듈종류, 모듈적용타입, 모듈효율에 따라 연간 단위면적당 1차 에너지 생산량(kWh/m^2· yr)이 산정된다. 모듈효율은 모듈종류에 따라 정해진 효율값default 이 반영되며, 시

험성적서를 보유한 모듈일 경우 시험성적서 상 모듈 효율값으로 평가된다.

[태양광 1차 에너지 생산량 산정 반영 항목]

발전용량 (kW)	모듈면적 (m^2)	모듈 기울기	모듈방위	모듈종류	모듈적용타입	모듈효율 (%)
발전용량 기입	모듈면적 기입	수평	없음	단결정	밀착형	12.0
		45°	동	다결정	후면통풍형	10.0
		수직	남동	비정질박막형		4.0
			남	CIS박막형		10.5
			남서	CdTe박막형		9.5
			서	기타박막형		3.5
				성능치 입력		시험성적서 값

2. 적용 규모

에너지엑스 사옥의 태양광은 옥상, 경사면, 입면(서, 남, 남동, 남서)에 적용할 예정이다. 옥상과 경사면에는 H사의 양면 발전형 모듈, 남동측 입면에는 A사의 Powermax 모듈, 그 외 입면에는 A사의 SKALA 모듈과 AGC 사의 SunEwat Vision 모듈 적용을 계획하였다.

태양광 구분	설치위치	설치면적 (m^2)	설치용량 (kW)	발전효율 (%)
PV	옥상 수평	298.98	63.00	21.1
PV	지붕 경사면	85.42	18.00	21.1
BIPV: POWERMAX	입면 (남동)	168.60	24.00	14.88
BIPV: SKALA	입면 (서, 남, 남서)	453.12	60.20	13.89
BIPV: SunEwat Vision	입면 (서, 남, 남서)	440.82	21.35	타입별 상이
합 계		1,446.94	186.55	

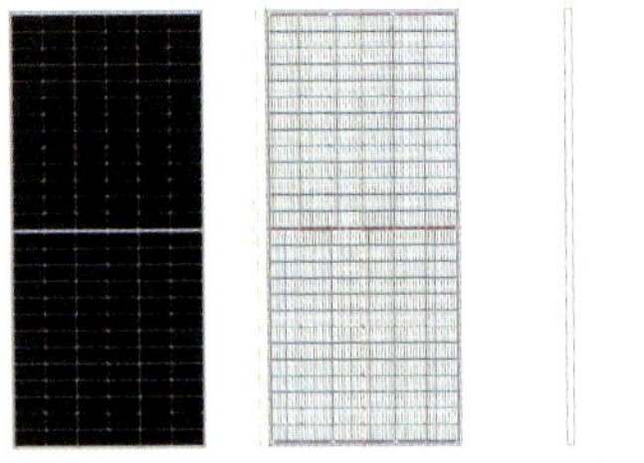

옥상, 경사면 PV

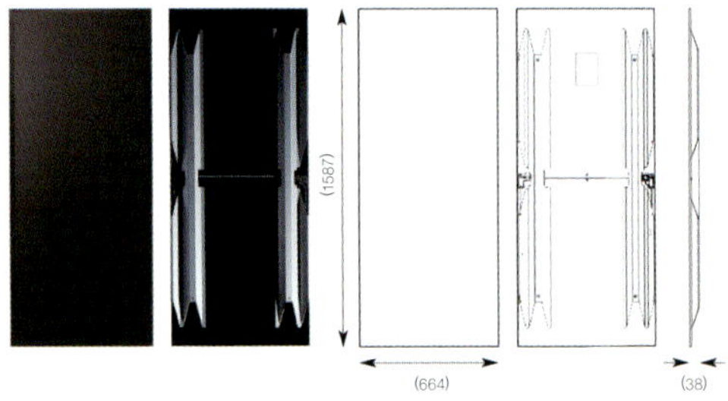

입면(남동) BIPV _ POWERMAX

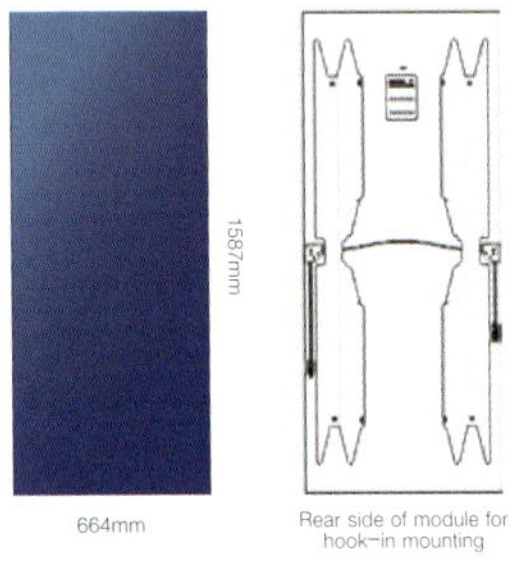

입면(서, 남, 남서) BIPV _ SKALA

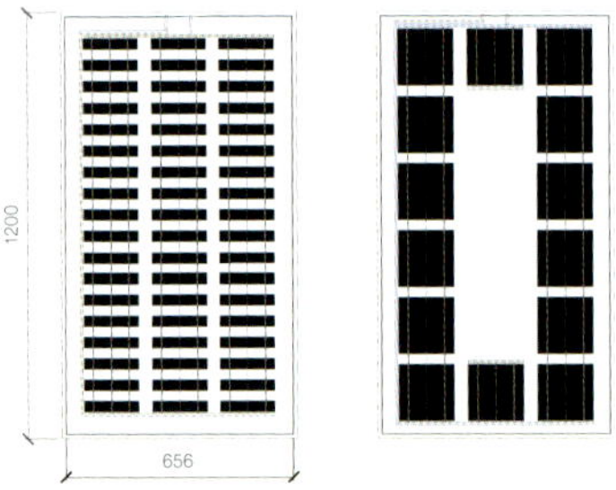

입면(서, 남, 남서) BIPV _ SunEwat Vision

[태양광 배치 1–옥상 (수평, 경사면)]

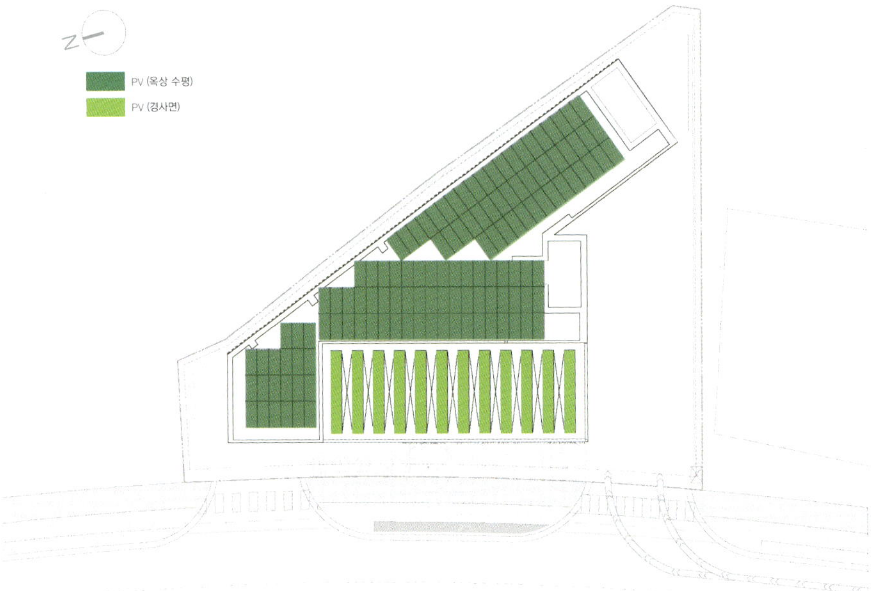

[태양광 배치 2 – 정면 (서, 남서)]

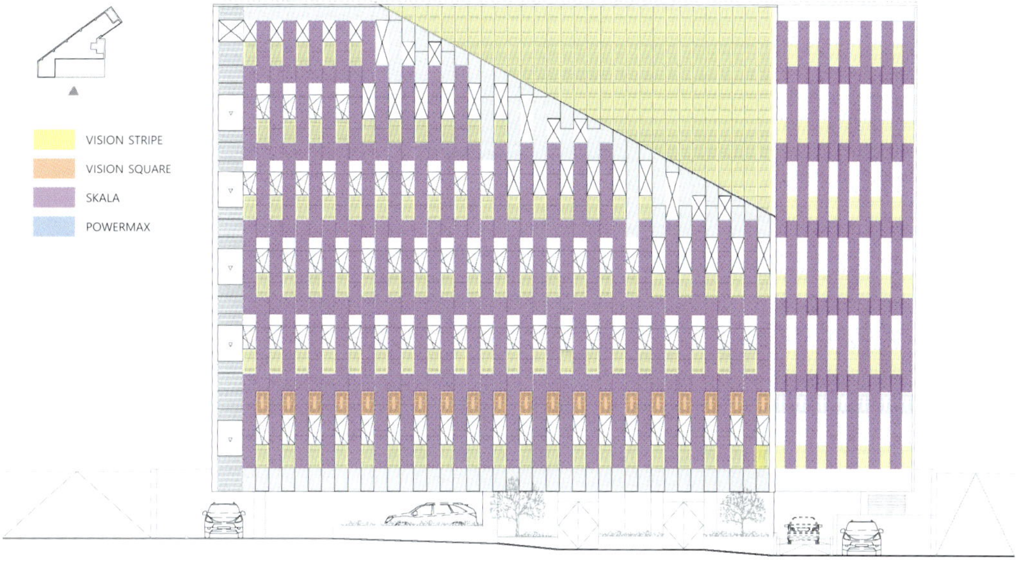

[태양광 배치 3 – 우측면 (남, 남서, 남동)]

5
BEMS

1. BEMS 개요 및 구성

1) BEMS의 개요

BEMS Building Energy Management System, 건물 에너지 관리시스템는 ZEB 건축물의 준공 후, 쾌적한 실내 환경 유지와 지속적이고 효율적인 에너지 관리를 위하여 계측·제어·관리·운영 등이 통합된 시스템을 의미한다. 건물 내 에너지 사용설비(조명, 냉·난방설비, 환기설비, 콘센트(전열설비) 등)에 센서와 계측장비를 설치하고 통신망으로 연계하여, 에너지원별(전력·가스·연료 등) 사용량을 실시간으로 모니터링하고, 수집된 에너지 사용정보를 최적화 분석 알고리즘을 통해 효율적으로 자동제어하는 시스템이다.

그림 1은 BEMS의 개념을 설명한 것으로, BEMS는 건물에서 수집한 에너지 정보 데이터를 실시간 모니터링 후, 데이터 분석을 실시하여 에너지 절감을 위한 최적 제어 방안을 적용할 수 있도록 돕는 시스템이다. 현재에는 기술력의 발달로 BEMS에 AI와 IoT Internet of things, 사물인터넷가 결합되고 있으며, 그로 인해 실시간으로 에너지 정보 및 건물의 다양한 데이터를 수집할

[그림 1-BEMS 개념]

〈출처〉 사단법인 EMS 협회 공식 사이트

수 있게 되었다. 더불어 센서의 정확도 향상은 에너지 사용량 및 건물의 운영에 대한 정보를 예측하는 AI 모델의 정확도 향상도에도 직접적인 영향을 미치고 있다.

제로 에너지 건물을 구축하는 데 있어서 BEMS는 건물의 에너지 사용량과 성능을 실시간으로 지속적으로 파악할 수 있는 기능을 갖추어 실질적인 제로 에너지 건축물 구현에 중추적인 역할을 하고 있다. 특히 준공 후 운영 초기에는 설계 수준과 실제 자립률이 일치하는지, 설계한 정도에 맞추어 장치 및 단열성능 등이 발휘되는지 등 파악이 필요하다. 또한 건물 운영 시에도 실시간으로 현황을 파악하여 에너지 낭비 및 건물의 이상 등을 면밀히 파악할 수 있다는 이점이 있다.

하지만 종래의 BEMS는 건물의 특성에 맞추어 개별적인 데이터 측정방식과 시스템을 개발 및 적용함으로써 실질적인 에너지 절감방안에 대한 의문이 제기되어 왔다. 이에 산업자원통상부는 KS 표준 규격(KS F 1800-1과 2)을 정함과 더불어 정부는 전세계의 탄소중립 목표에 발맞춰 ZEB 인증 시에 BEMS의 적용을 도입하고 있다.

2) BEMS의 구성

BEMS는 계측장비, 통신 및 제어장비, 가시화(모니터링)를 위한 하드웨어와 분석 및 관리 등 모니터링을 위한 소프트웨어로 구성되며 사용자의 요구에 따라 선택적으로 적용되어 왔다.

[표 1-BEMS 구성요소]

분류		내용
하드웨어	계측장비	전력량계, 유량계, 열량계, 온습도 센서, 풍속계, CO_2 센서, 재실감지 센서, 조도 센서 등
	통신·제어장비	계측정보 전송장치, 통신장치, 컨트롤러 등
소프트웨어	모니터링 장비	모니터, PC, Data 저장서버 및 분석 S/W, 알고리즘

표 1은 BEMS 구성요소의 하드웨어와 소프트웨어 항목이며, 일반적으로 에너지 사용량 계측을 위해 전력량계와 유량계, 열량계 등을 장치에 부착하여 데이터를 수집한다. 수집된 데이터는 서버에 보관되며, 분석 알고리즘을 통해 에너지 절감방안 등을 도출하게 된다.

[그림 2-하드웨어 장치 예시]

가. 계측정보 전송장치

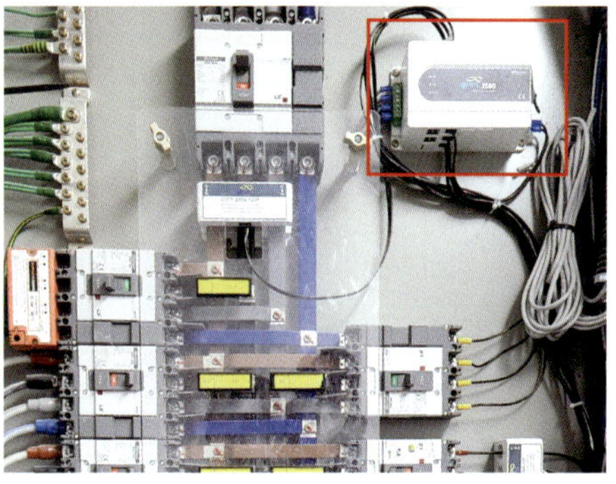

나. 전력량 계측기

다. 초음파열량계

라. 온습도 및 실내공기질 센서

마. 실내온도조절기(냉난방기연동)

바. 재실자 감지센서

하드웨어의 경우, 최근 무선통신을 통해 데이터 수집이 가능한 기기의 설치가 증가하고 있으며, 이를 통해 복잡한 공사 및 시공절차가 간소화되고 있다. 또한, 그림 2의 라) 온도·습도 및 실내공기질 센서, 마) 냉·난방기와 연동된 온도조절기, 바) 재실자 감지센서와 같이 실별 사용 환경을 파악할 수 있는 센서의 설치 역시 증대하고 있다. 이러한 실내환경 센서는 특히 무선 네트워크 통신 방식의 통합이 가능해지면서 안정적이고 높은 센서 성능으로 데이터 수집이 가능해졌다. 이에 스마트 오피스, 스마트 홈과 같은 무선 IoT 결합의 실내공간을 구축하고 BEMS와 연동하는 움직임이 활발하고, 에너지엑스 사옥은 무선 IoT와 BEMS를 연동하여 보다 성능이 향상되고, 실질적인 에너지 관리가 가능한 시스템을 구축하였다. 이렇게 무선 IoT를 통해 측정된 실내 환경 정보는 에너지 사용량과 종합적으로 분석되어 에너지 최적 절감방안 도출 및 무분별한 전력 사용을 미연에 방지할 수 있다.

소프트웨어의 경우, 최근 Cloud 및 네트워크 환경의 발전으로 현장의 로컬 PC 설치 대신 원격으로 BEMS를 관리할 수 있는 시스템에 대한 선호도가 높아지고 있다. 이에 로컬 PC에 대한 설치 및 비용적 감소하였으며, 이는 그 자체로도 탄소배출 저감이라는 효과를 얻을 수 있어 Cloud 형 BEMS의 도입이 활발해지고 있다. 에너지엑스 사옥 역시 무선통신 및 원격제어가 가능한 Cloud BEMS를 도입하고 있다. 또한 Cloud형 BEMS는 친환경 건축 및 설비 제어 전문가가 원격으로 분석 및 제어를 실시할 수 있어 실시간 이상 및 알림 등에 대응하는 것이 가능하다. 더불어 현장에 있는 건물 관리자와 협업하여 사용자에게 건물을 쾌적하고 친환경적인 환경으로 제공할 수 있다.

2. BEMS 상세 기능

기존의 BEMS는 정해진 규격 없이 업체의 기술 수준에 따라 설치되어 왔다. 그로 인해 일각에서는 BEMS의 실질적인 에너지 저감효과에 대한 경각심을 일깨우는 의견이 지속적으로 제기되어 왔다. 이에 산업통상자원부는 BEMS 국가표준 제정안을 고시하였으며, 이와 더불어 정부의 건축제도의 강화에 맞추어 BEMS의 설치기준, 기능, 성능 등에 대한 요구 수준이 향상되었다. 표 2는 ZEB 인증 시에 요구되는 BEMS의 상세 기능을 나타낸 것이다.

[표 2-BEMS 개념]

구분	기능	내용 및 설치 기준
1	데이터 수집 및 표시	획득 수집한 건물에너지 소비 및 관련 데이터를 알기 쉽게 컴퓨터 화면 등을 통해 표시하는 기능
2	정보감시	운영자가 에너지 소비에 관한 기준값이나 에너지 사용설비의 운전범위 등을 입력할 수 있어야 하며, 입력값과 실제 운영결과를 비교하여 운전범위나 기준값을 벗어나는 경우 이를 운영자에게 알려주는 기능을 제공. ① 기준값 및 운전범위 입력 기능, ② 입력값과 운영결과 비교 기능, ③ 경보발령 기능
3	데이터 조회	운영자가 원하는 기간 동안의 건물에너지 소비 및 관련 데이터와 정보를 표 또는 그래프로 제공하는 기능 ① 일정 기간의 정보 조회 기능, ② 기간별 정보 조회 기능, ③ 2개 이상의 기간별 정보 동시 조회 기능
4	에너지 소비현황 분석	운영자가 건물에너지 소비현황을 쉽게 파악할 수 있도록 하는 분석 기능 ① 에너지원별 소비량, ② 석유환산톤으로 환산한 1차 에너지 소비량, ③ 용도별 소비량, ④ 수요처별 소비량, ⑤ 이산화탄소 배출량, ⑥ 에너지 소비 원단위, ⑦ 최대 전력수요, ⑧ 건물에너지 효율 수준, ⑨ 에너지 소비 절감량 및 절감률
5	설비의 성능 및 효율 분석	운영자가 건물에서 운용되는 각종 설비의 운전 상태와 성능을 쉽게 파악할 수 있도록 하는 기능 ① 설비의 성능, ② 설비의 효율
6	실내외 환경 정보 제공	기후와 실내 환경 등 건물에너지 소비와 밀접한 관련이 있는 항목에 관한 정보 제공 기능 ① 외기의 온도와 습도, ② 실내 공기의 온도와 습도, ③ 실내 공기 중 CO_2 농도, ④ 실내 조도
7	에너지 소비예측	에너지를 절약하고 건물과 설비의 계획적인 운영에 도움을 주기 위하여 건물의 에너지 소비량을 예측하는 기능
8	에너지 비용 조회 및 분석	건물의 에너지 소비에 따른 비용 분석 정보의 제공을 위한 기능 ① 에너지 비용 체계 선택, ② 에너지 비용 단가 수정, ③ 기간별 에너지 비용 조회, ④ 예상 에너지 비용 조회
9	제어시스템 연동	자체적으로 제어기능을 수행하거나, 그렇지 못한 경우에는 건물자동화시스템과 연동하여 자동으로 제어하는 기능을 제공

표 2의 9가지 항목은 ZEB 인증 시 BEMS의 필수 기능으로 한국에너지공단과 같은 운영기관으로부터 본인증이 필요하다.

건축물의 에너지 수집 방법으로는 BEMS와 원격검침이 있으나 원격검침은 BEMS와 달리 '데이터 수집 및 표기', '데이터 조회', '에너지 소비현황 분석', '에너지비용 조회 및 분석' 등 기본 데이터 수집 기능을 중심으로 구축된다. 반면 BEMS의 경우 상세 계측과 더불어 '설비의 성능 및 효율 분석', '제어시스템 연동', '실내외 환경 정보 제공'과 같은 기능이 필수적이다.

그림 3은 상세 BEMS의 구성도를 나타낸 것으로, 기상정보와 같은 실외 영향인자와 내부의 실내온습도 등을 바탕으로 모니터링, 분석, 관리의 내용을 Web 화면상에 조회, 리포트, 알람 기능 등으로 표출할 수 있다. 더불어 BAS Building Automation System 과 연계하여 공조 및 열원 시스템의 운전현황과 에너지 사용량을 수집할 수 있으며 장치의 이상을 감지할 수 있으며, 제어 신호를 제공할 수 있다.

[그림 3 – 건물 에너지 관리시스템 구성도]

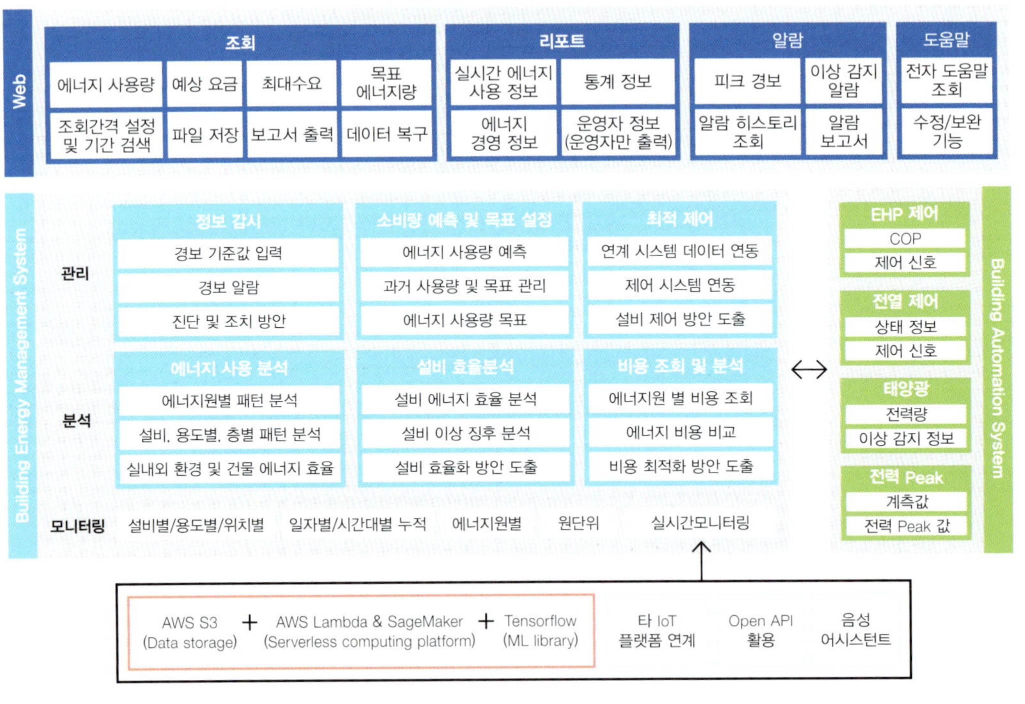

1) 데이터 수집 및 모니터링

BEMS에서 수집하는 데이터는 TCP/IP 통신 및 다양한 Open API와 결합하여 통합 DB를 구축하게 된다. 구축된 데이터는 가공 및 통계분석을 실시하고 운영 과정에서 시스템 관리자와 설비팀에 분석 결과를 제공하게 된다. 이를 데이터 수집현황, 통신현황, 실시간 모니터링 등의 표 3의 기능에 부합하도록 표출하고 있으며, 실제 구축된 BEMS의 화면 구성을 예시로 BEMS의 항목별 기능에 대한 이해를 돕고자 한다.

그림 5는 실제 에너지엑스 사옥에 설치된 BEMS의 홈 화면예시로 데이터 모니터링을 바탕으로 건물의 에너지 사용량, 자립률, 발전량 예측 및 에너지 사용비율 등의 내용을 종합적으로 나타내고 있다. 또한 공지사항 및 알림 기능을 통해 건물 내부에서 이상 및 고장 발생 시 건물 관리자에게 실시간 알림을 제공한다.

[그림 4－BEMS의 데이터 구성도]

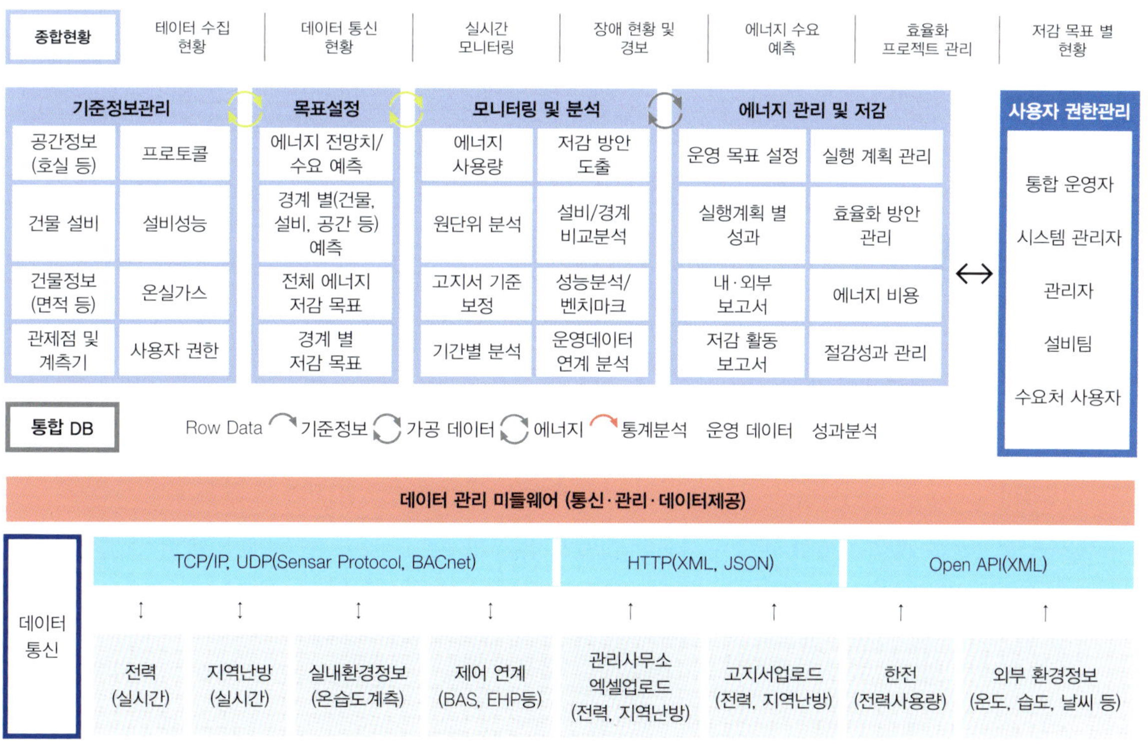

[그림 5-BEMS 대시보드 홈 화면: 데이터 모니터링 기능 예시]

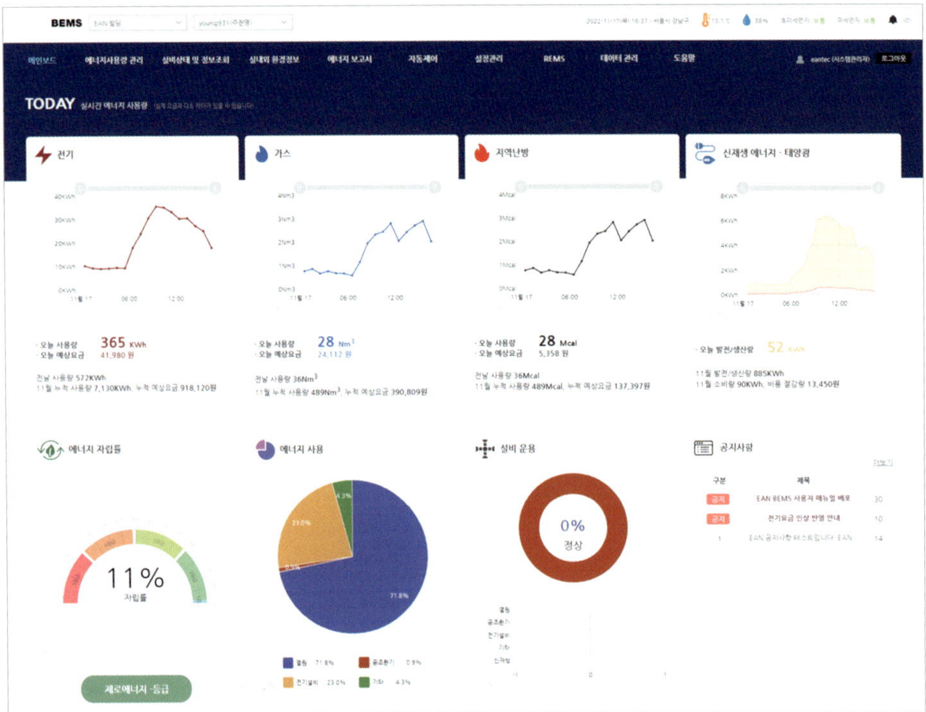

2) 에너지 소비현황 분석 및 사용량 관리

BEMS는 구체적인 데이터 모니터링 항목으로 에너지 상세 소비현황 분석 및 사용량 관리가 가능하다. 건물 전체의 에너지 사용 비율 및 에너지원 현황은 그림 6과 같은 에너지 흐름도를 통해 한 번에 파악할 수 있다. 에너지 흐름도는 실시간 에너지 사용량을 반영하여 평소와 달리 에너지 사용량이 증가하고 있는 설비 및 에너지원에 대해 파악할 수 있다.

에너지 사용량 모니터링은 크게 에너지원별 사용량, 에너지 용도별 사용량, 수요처별 사용량으로 분류하며 건물 전체의 에너지 사용량을 각각 다른 방식으로 파악 및 분석할 수 있다.

그림 7은 에너지엑스 사옥에 설치된 BEMS 화면의 예시로 에너지 사용량을 '에너지원별, 용도별'로 확인할 수 있다. 에너지원은 전력, 가스, 유류, 지역 냉·난방과 같이 건물에서 소비하는 에너지를 분류하여 파악할 수 있으며, 용도별 사용량은 냉방, 난방, 급탕, 환기, 조명, 전열과 같이 건물의 내부에서 어떠한 용도로 에너지가 사용되는지 파악하기 위한 분류체계이다.

[그림 6-에너지 흐름도]

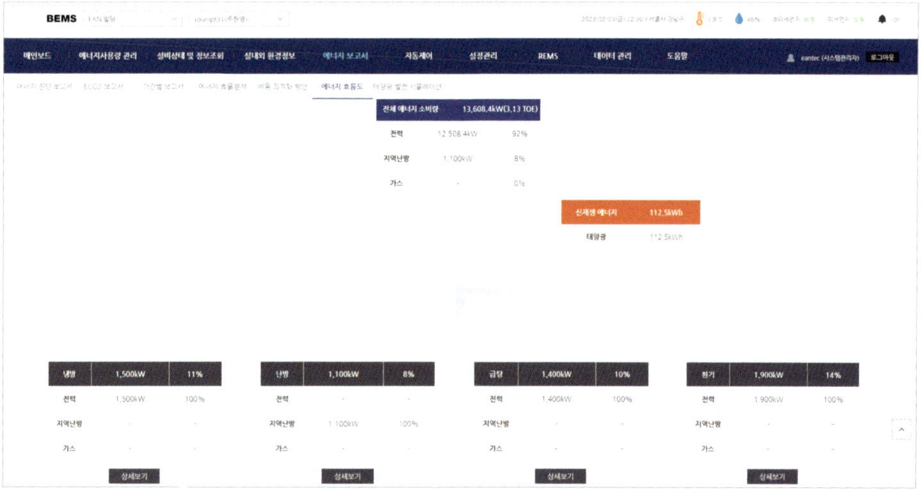

[그림 7-에너지 소비현황 모니터링]

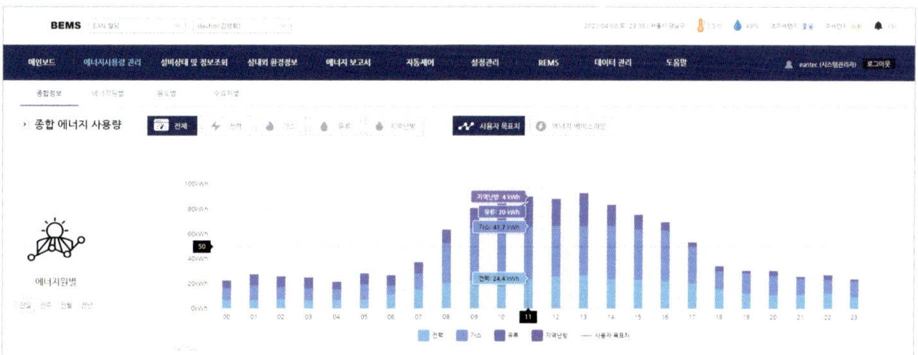

[그림 8-수요처별 에너지 소비현황]

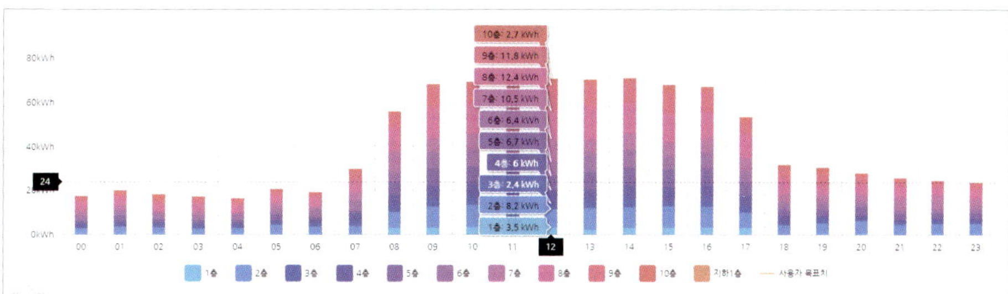

[그림 12-에너지 비용 예측 및 관리]

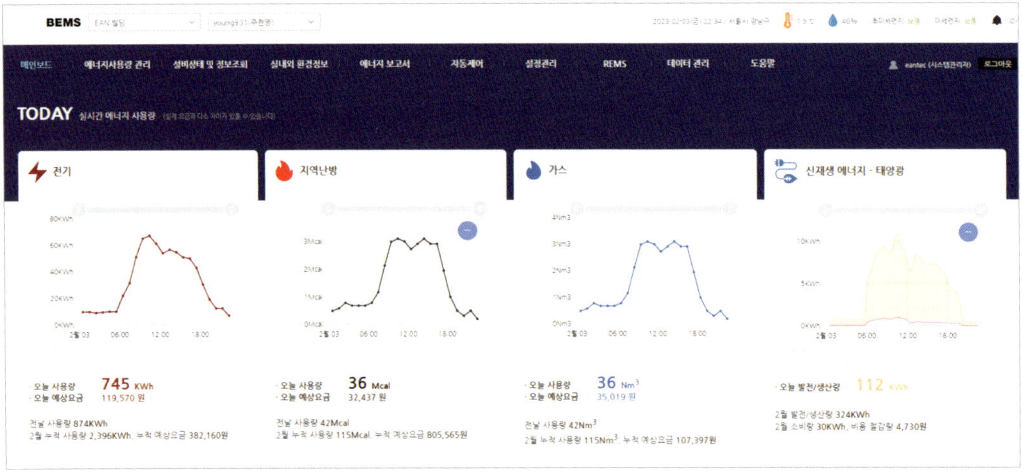

사용량과 비용에 대한 예측은 물론이고, 전일, 전월, 전년동일 대비 증감량과 함께 비교하고 있어 건물 관리자와 사용자가 지속적으로 건물의 에너지를 관리할 수 있도록 정보를 제공한다.

4) 설비 성능 및 효율 분석

BEMS에서 제공하는 주요 기능 중 하나인 표 2의 다섯 번째 기능, 설비의 성능 및 효율 분석 기능은 건물의 수명 연장 및 에너지 성능 관리에 있어 가장 중요한 기능 중 하나라 할 수 있다. 기존의 BEMS에서는 설비의 효율을 분석하기 위해서 다른 시뮬레이션 프로그램의 도입이 필요했다. 하지만 최근에는 데이터 기반의 성능 예측 및 분석이 가능해짐으로써 BEMS에서 보다 손쉽게 열원 및 공조시스템의 성능을 파악할 수 있게 되었다. 에너지엑스 사옥의 BEMS는 높은 정확도 기반의 인공지능 모델을 적용하여 열원 및 공조시스템의 성능 및 효율을 파악할 수 있다.

그림 13은 인공지능 알고리즘을 접목하여 실제 BEMS에서 설비 장치별 효율 및 성능을 분석하여 표출하고 있는 에너지엑스 사옥의 BEMS 화면의 예시이다. 효율을 측정할 수 있는 경우 실제 효율과 인공지능 모델에서 예측한 효율을 비교하여 장치의 이상 등을 판단할 수 있게 된다. 장치에 이상이 발생할 경우 건물관리자에게 즉각적인 알림을 제공하기 때문에 건물의 지속

[그림 13 – 설비성능 및 효율 분석의 BEMS 화면 예시]

용도	설비종류	설비명	설비번호	사용량(kWh)	효율(%)	측정효율(%)	설비상태
냉방	EHP	7층 EHP 실외기	7층 EHP 실외기	50.8	91	94	정상

관제점명	관제값 유형	관제값	상세	조치방법	데이터수신율/오류발생률
7층 EHP 실외기 전력소비량	연료소비량	–	연료소비량 상태입니다. 정상 조건 범위 (1~30)		0 % / 0 %
7층 EHP 실외기 전류	전류	18.28	전류 정상상태입니다. 정상 조건 범위(1~100)	전류값 이상, 장비운전 중단 후 조치 확인	100 % / 0 %

적인 관리를 통한 수명 연장이 가능하게 된다.

이상 본 것과 같이 최근 인공지능 모델의 발달과 더불어 건물의 에너지 성능 분야에 인공지능의 접목과 알고리즘 개발이 활발하게 이루어지고 있다. 이러한 알고리즘은 Cloud형 BEMS에 손쉽게 적용될 수 있어 복잡하고 어려운 시뮬레이션을 대체할 수 있게 되었다.

5) 실내외 환경 정보

BEMS에서 제공하는 또 하나의 기능으로는 실내외 환경 정보가 있다. 건물은 실외 기후 환경에 따라 그 운영에 영향을 미친다. 일례로 그림 14는 외기온도에 따른 건물의 냉난방 에너지 소비량의 상관관계를 나타낸 것이다. 우리나라는 사계절이 뚜렷하고 여름과 겨울의 기온차이가

[그림 14–외기온도와 건물의 냉난방 에너지 소비량 상관관계]

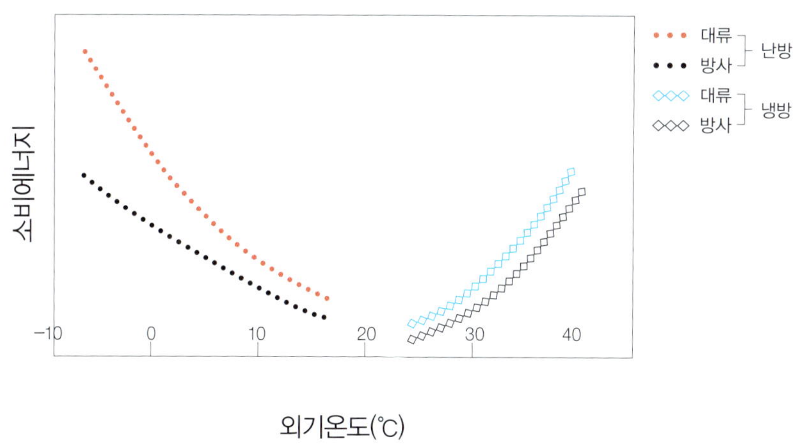

심하다는 계절적 특성이 있다. 이에 여름철 외기온도가 높아질수록 냉방 시 소비에너지가 증가하고, 겨울철 외기온도가 낮아질수록 난방 시 소비에너지가 증가한다. 이러한 극단적인 실외환경의 기후조건은 건물의 설계 및 냉난방 장치에 직접적인 영향을 미치게 된다. 이에 BEMS에서는 외기 온도 조건에 따른 건물의 에너지 소비량을 실시간으로 확인할 수 있어야 한다.

[그림 15－IoT 실내환경 센서를 통한 스마트공간 구축]

[그림 16－실내외 환경과 에너지 소비량 분석의 BEMS 화면 예시]

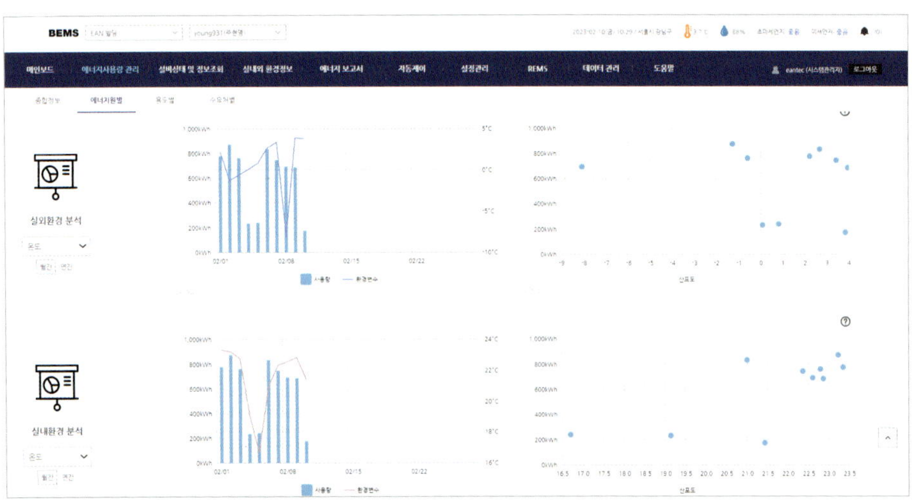

더불어 실내환경의 경우 건물의 사용자에게 직접적인 영향을 미치므로 사용자들은 직접적으로 냉·난방기의 온도와 같은 운전제어를 실시하게 된다. 예를 들어 여름철 실내 습도가 높을 경우 냉·난방기의 '제습모드'로 운전을 실시하거나, 기존보다 낮은 온도로 냉방을 실시하게 된다. 이처럼 실내의 온도 및 습도는 냉난방기 제어와 직접적인 관련이 있으므로 BEMS에서는 실외환경과 더불어 실내환경과 에너지 소비량 분석을 실시하고 있다.

실내환경의 경우 최근 통신 및 센서 기술의 발달로 건물에 무선 IoT의 도입이 활발해지고 있다. 특히 재실자에게 가장 민감한 실내공기질을 상시 모니터링하여 쾌적한 실내환경을 제공하고자 하는 움직임이 활발하다. 예를 들어 이산화탄소 농도가 기준치를 상회할 경우, 전열교환기가 가동되고, 실내 습도가 일정 기준치보다 낮을 경우, 가습기를 가동시킬 수 있다. 그림 15와 같이 무선 IoT의 도입은 스마트한 공간 구축과 더불어 에너지 사용량에 직접적인 영향을 미칠 수 있다.

그림 16은 실내외 온도 및 습도와 관련하여 에너지 소비량을 분석하는 에너지엑스 사옥의 BEMS 화면예시이다. 실내외 환경과 에너지 소비량 분석을 통해 정량적이고 객관적인 근거 기반의 에너지 사용량 분석이 가능하다.

6) 에너지 관리 분석 보고서 및 알림

에너지 소비량 예측부터 분석기능의 결과를 BEMS에서는 주기별 보고서 형태로 제공하고 있다. 보고서 내용으로는 에너지 소비량 외에도 이산화탄소 배출량 및 신재생에너지 발전량을 통한 건물 전체의 에너지 자립률 등을 산출한다. 그림 17은 에너지엑스 사옥의 BEMS에서 제공되는 월별 에너지 보고서의 화면으로 간단한 에너지 사용량 진단부터 분석, 신재생에너지 발전량 및 자립률까지 건물에 맞춘 정보를 제공하고 있다.

[그림 17 – 월별 에너지 보고서]

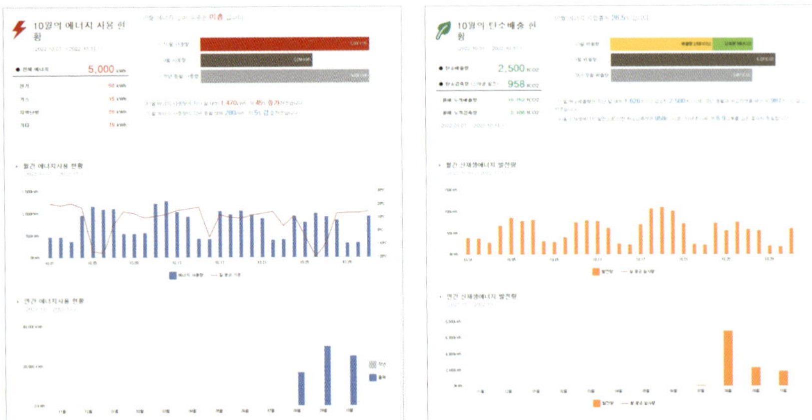

[그림 18 – 실내외환경 계측 결과를 접목한 에너지 분석 알림]

BEMS는 월별 에너지 보고서 외에도 실시간 및 일별 에너지 사용량 알림을 제공하고 있다. 그림 18은 실시간 알림 및 일별 에너지 낭비 등에 관한 분석 결과를 알림 형태로 제공하는 에너

지엑스 사옥의 BEMS 화면의 사례이다. 건물 및 설비 등에 관해 이상 및 고장 등이 발생할 시 신속하게 대응할 수 있도록 한다.

7) 제어시스템 연동

마지막으로 BEMS 인증 기준의 항목으로 시스템과의 제어 연동이 필요하며, 그림 19는 에너지엑스 사옥에 설치된 BEMS 내에 설비 장치의 제어 연동 화면의 예시이다. 냉난방 장치, 조명, 전열 기구 등과의 제어가 가능하며 원격으로 해당 장치들의 전원 및 상세 제어가 가능하다.

[그림 19 – 설비 및 시스템 제어연동]

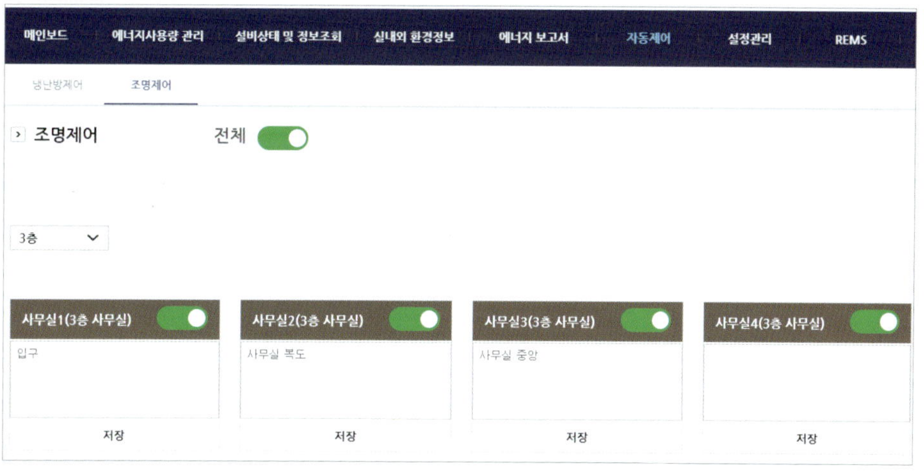

3. BEMS 상세 적용현황

제로 에너지 건축물 인증 시 필요한 건물 에너지 관리시스템의 인증 항목 9개에 대해 상세히 알아보았으며, 이러한 기능은 제로 에너지 건물의 수명 증대 및 지속적인 관리를 위한 필수 항목이라 할 수 있다.

표 3은 에너지엑스 사옥의 건물 에너지 관리시스템의 인증기능 및 고도화를 실시한 적용현황을 요약한 것이다. 인증을 위한 기본 9가지 기능을 충족함은 물론이고, 기존의 BEMS 기능을

보완하고 최신 기술 발전에 대응하여 고도화·정밀화된 BEMS를 적용하고 있다.

앞으로의 BEMS는 에너지 사용량 모니터링 기능을 넘어 데이터 기반으로 건물의 에너지 성능을 예측하고 지속적으로 관리하기 위하여 오프라인 정보를 온라인화하는 필수 시스템이 될 것이다. 에너지엑스 사옥은 건물의 전생애주기에 걸쳐 제로 에너지 건축물 운영을 위해 고도화된 BEMS를 도입하였다. 설계시점부터 지속적인 운영관리까지 원격 및 정밀 관리가 가능하도록 설계된 BEMS를 활용하여 지속적인 제로 에너지 건축물의 효과를 기대할 수 있을 것이라 생각된다.

[표 3-에너지엑스 사옥의 BEMS 적용현황]

항목		필수 기능 요구사항	이행여부 체크	고도화 내용
1	데이터 수집 및 표시	• 대상건물에서 생산·저장·사용하는 에너지를 에너지원별(전기/연료/열 등)로 데이터 수집 및 표시	√	
2	정보감시	• 에너지 손실, 비용 상승, 쾌적성 저하, 설비 고장 등 에너지 관리에 영향을 미치는 관련 관제값 중 5종 이상에 대한 기준값 입력 및 가시화	√	
3	데이터 조회	• 일간, 주간, 월간, 연간 등 정기 및 특정 기간을 설정하여 데이터를 조회	√	
4	에너지 소비현황 분석	• 2종 이상의 에너지원 단위와 3종 이상의 에너지 용도에 대한 에너지 소비현황 및 증감분석	√	에너지원 단위 5종, 에너지 용도 5종 계측
5	설비의 성능 및 효율 분석	• 에너지 사용량이 전체의 5% 이상인 모든 열원설비 기기별 성능 및 효율 분석	√	
6	실내외 환경 정보 제공	• 온도, 습도 등 실내외 환경정보 제공 및 활용	√	실내·외 환경정보 기반의 에너지 소비량 상세 분석
7	에너지 소비예측	• 에너지 사용량 목표치 설정 및 관리	√	목표치 관리를 위한 AI 모델 적용
8	에너지 비용조회 및 분석	• 에너지원별 사용량에 따른 에너지 비용조회	√	에너지 비용예측을 위한 AI 모델 적용
9	제어시스템 연동	• 1종 이상의 에너지 용도에 사용되는 설비의 자동제어 연동	√	EHP 및 조명 원격 제어 연동

6

설계 검증을 위한 ECO2 시뮬레이션

1. 설계 검증을 위한 ECO2 시뮬레이션 프로세스

제로 에너지 건축물 인증 1등급 목표에 맞춰 설계한 건축, 기계/전기설비, 신재생에너지 요소가 건축물 에너지 효율등급인증 1++등급 이상, 제로 에너지 건축물인증 1등급을 충족하는지 확인하는 마지막 검증 단계이다. 설계 검증은 ECO2 시뮬레이션 프로그램을 활용하여 다음과 같이 진행하였다.

[설계 검증을 위한 ECO2 시뮬레이션]

평가도서 작성	외피전개도(건축) 작성
	배관길이(기계) 작성
	조명밀도계산기(전기) 작성

평가항목 입력 및 입력존-기계설비 연결	개요
	열관류율
	입력존
	입력면
	조명에너지부하율
	공조처리
	난방기기
	난방공급시스템
	난방분배시스템
	냉방기기
	냉방분배시스템
	신재생 및 열 병합
	존별 냉난방방식, 냉난방공조기기 선택
확인 및 개선	등급용1차소요량, 에너지 자립률 확인 및 개선 필요여부 검토

2. 평가도서 작성

건축, 기계/전기, 신재생관련 기본 도서가 작성되었다면, 해당 도서를 기반으로 인증 평가 제출을 위한 추가 평가도서를 작성한다. 추가 평가도서는 외피전개도(건축), 배관길이(기계), 조명밀도계산서(전기)이다.

외피전개도는 에너지 요구량을 결정하는 Passive Design 성능 평가 항목이다. 건물 냉난방 부하를 결정하는 요소이므로 기본 도서를 검토하여 정확한 정보로 작성되어야 한다. 외피전개도는 층별 평면도 상에 계획된 실별 바닥면적을 작성하고, 입면도, 단면도, 형별성능내역, 단열계획도, 창호안내도 및 창호일람표를 참고하여 외벽, 창호, 지붕, 바닥의 면적을 구분하여 작성한다.

계기도서에서는 난방, 급탕 배관길이를 추가 작성한다. 난방, 급탕열원기기의 배관에서 발생하는 열손실을 계산하기 위한 항목으로 열원기기에서 실내 말단기기까지의 왕복길이를 계산한다. 난방배관길이를 평가하는 열원기기는 히트펌프, 냉온수기, 지역난방열교환기, 중앙식 보일러이다. 히트펌프는 최대배관길이(실외기에서 가장 먼 실내기까지의 편도거리)를 추가 계산한다. 히트펌프는 다른 열원기기와 달리 배관에 별도의 순환펌프가 설치되지 않으며, 실외기와 실내기간의 배관길이가 길어지면 냉난방 효율이 떨어지므로 제품 용량 및 모델에 따라 최대로 설치할 수 있는 길이가 정해져 있다.

전기도서에서는 실별 조명밀도계산서를 추가 작성한다. 외피전개도에서 작성된 실별 바닥면적 기준으로 ECO2 시뮬레이션 상의 조명에너지부하율에 기입되어 평가된다. 조명기구상세도와 전등설비평면도를 참고하여 실별 바닥면적에 해당하는 조명기기의 수량을 파악하고 조명기기별 소비전력을 계산한다.

[외피전개도(지상 1층 평면도)]

[난방 및 급탕 배관길이 계산서]

난방 및 급탕배관 길이 내역서

(주)에너지엑스 사옥

배관그룹	용도	열원기기명	위치	설치형태	공급배관 길이(m)	환수배관 길이(m)	비난방	외부
3	난방배관	100AM(빨강)1	해당층	입상배관	19.50	19.50	19.50	
			B1F	수평배관	11.78	11.78	11.78	
			외부	수평배관	7.90	7.90		7.90
							62.56	15.80
			공급, 환수배관 총길이		78.36		최대수평	8.82
							총 최대	36.22
4	난방배관	120AM(노랑)11	해당층	입상배관	15.60	15.60	15.60	
			1F	수평배관	26.47	26.47	26.47	
			외부	수평배관	7.68	7.68		7.68
							84.15	15.37
			공급, 환수배관 총길이		99.51		최대수평	18.60
							총 최대	41.89
5	난방배관	160AM(청록)16	해당층	입상배관	7.80	7.80	7.80	
			3F	수평배관	28.76	28.76	28.76	
			외부	수평배관	11.80	11.80		11.80
							73.13	23.59
			공급, 환수배관 총길이		96.72		최대수평	22.46
							총 최대	42.06
6	난방배관	180AM(주황)18	해당층	입상배관	-	-	-	
			5F	수평배관	41.96	41.96	41.96	
			외부	수평배관	8.38	8.38		8.38
							83.93	16.76
			공급, 환수배관 총길이		100.68		최대수평	25.41
							총 최대	33.79
7	난방배관	200AM(연두)12	해당층	입상배관	15.60	15.60	15.60	
			1F	수평배관	40.71	40.71	40.71	
			외부	수평배관	8.92	8.92		8.92
							112.62	17.85
			공급, 환수배관 총길이		130.46		최대수평	21.62
							총 최대	46.14
8	난방배관	120AM(하늘)13	해당층	입상배관	11.70	11.70	11.70	
			2F	수평배관	26.98	26.98	26.98	
			외부	수평배관	10.54	10.54		10.54
							77.36	21.07
			공급, 환수배관 총길이		98.43		최대수평	18.54
							총 최대	40.78
9	난방배관	120AM(파랑)15	해당층	입상배관	7.80	7.80	7.80	
			3F	수평배관	27.59	27.59	27.59	
			외부	수평배관	11.93	11.93		11.93
							70.79	23.85
			공급, 환수배관 총길이		94.64		최대수평	18.44
							총 최대	38.16
10	난방배관	180AM(초록)17	해당층	입상배관	3.90	3.90	3.90	
			4F	수평배관	41.65	41.65	41.65	
			외부	수평배관	10.09	10.09		10.09
							91.09	20.17
			공급, 환수배관 총길이		111.26		최대수평	23.87
							총 최대	37.86
11	난방배관	200AM(보라)14	해당층	입상배관	11.70	11.70	11.70	
			2F	수평배관	41.06	41.06	41.06	
			외부	수평배관	11.34	11.34		11.34
							105.53	22.68
			공급, 환수배관 총길이		128.20		최대수평	21.85
							총 최대	44.89

[조명밀도 계산서]

[에너지엑스 사옥] 조명밀도계산서

층	실명	바닥면적	조명밀도	조명합계	A타입	B타입	C타입	D타입	E타입
					40	40	15	12	12
지하1층	계단실(중앙)	16.07	1.87	30			2		
	방재실/계단실	15.68	1.91	30			2		
	화장실(여)	6.05	3.97	24				2	
	화장실(남)	5.25	6.86	36				3	
	DT매장	120.49	6.64	800	17	3			
	메인홀	66.55	2.34	156					13
	방풍실	7.36	3.27	24				2	
지상1층	계단실(중앙)	16.58	1.81	30			2		
	복도	86.33	3.75	324				27	
	계단실	16.10	1.86	30			2		
	화장실(남)	13.42	3.58	48				4	
	화장실(여)	9.23	5.20	48				4	
	101	44.34	5.41	240	5	1			
	102	42.68	5.62	240	5	1			
	103	41.38	8.70	360	8	1			
	104	114.07	3.86	440	10	1			
	105	43.08	5.57	240	5	1			
	106	44.73	5.37	240	5	1			
	107	47.68	5.03	240	5	1			
	청소도구실	2.12	5.66	12				1	
지상2층	계단실(중앙)	16.58	1.81	30			2		
	복도	86.71	3.76	324				27	
	계단실	16.10	1.86	30			2		
	화장실(남)	13.76	4.36	60				5	
	화장실(여)	9.01	7.99	72				6	
	201	44.43	5.40	240	5	1			
	202	42.68	5.62	240	5	1			
	203	41.38	8.70	360	8	1			
	204	114.07	3.86	440	10	1			
	205	43.08	5.57	240	5	1			
	206	44.73	5.37	240	5	1			
	207	47.68	5.03	240	5	1			
	청소도구실	2.12	5.66	12				1	
지상3층	계단실(중앙)	16.58	1.81	30			2		
	복도	94.50	3.43	324				27	
	계단실	16.10	1.86	30			2		
	화장실(남)	13.76	4.36	60				5	
	화장실(여)	9.01	7.99	72				6	
	301	55.17	10.88	600	14	1			
	302	124.39	3.54	440	10	1			
	303	43.08	5.57	240	5	1			
	304	44.73	5.37	240	5	1			
	305	47.67	5.03	240	5	1			
	청소도구실	2.12	5.66	12				1	
지상4층	계단실(중앙)	16.58	1.81	30			2		
	복도	94.75	3.17	300				25	
	계단실	16.10	1.86	30			2		
	화장실(남)	13.76	4.36	60				5	
	화장실(여)	9.01	7.99	72				6	
	401	126.44	5.06	640	14	2			
	402	43.08	5.57	240	5	1			
	403	44.73	5.37	240	5	1			
	404	47.68	5.03	240	5	1			
	청소도구실	2.12	5.66	12				1	
지상5층	계단실(중앙)	16.58	1.81	30			2		
	복도	94.87	2.91	276				23	
	계단실	16.10	1.86	30			2		
	화장실(남)	13.76	4.36	60				5	
	화장실(여)	9.01	7.99	72				6	
	501	111.40	5.75	640	14	2			
	502	44.73	5.37	240	5	1			
	503	47.58	5.03	240	5	1			
	청소도구실	2.12	5.66	12				1	
평균조명밀도			4.69	11,872					

3. ECO2 시뮬레이션 분석 프로세스 진행

추가 평가도서 작성이 완료되면, 평가 항목들을 ECO2 시뮬레이션 프로그램 구성에 맞춰 순서대로 기입 또는 선택한다.

1) 개요: 대상 지역, 건물 용도 선택

2) 열관류율: 형별성능내역 작성

3) 입력존: 입력존(평가 실) 생성, 사용프로필, 바닥면적, 천장고, 열저장능력, 열교가산치, 침기율(입력면 생성 후 기입) 기입

4) 입력면: 입력존별 외벽, 바닥, 지붕, 창호의 형별, 면적, 방위 기입 또는 선택

5) 조명에너지부하율: 입력존별 단위면적당 조명밀도 기입

6) 공조처리: 환기설비(공기조화기, 환기조화기, 전열교환기, 급/배기팬 등)

7) 난방기기: 난방, 급탕열원기기(전기/가스/지열히트펌프, 보일러, 온수기, 지역난방 등)

8) 난방공급시스템: 실내공급기기(히트펌프/팬코일유니트 실내기, 보일러 등)

9) 난방분배시스템: 난방배관길이

10) 냉방기기: 냉방열원기기(전기/가스/지열히트펌프, 냉동기, 냉온수기 등)

11) 냉방분배시스템: 냉수, 냉각수 순환펌프 계열 사양, 공급범위 입력

12) 신재생 및 열병합: 태양광/열, 열병합, 지열히트펌프

13) 입력존별 냉난방방식, 냉난방공조기기 선택

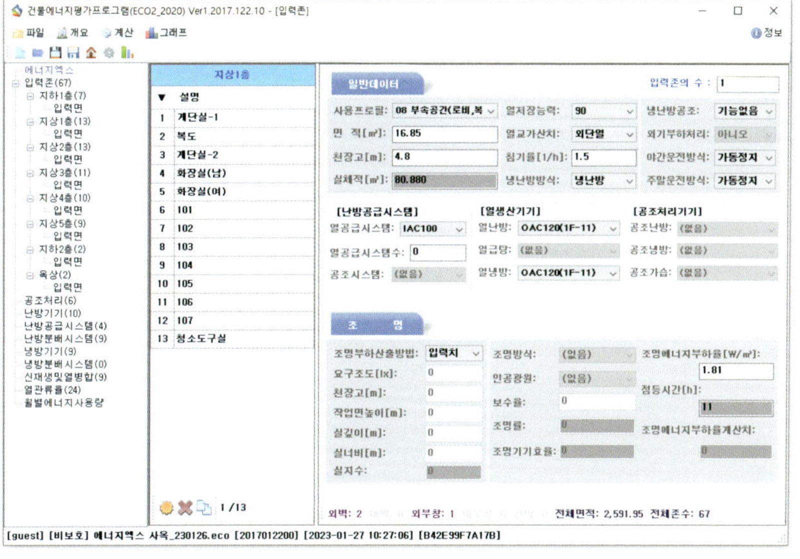

4. 결과 확인

평가 항목을 모두 기입하였으면 에너지요구량 및 소요량을 계산하여 결과 그래프를 확인한다. 건축물 에너지 효율등급인증 평가 기준인 등급용1차소요량 합계 1++등급 이상, 제로 에너지 건축물인증 평가 기준인 에너지 자립률이 100% 이상인지 확인한다.

에너지엑스 사옥은 건축물 에너지 효율등급 예비인증 기준 등급용1차소요량은 -29.3kWh/

$m^2 \cdot yr$, 에너지 자립률은 118.0%로 제로 에너지 건축물인증 1등급 기준을 만족하는 결과를 확인했다.

결과그래프

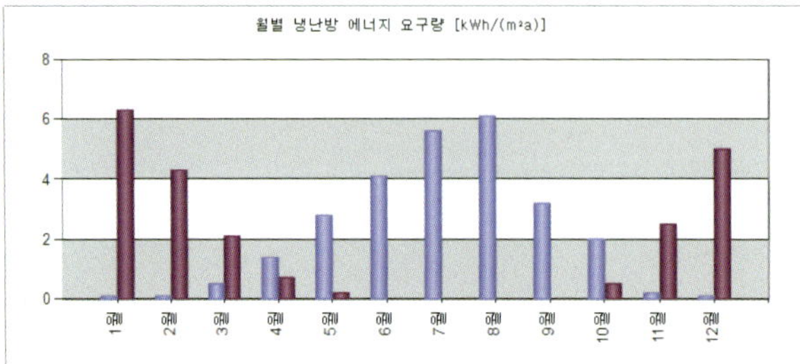

비주거	1월	2월	3월	4월	5월	6월	7월	8월	9월	10월	11월	12월
난방	6.3	4.3	2.1	0.7	0.2	0.0	0.0	0.0	0.0	0.5	2.5	5.0
냉방	0.1	0.1	0.5	1.4	2.8	4.1	5.6	6.1	3.2	2.0	0.2	0.1

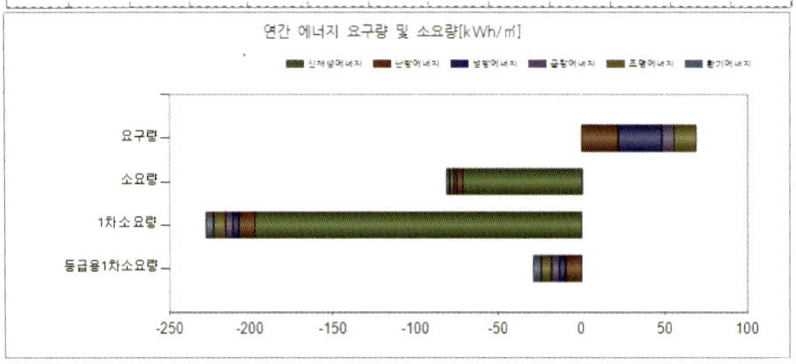

	신재생에너지	난방에너지	냉방에너지	급탕에너지	조명에너지	환기에너지	합계
요구량	0.0	21.6	26.1	7.5	13.3	0.0	68.5
소요량	-71.7	-3.6	0.3	-1.7	-2.7	-1.7	-9.4
1차소요량	-197.2	-9.8	-3.8	-4.6	-7.5	-4.7	-30.4
CO2발생량	0.0	-1.7	-0.6	-0.8	-1.3	-0.8	-5.2
등급용1차소요량	0.0	-9.8	-3.8	-4.6	-6.1	-4.7	-29.0

에너지자립률(전체): 118.2 %　단위면적당 1차에너지생산량(대지내): 197.2　단위면적당 1차에너지소비량 : 166.8

에너지자립률(대지외): 0.00 %　단위면적당 1차에너지생산량(대지외): 0.0

<메세지>

V. ZEB에 적용해 보는 BIPV

1
건축물 에너지 자립의 핵심요소, 태양광

제로 에너지 건축은 피할 수 없는 큰 파도다. 인류의 지속가능한 성장을 위해서 탄소중립은 달성해야 하는 목표이며, 에너지 전환, 산업의 스마트화, 친환경 자동차 등이 기후변화를 늦추는 방법론으로 진행되고 있다. 건축 분야는 제로 에너지 건물을 통해 탄소중립을 실현하고 있으며, ZEB가 우리에게 미치는 영향의 정도는 매우 크고 밀접하다. 우리는 건물에서 건물로, 다시 건물로 이동하며 살아가기 때문이다. 이 글을 읽고 있는 나의 일상을 되돌아 보자. 아침에 아파트에서 일어나 회사로 간다. 사무실에서 일하다 점심 먹으러 식당으로 가고, 커피숍도 들른다. 다시 사무실에서 일하다 외부 고객사에 미팅하러 가고, 현지 퇴근하거나 집으로 돌아온다.

대부분의 시간을 건물 안에서 보내고 잠깐 이동하는 패턴이 반복된다. 그만큼 건축물에서 보내는 시간이 길고 생활하는 동안 쾌적하게 시간을 보내기 위해서는 에너지 사용도 많아지게 된다. 우리 몸이 36.5℃를 유지해야 되니, 숨만 쉬어도 에너지를 소비하고 탄소 배출도 많아지게 된다. 탄소중립을 하고는 싶은데 건물은 그게 말처럼 쉽지가 않다. 우리가 살아가는 건물은 내구연한이 길기 때문이다. 자동차는 10년을 타는 데 비해, 건물은 40년 이상 사용하기 때문에 계획하고 설계할 때부터 에너지를 적게 쓰는 형태로, 나아가서는 에너지를 사용하지 않는 형태로 만들어야 한다.

처음 셋팅setting부터가 중요하고, 그래서 제로 에너지 건축 의무화가 시행되는 것이다. 그런데 의무화라는 것이 시장에 충격을 주는 일이다. 기존에 하지 않았던 일에 대해서는 다소간의 저항이 발생한다. 그래서 시장의 충격을 완화하기 위해 단계적으로 의무화가 진행되며, 통상은 공공 영역에서 먼저 문을 열어주는 역할을 담당한다.

이러한 수순으로 공공 건축물은 이미 2020년에 의무화가 시행되었고, 민간 건축물은 2025년에 의무화를 앞두고 있다. ZEB제로 에너지 건축 의무화가 이루어지면, 인증받지 않는 건물을 지을 수는 없다. 대상이 되는 모든 건물은 ZEB 인증을 확보해야 한다.

[ZEB 인증 기준]

기준 1	건축물 에너지 효율등급인증 1++ 이상	**건물 에너지 해석 프로그램(ECO2) 평가** • 주거용: 90 kWh/m^2 · yr 미만, • 비주거용 : 140 kWh/m^2 · yr 미만
기준 2	에너지 자립률 20% 이상	**건물 에너지 해석 프로그램(ECO2) 평가** • 건물에서 소비하는 에너지 중 신재생에너지 생산량 비율
기준 3	BEMS 또는 원격검침전자식계량기 설치	**체크리스트 평가항목별 적용여부 판단** • 에너지 소비량을 계측, 실시간으로 관리하는 시스템

ZEB 인증 기준은 3가지이다. 인증 기준 중 건축물 효율등급 1++ 이상, BEMS 설치의 조건은 의무사항으로 등급에 영향을 주는 요소가 아니다. 더 높은 수준의 건축물 효율등급과 고 스펙High Spec.의 BEMS를 적용한다고 해서 등급이 높아지지 않는다는 이야기다.

등급에 영향을 주는 요소는 에너지 자립률이다. 에너지 자립률이 높아질수록 ZEB 등급은 높아지고, 등급에 따른 인센티브도 높아진다. 지구단위계획 등 다양한 제약조건이 있지만, ZEB

인증조건 하에서 용적률, 높이 상향 등 건축기준 완화 조건을 추가적으로 상향하기 위한 방법은 에너지 자립률을 더 확보하는 것이다. ZEB 등급 상향에 따른 시공비 증가 등 부담스러운 상황이 온다해도, 인센티브 확보로 추가 확보할 수 있는 수익을 감안한다면 비용증가와 건축기준 완화의 Trade-off를 생각해 볼 만하다.

[ZEB 등급별 건축기준 완화]

ZEB 등급	에너지 자립률	용적률, 높이 완화
1등급	에너지 자립률 100% 이상	15% 상향
2등급	에너지 자립률 80% 이상 ~ 100% 미만	14% 상향
3등급	에너지 자립률 60% 이상 ~ 80% 미만	13% 상향
4등급	에너지 자립률 40% 이상 ~ 60% 미만	12% 상향
5등급	에너지 자립률 20% 이상 ~ 40% 미만	11% 상향

〈출처〉 제로 에너지 건축 인증시스템(한국에너지공단)

문제는 어떻게 에너지 자립을 할 것인가이다. 에너지 자립을 위해서는 제로 에너지 건축의 기법을 적극적으로 활용해야 한다. 우리가 다이어트를 할 때 운동과 식이조절을 반드시 병행해야 하듯이, 건축물의 에너지 자립을 위해서는 에너지를 적게 필요로 하는 구조로 건물의 체질 개선부터 진행해야 한다. 만약 건물이 에너지를 계속해서 많이 사용하고 있는데, 재생에너지만 많이 공급한다면 자립률 확보에는 너무나 많은 자원이 필요하게 된다. 또한 필요한 에너지를 재생에너지만으로 공급해서 "Zero Energy" 상태를 달성하는 것도 현실적으로는 불가능하다.

밑 빠진 독에 물만 계속 채워넣는다고 일이 끝나겠는가. 건물의 체질 자체를 헤비급에서 경량급으로 바꾸어야 한다. 인간은 다이어트를 하면 바뀌는 것이 가능하지만, 건물은 다시 태어나는 방법 밖에 없다. 그래서 기획과 설계부터 잘해야 되는 것이다. 체질 자체를 바꾸려면 기본에 충실해야 한다. 건물을 만들 때부터 에너지 요구량이 최소화된 건물을 만들어야 한다.

ZEB 건축물은 패시브 설계기법을 적용해서 건물이 필요로 하는 에너지 자체를 줄일 수 있다. 일단 건물 자체의 크기, 형태, 위치를 정할 때 태양의 에너지를 충분히 활용할 수 있도록 한

[수요와 공급의 조화로운 접근방식]

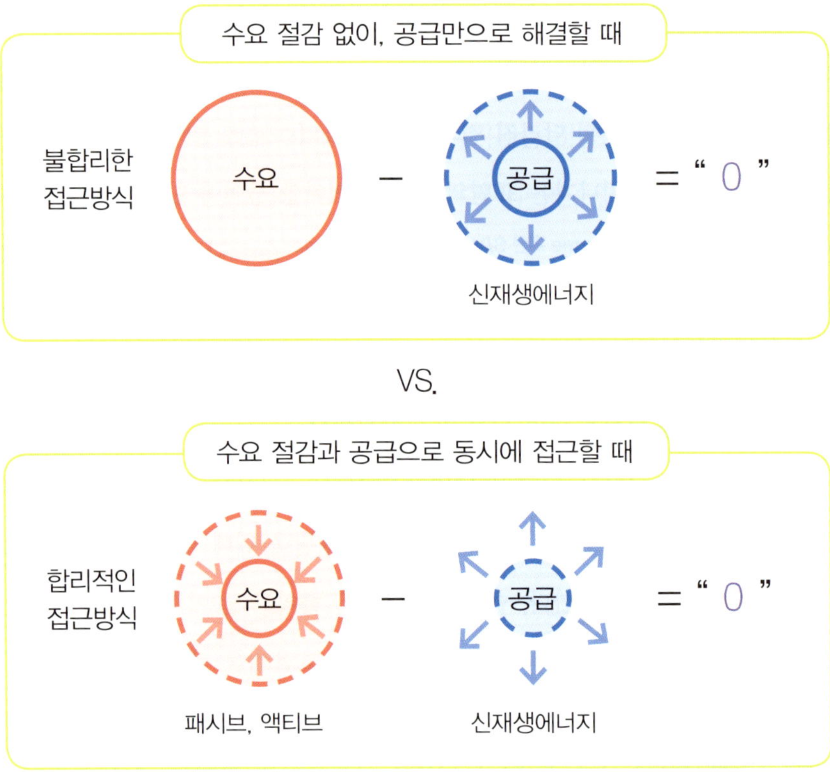

〈출처〉 에너지엑스

문제는 방법론이다. 건물에 사용되는 에너지를 어떻게 채울 것인가를 고민해야 한다. 과거 90년대에는 석탄, 석유가 건물 부문의 주력 에너지원이었다면, 지금은 전기, 가스가 주력이다. 가정에서 가스 소비가 많이 줄어들고 있는 추세이며, 이는 가스레인지나 가스보일러에서 나오는 일산화탄소 배출 우려로 설비가 인덕션레인지로 대체되는 경향이 반영된 것이다. 따라서 향후 전기화電氣化가 가속화된다면, 건물의 전력 사용량이 더 높아질 것이다.

우리의 생활 수준이 향상되고, GDP가 증가할수록 최종 가공된 에너지원인 전기를 많이 쓰는 형태로 생활습관의 변화가 진행되며, 도시가스보다도 전기의 편리성은 더 높다. 노트북, 패드, 핸드폰 등 모바일 기기가 많아지고 있는 추세를 볼 때 전력 사용량은 계속 증가할 것이다.

그러나 어떤 에너지든 사용 편리성에 비례하여 탄소배출도 많아진다. 최종 사용 단계의 편리성이 높아질수록 중간 변환 단계의 에너지 소비와 탄소배출이 필요하기 때문이다.

[건물부문 에너지 소비구조 변화]

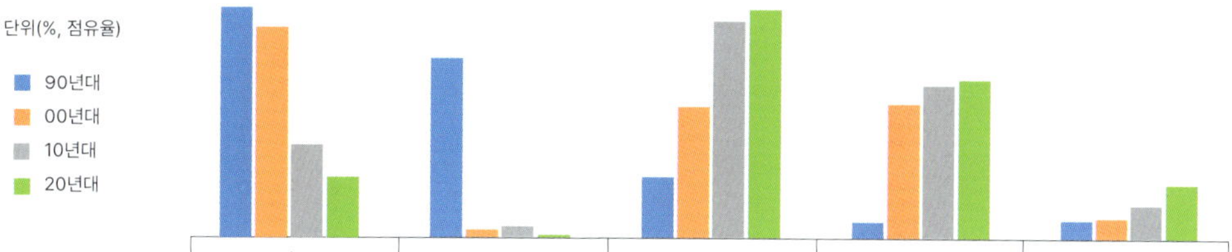

	석유	석탄	전력	가스	기타(재생E)
90년대	45.7%	35.5%	12.0%	3.2%	3.6%
00년대	41.8%	1.5%	26.0%	26.6%	4.0%
10년대	18.4%	2.1%	42.8%	30.2%	6.5%
20년대	12.1%	0.5%	45.2%	31.4%	10.7%

〈출처〉 에너지 첫걸음(에너지공단, 2022), 「건축물 에너지 효율등급 인증제도 운영규정」 별표3(한국에너지공단)

어떤 에너지원이 얼마나 탄소를 배출하는지 탄소배출량을 알아볼 수 있는 시스템은 여러 가지 있는데, 그중 대표적인 것이 "EG-TIPS, 에너지온실가스 종합정보 플랫폼"이다. 홈페이지에서 특정 케이스의 에너지 사용량을 입력할 경우 연료 사용량 당 얼마나 탄소배출이 되는지, 쉽게 알 수 있다.

[에너지 사용량과 탄소배출량 계산]

〈출처〉 EG-TIPS 에너지온실가스종합정보 플랫폼

원별 탄소배출계수는 1MWh의 전력을 생산할 때 배출되는 탄소의 배출량을 계산하는 비례 관계식이다. 현재 전력의 탄소배출계수는 0.4747[t-CO_2/MWh]이다. 전력 1MWh를 사용하면 탄소가 0.47톤이 배출된다. 우리는 숨쉬는 듯 자연스럽게 에너지를 사용하고 있고, 탄소도 비례해서 배출하고 있다. 컴퓨터 타자를 칠 때도, 핸드폰으로 통화를 하고 궁금한 것을 검색할 때도, 조명을 켜고 공부할 때도 전기는 알게 모르게 사용된다.

우리가 편리하게 사용하는 전기는 과연 어디서 오는 것인가. 전기의 주된 원재료는 화석연료다. 가공하지 않은 화석연료를 1차 에너지원이라고 하는데, 자연상태의 원료는 사용하기 힘들기 때문에 사용 편리성을 높이는 과정이 필요하며, 이 과정에서 많은 에너지가 버려진다. 원료를 채굴, 운송, 적재, 발전, 송전, 배전하는 길고 긴 에너지 가공, 변환 과정에서 많은 손실이 발생한다. 석탄이나 가스 등 연료를 사용하여 전력을 생산하는 경우를 볼 때 발전, 송전과정에서 전체 에너지 중 62.4%의 손실이 발생한다. 전기를 소비하는 입장에서는 전부를 사용한다고 생각하고 있지만, 사실은 전체의 37.6%만 사용하며, 우리가 전력 스위치를 켜기 전에 이미 손실

[1차 에너지 환산계수의 의미]

구분	1차 에너지 환산계수	비고
연료	1.1	
전력	2.75	변환 손실 62.4%
지역난방	0.728	
지역냉방	0.937	

※ 1차 에너지 환산계수≒최종 전달에너지를 원료 수준으로 역산 (1÷0.376≒2.75)

석탄·가스 등 연료를 사용하여 전력을 생산하는 경우,
발전 및 송전 과정에서 약 60%의 전력손실이 발생한다.

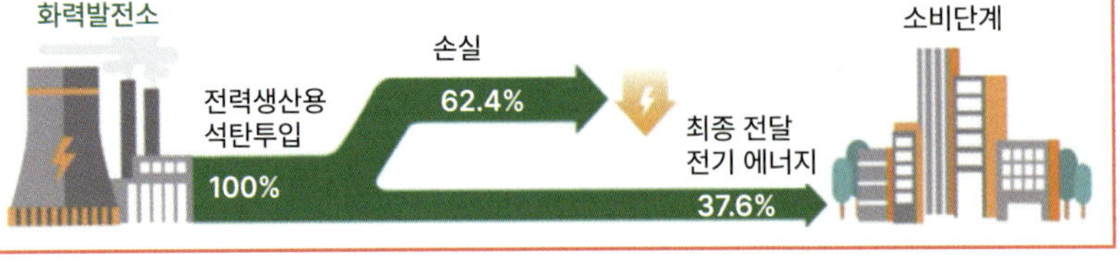

〈출처〉 에너지 첫걸음(에너지공단, 2022), 「건축물 에너지 효율등급 인증제도 운영규정」 별표3(한국에너지공단)

은 발생하고 있다. 즉 100%의 에너지를 사용하기 위해서 사용량보다 훨씬 많은 에너지를 투입하고, 또한 중간과정에서 버리고 있다.

실제 사용되는 최종 전달에너지를 자연상태의 원료 수준으로 역산逆算하는 개념이 1차 에너지 환산계수이다. 37.6을 얻는데, 100을 넣었다면, 100을 얻으려면, 얼마를 넣어야 되는가라는 의문을 해결하는 개념이다. "37.6 : 100 = 100 : X"라는 개념으로 비례식을 풀어보면, 265.9 정도의 값이 나온다. 전력의 1차 에너지 환산계수는 2.75이므로 37.6의 값에 1% 정도 손실을 더해서 36.4 정도로 계수를 조정하면 이에 근접한 값을 얻게 된다. 다시 말하면, 우리가 최종적으로 전달받는 에너지에 추가적인 최종 수요처 손실분 1% 정도를 감안하여 원료 수준의 에너지를 환산했다는 이야기가 되고, 궁극적인 소비단에서 100의 에너지를 사용하려면 최초의 공급단인 자연에서는 275의 에너지를 입력해야 한다는 의미가 된다.

우리는 1(100%)의 전기 에너지를 얻기 위해서 2.75(275%)의 자연 에너지를 사용해야 하는 비효율을 안고 살아가는 존재다. 얼마나 큰 낭비이며, 이 과정에서 배출되는 탄소의 양은 또 얼마나 될 것인지 고민스러운 부분이다. 특히 건축물은 한번 에너지 사용 방법이 결정되면, 수십 년간 설정된 방법을 바꾸는 것이 현실적으로 쉽지 않고, 동일한 방법으로 비효율을 반복하는 특성이 있다.

다행스럽게도 건축물에서 탄소배출 저감방법이 아주 없는 것은 아니다. 전력을 공급받을 때 많은 손실과 복잡한 과정을 거쳐 전달받는 경로를 모두 제거하면 된다. 즉, 수요처에서 직접 필요한 전력 100을 확보하기 위해 공급단계에서 275를 입력하는 것이 아니라, 수요처에서 직접 100을 입력해서, 100을 사용하면 된다. 이것이 분산전원의 정신이며, 지산지소地産地消의 개념이다.

비슷한 예로 로컬푸드 운동이 있다. 우리가 살아가는데 직접적으로 필요한 먹거리, 농산물도 중간 유통이나 장거리 운송을 거치면 탄소배출량이 증가하기 때문에 소비지의 반경 50km 이내에서 생산된 식품만 먹자는 개념이다. 생산부터 소비까지 유통 전 과정에서 만들어지는 이산화탄소를 줄여보자는 활동인데, 가까운 곳에서 생산된 식품은 중간과정의 탄소배출이 줄어든다.

사실 식품보다도 건물이 필요한 전력 수급과 연계된 탄소배출이 고민이다. 우리 생활 속의 전기 의존도가 매우 높기 때문이다.

핸드폰에 중독된 삶처럼, 사실 전력에 의존성이 상당하다. 따라서 전력이 필요한 곳에서 직접 전력을 생산하기 위한, ZEB의 자립률이 중요해진다. 자립을 위해서 전기, 열을 바로 생산하는 재생에너지원을 건물에 직접 설치해야 하는데 이때 우선적으로 검토대상이 되는 것이 태양광PV이다. 태양광은 여러 신재생에너지원 중에서 전기를 수요처에서 직접 생산할 수 있는 귀한 에너지원이다.

태양광 발전장치는 1차 에너지 환산계수가 높고, 가공과정이 복잡한 전력을 필요한 곳에서 직접 생산해서 소비할 수 있는 장점이 있다. 다른 재생에너지원에 비해 유지보수가 쉬운 에너지원이기도 하다. 태양열, 연료전지, 지열 등 다른 재생에너지원의 경우 열을 순환하기 위한 펌프 등 부속 설비가 필요하여 시스템이 복잡한 데 비해, 태양광 발전은 기계적 가동부가 없이 필요한 운전을 실시한다는 것이 장점이다. 실제로 태양광 발전을 가까이에서 보면, 주의를 기울이지 않는 이상 아무 일도 일어나지 않는 것처럼 조용하다.

조금 과장해서 이야기하자면, 내연기관(엔진) 차를 타다가 전기차(모터)를 타는 것처럼 느낌이 없다. 물론 조금 타다 보면 익숙해진다.

태양광 발전은 주의를 기울여 들어보면 인버터에서 직류를 교류로 변환하는 소리가 조금 들리는 정도다. 타 에너지원에 비해 조용하다. 또한 연료공급이나 다른 보조 구성요소가 필요하지 않은 것도 장점이다. 그러나 태양광이 완벽한 에너지원은 아니다. 에너지 변환효율이 낮아 충분한 에너지를 얻기 위해서는 넓은 면적이 필요한 것, 햇볕이 비치지 않으면 발전되지 않고, 기상 상황에 영향을 많이 받는 것은 태양광의 단점이다.

타 에너지원들도 건축물에 적용하기에는 적합하지 않은 단점들이 존재한다. 태양열을 예로 들면 태양광을 열로 변환하는 집열기와 모아진 열을 저장하는 축열조 사이에도 다양한 세부 시스템이 들어간다. 동절기에 냉매가 얼지 않도록 부동액도 넣어줘야 하고, 열교환기, 순환펌프 등 직접 가동부에 대한 관리가 요구된다.

연료전지도 마찬가지이다. 연료전지는 특히 수소를 개질改質, reforming하는 작업이 선행되어야 한다. 개질은 천연가스(CH_4), 석탄, 석유 등 탄화수소계 화석연료에서 각종 촉매 반응을 통해 수소를 얻어내는 과정이다. 열과 전기를 동시에 생산할 수 있는 장점이 있으나, 지속적으로 수소 연료를 공급해야 하는 단점이 있으며, 생산되는 수소 자체도 화석연료에서 추출되는 것을

[신재생에너지 종류와 건물에 적합한 에너지원 특성]

신에너지	연료전지(열+전기), 수소에너지(화학), 석탄가스(화학)
재생에너지	태양광(전기), 태양열(열), 바이오매스(열), 소수력(전기), 해양(전기), 풍력(전기), 지열(열), 폐기물(열+전기)

원별 특성	태양광	태양열	지열 냉난방 시스템	연료전지
기축 설치 여부	◎ 기축 건물에 설치 가능	◎ 기축 건물에 설치 가능	× 기축 적용시 천공 시공 필요	○ 기축 적용시 가스 배관 시공 필요
건물 적용 위치	◎ 지붕/옥상/벽면에 설치 가능	○ 지붕과 옥상에 설치 가능	△ 건축물 지하에 설치	○ 환기 잘 되는 곳에 설치
자연 조건	◎ 남향 위주 설치 필요, 음영시 출력저하	○ 음영 없는 곳 일조시간 확보	○ 열전도도 높은 토양을 가져야 함	◎ 가연성 물질이 없는 곳
안전성	○ 폭우 시 침수 피해 과열시 화재 우려	○ 진공관에 과도한 힘을 가하면 파손 우려	△ 지표물질 유입, 부동액 유출 우려	△ 수소 누출 시 수소폭발 가능성
설치비 (100kW 기준)	PV 150만 원/kW BIPV 400~700만 원/kW (지붕~벽면)	120만 원/m^2	129만 원/m^2	1,984만 원/m^2
수명	○ 20~25년	○ 20~25년	◎ 30~50년	△ 8~10년
발전량 (단위생산)	○ 1,358kWh/kW·yr	△ 745kWh/m^2·yr	△ 864kWh/kW·yr	◎ 7,415kWh/kW·yr
종합효율	○ 13~16%	△ 40~50%	△ COP 3.45 이상	◎ 70~80%
유지보수	○ 보수 접근성 좋음/주1회 일상점검	△ 진공관형 고장 잦음 일일 1회 일상점검	◎ 배관 및 열교환 탱크 보수 필요	× 일반인 운영 어려움 정비 접근성 떨어짐
디자인 다양성	◎ 다양한 색상과 투과도를 구현 가능	△ 집열 패널 모양만 고를 수 있음	-	-

〈출처〉 에너지엑스

감안하면 진정한 신재생에너지의 의미가 퇴색되며, 유지관리의 어려움도 배가倍加된다.

건축물에 적용되는 재생에너지원은 건물이 요구하는 성능을 갖추어야 한다. 그 성능과 기능은 건물의 어느 곳에나 설치 가능해야 하며, 자연재해에 안전하고, 수명이 길며, 효율이 높고, 유지보수가 용이하면서, 적용 시 외부에서 설비가 보이지 않거나, 외부에서 보인다면 심미성이 높아야 한다는 점이다. 이 모든 조건을 충족하는 재생에너지원은 없다. 에너지원에 따라 설치 위치가 제한적이고, 연료공급 라인이 확보되어야 하며, 심미성이 떨어지기도 한다. 그러나 기술은 발전하고 있기에 개선의 여지는 존재한다.

건축물에서 요구되는 에너지 자립률과 각 에너지원 간의 장단점을 고려할 때 우선적으로 건물에 적용할 수 있는 에너지원은 태양광이다. 심미성을 제외하면 건축물에 요구되는 대부분의 필요 조건을 만족시킬 수 있기 때문이다. 따라서 건축물의 다양한 곳에 태양광은 선순위로 적용되고 있다.

사실 건축물의 외관에 보이는 모든 부위에 태양광은 부착될 수 있다. 우리가 주위에서 일반적으로 접하는 모습은 지붕(①), 천창, 캐노피(④)에 설치하는 것이다. 시공이 가장 쉽고, 발전량을 위해 태양광 패널의 설치 방향이나 각도를 조절할 수 있기 때문이다. 하지만 설치된 태양광

[태양광의 건물 부착 부위]

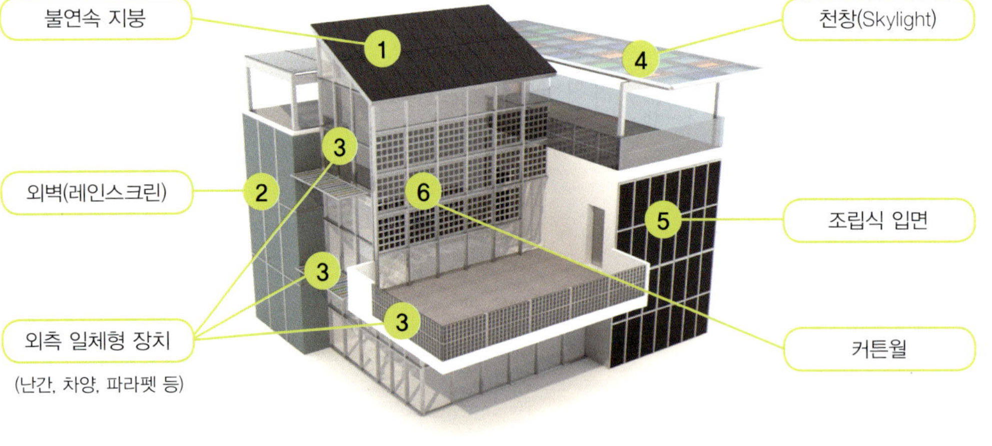

〈출처〉 Building Integrated Photovoltaics: A practical handbook for solar buildings' stakeholders (SUPSI, status report 2020)

이 건물과 별개로 존재하는 것과 같은 느낌을 받기 쉽기 때문에 심미성이 떨어지는 점은 아쉽다. 또한 지붕이나 천창은 빗물에 대한 방어가 가장 중요하다. 빗물은 지붕의 경사면을 타고 흐를 때 단열재에 스며들어 단열성능을 훼손하고, 지붕의 무게를 높일 수 있기 때문이며, 천창에는 빗물이 고여 있을 수 있다.

그래서 외장이 마감된 지붕과 천창은 이에 대한 충분한 대비를 가지고 설치되는 경우가 대부분이다. 그런데 완벽한 상태의 지붕과 천창에 다시 태양광 설비를 설치하자면, 지붕을 뚫거나 클램프로 잡아서 설치해야 하는데, 체결이 파손되거나 모듈이 이탈할 수도 있고, 구조물이 탈거될 가능성도 있다. 또한 경사가 낮을 경우 단기적으로는 눈이 쌓일 수도 있고, 먼지가 축적되어 효율이 저하될 가능성도 있다. 따라서 지붕과 천창에 설치된 태양광 시스템은 빗물의 침투를 차단해야 하며, 혹시 침투된 빗물에 대해서도 흘려 보낼 수 있도록 해야 한다. 또한 건조 혹은 배수 촉진의 기능을 태양광 시스템이 담으면서도 외장재 특유의 심미성과 성능을 갖춰야 하는 어려움이 있다.

외벽(레인스크린(②), 입면(⑤), 커튼월(⑥))에 설치하는 구조는 풍압, 기밀 성능이 우선적으로 중요하다. 기본적으로 수직 설치되는 외벽의 구조를 생각할 때 빗물은 일차적으로 표면을 따라 흐르거나, 마감재 뒤에 설치된 차수막을 따라 흘러내린다. 물방울이 맺힌다면 설치 타입에 따라, 연돌(굴뚝) 효과를 기대할 수 있다. 기류가 좁은 틈을 따라 올라갈 때 물방울도 상승기류를 타고 증발하는 효과가 있기 때문이다. 외장재의 역할을 태양광 모듈이 겸하고 있다면, 충분히 기존 외벽의 기능도 대체하는 것이 가능하다. 단, 이 경우에는 외벽이 시각적으로 잘 보일뿐더러, 건물의 특징을 나타내는 얼굴파사드, Facade로서 태양광 모듈이 기능해야 하므로 심미성에 대해 깊은 고민이 필요하다. 파사드는 건물의 얼굴이고, 정면이며, 출입구로서 동작하기 때문에 건축물의 인상을 결정짓는 매우 중요한 요소이다.

특히 건축사는 설계에 있어서 파사드 디자인을 양보할 생각이 전혀 없다. 건축가의 자존심 문제이기 때문이다. 여기에 태양광이 부착될 경우, 건물 입면이 건축주나 설계사가 의도한 효과를 내지 못할 수 있으므로, 이 경우 기본적인 외장재 기능 외에 심미성이 가장 중요한 요소가 될 수 있다. 이와 동시에 외장재로서 가져야 할 기밀, 수밀, 내풍압 등 기능도 충실히 갖춰야 하므로 고민은 더욱 깊어진다.

기타 외측에 일체화(③)하여 설치하는 난간, 차양, 파라펫의 경우는 기능적인 측면이 강하므로, 기존 기능을 대체하는 것이 이 부위에 적용되는 태양광의 주된 역할이다.

자립률 이슈로 인해 건축물의 태양광 설치는 필수적인 영역으로 자리잡아 가고 있다. 적용은 필수인데, 건물 외장재 기능과 심미성, 발전 효율, 태양광에 대한 일반 인식 등 해결해야 할 문제가 산더미이다.

기존에 태양광을 건물에 부착하는 시도는 태양광 발전 기술이 나오는 순간부터 존재했다. 단지 건물보다는 일반 토지를 사용하는 것이 시공상 편리했기 때문에, 유휴부지를 일부러 구하는 것보다는 임야 등 경사진 지형을 활용하는 것이 경제적이기 때문에 건물보다는 토지에 바로 설치하는 방식이 먼저 발전했다.

[태양광 발전 적용부위 변천사]

〈출처〉 에너지엑스, 경상일보

그러나 토지에 태양광을 설치하기 위해서 치러야 할 대가가 너무 크다. 임야의 수목을 제거하고 제대로 토목공사도 하지 않은 상태에서 시공을 하다 보니 자연재해에 취약한 약점이 있었다. 기후변화로 예기치 못한 폭우, 폭설, 강풍 등이 몰아칠 때 부실하게 지어 놓은 태양광 패널이 날아가서 마을을 덮치고, 토사가 유출되어 배수로를 막아 빗물이 역류하면서 물난리가 나는 등 피해가 속출했고, 태양광에 대한 매우 좋지 않은 인식이 형성되었다. 인식이 좋지 않다 보니 여러 가지 오해가 싹트기도 했다. 대표적인 사항이 빛 반사로 인한 눈부심, 전자파 발생, 패널 중금속 검출, 소음, 화재 위험 등이다.

기본적으로 태양광 패널은 빛을 많이 흡수해야 하기 때문에, 표면 유리에 반사방지 코팅AR, Anti-Reflective 기술을 적용하는 것이 일반적이다. 일반 유리, 플라스틱의 반사율 8~10%보다는 작은 수준의 반사율인 5% 정도가 태양광 패널의 빛 반사 수준이다. 이 부분에 대해서 워낙 많은 오해가 있어서 한국화학융합시험연구원, 한국에너지공단 등 전문 기관에서 다양한 정정 자료를 배포한 상태이다. 전자파에 대해서도 많은 걱정이 존재하는데, 사실 위험하기는 우리가 사용하는 오븐이나 전자레인지가 더 위험하다. 국립전파연구원 등에서 조사한 주요 생활기기별 전자파 비교 자료를 참고했을 때, 전자레인지의 전자파는 2.46uT마이크로테슬라 수준이며, 태양광 인버터의 전자파는 0.76uT 수준이다. 태양광에서 나오는 전자파는 인체 보호 기준인 6.25uT의 12%에 불과하다. 그리 위험하지 않다는 이야기이다. 그리고 모든 전자파의 세기는 거리의 제곱에 반비례한다. 우리가 전자레인지나 오븐보다 태양광을 가까이하지는 않기에 위험하다고 이야기할 수는 없다. 중금속에 대해서는 우리나라가 엄격한 관리를 하고 있는데 크롬, 카드뮴 등이 포함된 태양광 패널은 있을 수가 없다. 유통, 통관 자체가 불가능한 가정이다. 소음도 마찬가지이다. 태양광 발전소 매매나 O&M을 위해 현장실사를 가면 인버터 소음을 유심히 들어본다. 태양광 인버터는 직류를 교류로 변환하는 스위칭 소음이 발생하는 것은 사실이지만, 가까이에서 들었을 때 집안의 냉장고 정도의 소음이다. 밤에는 태양광이 발전하지 않고, 낮에는 사람들이 민감하게 반응할 정도의 소음은 아니므로 크게 염려할 정도는 아니다.

그런데 이렇게 좋지 않은 인식이 생기게 된 계기는 무엇일까? 너무나 급속하게 태양광 전환이 일어나다 보니, 임야를 훼손하면서까지 공사가 진행되다 보니, 역기능이 우리 주변 사람들에게 부각된 것으로 생각한다. 또한 향후 활용할 수 있는 토지에 태양광을 설치하게 되면 통상 20년 정도는 용도를 변경하기 어렵다. 발전소 설치에 대한 투자회수, 전력 판매에 대한 한전과의 장기(20년) 계약, 모듈의 내구연한 등을 감안하기 때문이다. 다행히 정부, 지자체에서 토지형 태양광의 역기능에 제동을 걸고 있으며, 규제, 조례 등을 강화하여 현재는 일반 토지에 사업을 진행하기가 쉽지 않은 상황이다.

[일체화되지 않은 태양광의 문제]

■ 경사 거치형

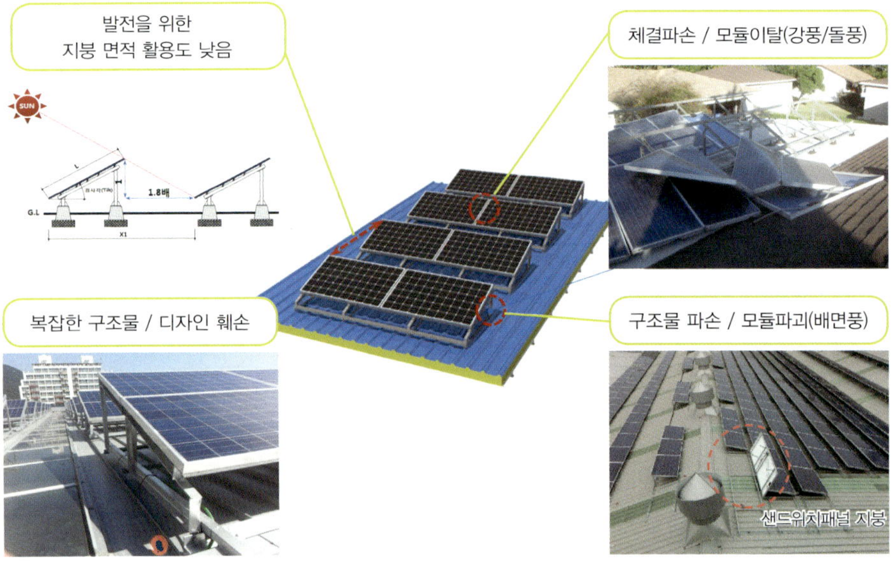

■ 지붕 밀착형

〈출처〉 ABM

그 이후 태양광 설치를 고려하게 된 곳이 건물 옥상, 공장 지붕이다. 공장, 물류창고의 지붕은 유휴부지이며, 이미 개발이 끝난 장소이기도 하다. 태양광을 위해 별도로 토지를 개발할 필요가 없으며, 설치를 위한 구조물만 구성하면 간단히 부착할 수 있다. 그러나 지붕 자체가 건물의 마감재로서 기능을 하고 있는데, 여기에 별도의 구조물인 태양광을 설치하다보니 외장재 본래의 기능을 상실할 가능성이 있다. 예상치 못한 미관 훼손, 모듈, 구조물 파손에 대한 위험, 구조물과 건물을 결합하는 과정에서 피치 못하게 발생하는 지붕 공사로 인한 누수 발생 등이 이슈로 떠오르게 되었다.

외장 마감 후 태양광 설치로 인해 디자인이 훼손되고, 지붕의 활용도가 낮아지는 이슈, 지붕에 고정한 체결 부위 손상, 변형이 초래하는 문제는 지붕에만 해당되는 것은 아니다. 지붕이든 벽체든 외장재와 단열, 구조체를 뚫는 순간 마감 자체가 가지는 기능의 저하는 피할 수 없다.

[체결 방식의 문제]

이러한 이슈를 극복하기 위한 방법론이 건물과 일체화된 태양광BIPV, Building Integrated Photovoltaic이다.

2
BIPV 정의와 종류

BIPV란 무엇인가. 일반 PV와의 차이점은 무엇일까. 건물의 에너지 자립률을 달성하기 위해서, 11가지 신재생에너지원 중에서 가장 우선적으로 검토하는 에너지원이 태양광이다. 유지보수, 사업비, 공사기간 등 여러 측면에서 강점이 있기 때문이다. 그런데 건물이 준공된 상태에서 태양광을 부착하는 것은 여러 가지 문제가 있다. 외장재 위에 태양광을 시공하기 때문에 기능 저하가 동반된다. 건물의 외장재는 마감을 담당하는데, 마감은 눈, 비, 바람 등 외부 환경으로부터 우리를 지켜주는 기능을 가져야 하고, 쾌적한 생활을 위해 단열성능도 확보해야 한다. 그런데 외피가 형성된 상태에서 또다시 태양광을 부착하면 원래 마감재가 가지는 성능 수준을 훼손할 수 있다. 마치 외투를 입었는데, 다시 외투를 입는 것과 같은 번거로움과 애로사항이 존재하는 느낌이다.

그런데 종래의 태양광 시스템은 건물 외부에 부착할 수밖에 없었다. 태양광 모듈과 건물 외장재를 일체화하는 기술이 충분히 발전하기 않았기 때문이다. 우리 주변에서 익히 봐왔던 건물의 태양광들은 대부분 모듈이 외벽과 별개로 붙어 있는 형태이다. 이런 설계, 시공방식은 필연적으로 외장재를 훼손하기 때문에 시간이 지나면 누수 문제가 발생할 가능성이 높고, 구조적으로 강풍에 취약하다.

이에 반해 외장재와 일체화된 태양광은 모듈이 외장재의 기능과 전력생산을 동시에 수행하며, 모듈 자체가 마감재로서 갖춰야 할 건축 성능을 확보한다. 일체화에 따른 안전성과 심미적 만족도 역시 주목해야 할 부분이다. 건물 일체형 태양광BIPV과 부착형 태양광BAPV, Building Attached Photovoltaic은 Q.C.D(품질, 비용, 일정) 측면에서 차별점을 가진다. 다 같은 태양광이라고 생각할 수 있지만, 건물과 결합되는 정도가 주는 차이는 오랜 기간 영향을 미칠 수 있다.

[일반 태양광(PV) vs. 건물 일체형 태양광(BIPV)]

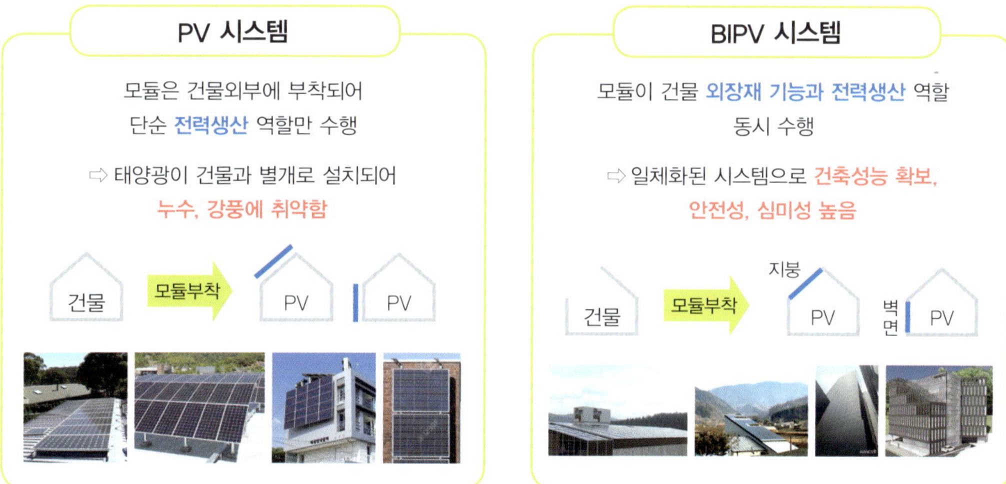

〈출처〉 에너지공단 신재생에너지 설비 지원 등에 관한 지침 기준

BIPV는 모듈 자체가 최종적인 외장기능을 겸하며, 건축 성능을 담당한다. 따라서 내풍압, 기밀, 수밀, 단열 등의 외장재로서 갖춰야 할 품질과 기능을 확보하고 있으며, 이에 대한 별도의 인증(KS C 8577, 건물일체형 태양광 모듈 성능평가 요구사항)을 만족해야 한다. BIPV를 위한 인증에서는 모듈이 건축물에 적용되어 건축자재 기능을 수행하는 부분과 전력생산을 수행하는 부분을 감안하여 외부 환경, 기후(비, 눈, 바람, 우박 등)로부터 건물 내부 사람과 재화의 보호, 기계적, 구조적 안전성을 확보하는데 주안점을 두고 있다. 따라서 BIPV 모듈은 기계적, 구조적 요

구사항을 만족할 것, 기본적인 기후요소로부터 보호될 것, 건축자재 기능과 동시에 건물 외형상의 미관을 고려할 것, 태양광 모듈 자체로서의 성능을 확보할 것 등이 필요 요건이다.

따라서 BIPV 인증시험에도 건물에 적용되는 환경 특성을 반영하여 고온 저항시험, 충격에 대한 저항성을 시험하는 구슬 낙하시험, 절단 취약성 시험, 내열시험, 화재에 대한 안전성을 위한 내화시험 등이 항목에 포함되어 있다.

또한 BIPV와 BAPV는 건물 외장과 체결되는 방식에도 큰 차이점이 존재한다. BAPV는 시스템의 형태가 건축물 외장 위에 덧대는 형태이며, 건물의 성능 라인을 담당하는 외장재의 외부에 다시 태양광 모듈을 설치하므로, 접합부의 고정을 위한 천공, 볼팅에 영향을 받은 점형, 선형 열교 발생, 누수 우려 등이 존재한다. 특히 열교heat bridge의 경우 단열재가 끊기거나, 단면이 손상된 부위, 철재 재료가 단열재를 통과하는 부분에서 발생한다. 재료에 따라 열이 통과하는 성질인 열관류율 값이 다르기 때문에 이질적인 재료를 쓴 부위에서는 열관류율 성능이 안 좋은 곳으로 집중적인 열 손실이 발생한다. 애써 제로 에너지 건축물을 지었는데, 열교에 대한 고려를 하지 않으면 열이 새어나가기 때문에 이 부분에 대한 대책이 절실하다. 태양광 구조물을 앵커anchor bolt로 부착할 경우 점형 열교가 발생하고, 각관이나 C형강 등으로 결합할 경우 선형 열교가 발생할 우려가 있다.

누수 또한 큰 우려사항이다. 태양광 구조물을 건물 외장재와 결합하고, 줄눈 방수를 위해 실리콘을 바르는데 완벽한 방수효과를 기대하기 어렵다. 실리콘은 열에 의한 변형이 발생하고, 경화되기 때문에 수 년에 걸쳐 반복적인 작업이 필요하다. 재작업할 때 실리콘이 경화된 채로 남아 있으면 깔끔하게 제거하기 어려울 수도 있다.

비용 측면에서는 이슈가 있다. 이론적으로는 비용 측면에서도 BIPV가 유리하지만, 실제로는 그렇지 않기 때문이다. BIPV는 지붕, 벽체 등 외장공사와 모듈공사를 동시에 수행하므로 공종을 통합할 수 있다. 지붕공사를 따로 진행하고, 태양광을 붙이기 위해 다시 지붕에 올라가는 수고를 덜 수 있고, 중복 공사를 예방할 수 있기 때문에 장비사용 비용이 절감되는 장점이 있다. 여기에 공사를 위한 자재비, 인건비가 지붕 시공, 태양광 시공을 위해 다시 들어가지 않는 것도 절감 요인이다. BAPV는 외장재가 있는 상태에서 태양광을 다시 설치하므로 비용이 2배로 소요된다.

그러나 현실은 다르다. BAPV 공사는 이미 규모의 경제에 도달했기 때문에 공사비가 충분히 저렴하지만, BIPV는 초기 시장이라 비용이 비쌀 수밖에 없다. BIPV 설치 시스템은 건축물마다 맞춤형 customized 설계를 해야 하며, 길지 않은 역사에 소량생산을 하고 있으므로 시공단가가 비쌀 수밖에 없다. 이미 감가상각이 끝난 설비를 사용하고, 규모도 충분한 BAPV와는 단가 경쟁이 어려운 상황이다. BIPV의 시공비가 낮아지기 위해서는 시간과 시장 규모의 성장이 필요할 것으로 생각된다.

[건물 태양광 종류에 따른 Q. C. D 차이]

구분	BIPV	BAPV
시스템 형태	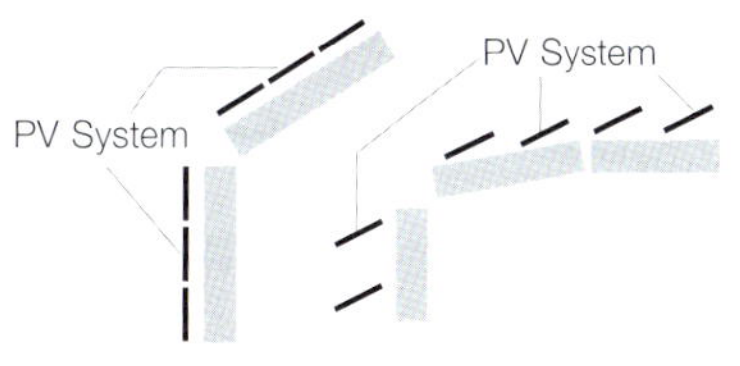	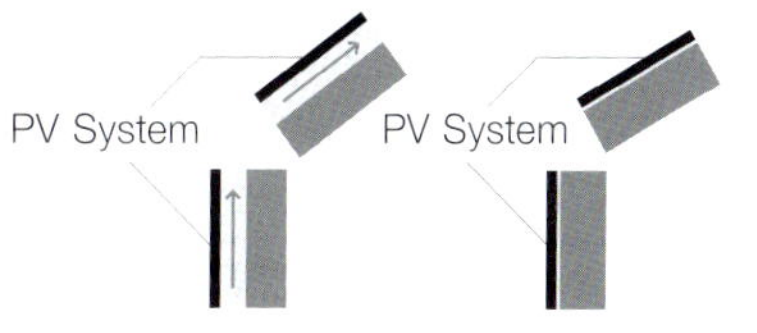
Q (품질)	BIPV의 모듈이 건축성능을 담당 (내풍압, 기밀, 수밀, 단열)	건물 성능라인(내풍압, 시밀, 수밀, 단열)을 담당하는 외장재 외부에 태양광을 설치: 열교 발생, 방수문제 등 발생 우려
C (비용)	공종을 통합할 수 있어 비용이 절감됨	외장재 위에 태양광을 재설치하므로, 비용이 2배 소요 (장비 사용, 인건비, 자재비 등)
D (일정)	건물 준공 전 외장공사와 동시 진행 기초공사 → 골조공사 → [외장공사 / 태양광설치] → 건물 준공 사용전 검사	기초공사 → 골조공사 → 외장공사 → 건물준공 → [태양광설치 → 사용전검사] 건물 준공 후 추가 태양광 설치 진행

〈출처〉 에너지엑스

공사 기간은 BIPV가 확실히 유리하다. BAPV의 경우 건물 기초공사–골조–외장 순서로 건물을 마무리한 이후에 태양광 공사를 별도로 시작해야 하기 때문에 절차는 순서대로 진행될 수밖에 없다. 마감도 되지 않았는데 그 위에 태양광을 올릴 수는 없기 때문이다. 모든 공사가 연창을 개폐하면 공기와 빛이 들어올 수 있다. 늘어나는 에너지 자립률 확보에 대응하기 위해서 외벽의 스펜드럴Spendrel 구간만 활용할 수는 없기 때문에, 창문으로 태양광 발전설비 적용이 확대될 것이다. 그러나 창호에 태양광을 설치하면 창문이 가져야 할 고유 기능인 조망이 훼손될 가능성이 높으므로, 블라인드Vision stripe PV나 투과도를 조절하는 제품 등이 적용되는 추세이다.

석축 벽Masonry wall은 벽돌, 석재, 콘크리트 소재의 외벽인데, 태양광 모듈 시공시 앵커 볼트 등을 이용하여 벽체에 바로 부착할 수 있어 작업의 편리성은 존재한다. Category E는 난간, 캐노피, 차양 등 외측에 일체화된 형태이다. 종류로서 옥상 난간, 발코니, 캐노피, 차양 등이 있으며, 건물 외측에서 외부 환경에만 접촉하는 형태이다.

IEA의 시스템은 지붕, 입면, 외측 일체형 타입을 구분하여 범주를 정하고 있으나, 공통적인 것은 건물 외피에 일체화되어 있는지 여부이다. 외피 일체화는 외장재의 기능인 내풍압성, 기밀성, 수밀성을 만족하는지 여부가 BIPV의 핵심 기능이기 때문이다.

미국에서 바라보는 BIPV의 정의에 대해서도 알아보자. 미국에는 ASA Architectural Solar Association라는 일종의 건축 태양광 협회가 존재한다. 이 협회는 건물 구조의 필수 불가결한 부분을 형성하는 건축자재로서 BIPV를 바라보고 있다. 즉 BIPV가 지붕, 벽면, 창 등 해당 공간에서 제거되면 부재가 뚜렷하게 드러나 건물 외피로서 기능을 상실하는 것으로 본다.

ASA는 건축물과의 결합도에 따라 태양광의 적용을 구분하고 있다. 일체화가 아닌 부착 수준으로 보는 태양광은 옥상rooftop, 캐노피canopy 정도이며, 이 경우 건물과의 결합도가 낮기 때문에 태양광 공사도 건축공정과는 별개로 진행할 수 있다. 즉 결합도가 낮은 BIPV는 전체 건축 공사와 독립적인 일정으로 움직이기 때문에 공정에 영향을 거의 미치지 않는다. 특히 건물과 결합되지 않는 태양광 시설은 최적화customized 과정이 필요하지 않기 때문에, 시중에 유통되는 표준화된 제품 혹은 시스템을 바로 사용할 수 있다. 바닥재(보도 블록), 차양, 난간, 레인스크린의 경우 태양광 설비를 건물에 설치한다면 건축물과의 결합도가 상승하며, 건축 공정에 영향을 미치기 시작한다. 따라서 시공을 고려할 때 다른 일정과의 조율이 필요하다. 또한 건축 상황, 설계에 따라서 시중에 유통되는 제품을 적용할 수 없는 경우가 발생할 경우, 이형異形 모듈 생산 등 별도의 주문제작이 필요하고, 이는 단가 상승의 요인이 되기도 한다.

[미국 건축 태양광 협회(ASA)의 BIPV 분류]

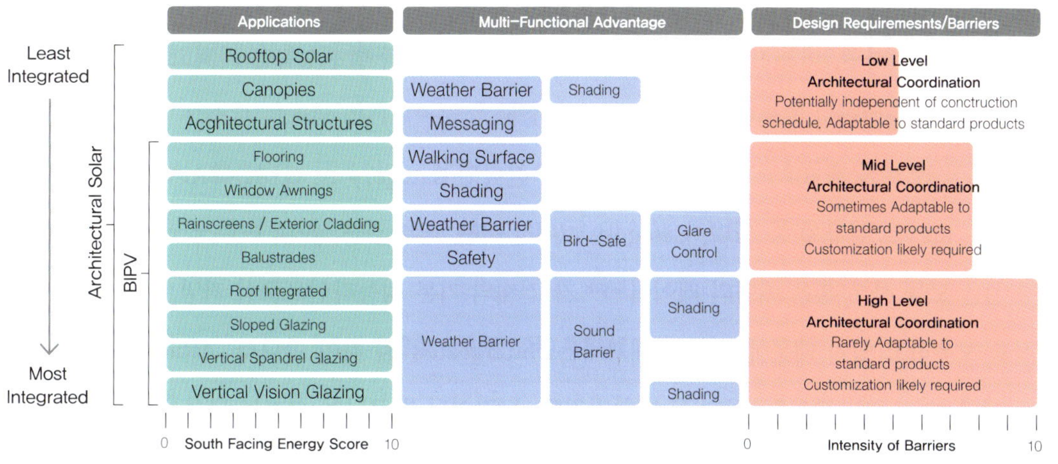

〈출처〉 BIPV–PV WITH ARCHITECTURAL SIGNIFICANCE(Architectural Solar Association)

건물 외장재와 완전히 결합되는 수준인 BIPV의 경우, 건축 공정의 주요 요소로 BIPV가 자리 잡기 때문에, 전체 공정에 있어서 높은 수준의 일정 조정이 발생한다. 또한 표준화된 제품을 사용하지 않을 경우가 많아 초기단계부터 설계에 BIPV 엔지니어링을 반영해야 하며, 현장 상황에 맞게 맞춤형으로 제품 제작이 요구된다. 또한 건자재와 높은 결합도를 가질 경우, BIPV의 본래 기능인 전력생산 이외에도 차음, 차양, 날씨변화 대응 등이 추가적인 기능으로 제공될 수 있다.

다음으로 일본의 BIPV 정의에 대해 알아보자. 유럽(IEA)이나 미국에서는 엄밀하게 BIPV, BAPV를 구분하고 있지는 않은데, 일본은 관점이 다르다. 일본 특유의 연구 정밀성을 추구하는 것이 특징이며, BIPV 연구자, 산업종사자 등이 모인 SDC Solar Design Consortium, 太陽エネルギーデザイン研究会 라는 단체가 주도적으로 BIPV에 대한 연구를 진행하고 있다. 또한 BIPV 주요 적용 현장에 견학회 등을 통해 주기적으로 관련 전문가들이 교류하고 있는 것도 특징이다.

일본에서는 건물 기본 성능과 BIPV 기능에 대해 고민하는 것으로 BIPV와 BAPV를 분류한다. 여기서 건물 외피 기본 성능은 외부 환경으로부터 거주자를 지키는 성능, 즉 비와 바람에 대응하는 내풍압, 기밀성, 수밀성을 의미한다. 이 기본 성능을 제공하는 외피 라인을 성능 라인으로 삼는데, 성능 라인과 모듈 설치라인이 일치하는지 여부에 따라 BIPV와 BAPV를 구분한다. 외장 있다. 따라서 정책과 연계하여 업무를 추진할 때 BIPV 사업의 성과도 더 크게 창출될 수 있다. 현재는 BIPV 산업이 초기 단계이기 때문에 정부 지원제도가 다양하게 있으며 이를 활용하여 사업성을 개선하는 방법도 가능하다. 그러나 ZEB 의무화와 연계하여 BIPV를 적용할 수밖에 없는 상황이 오면 가격과 디자인, 주요 기능으로 승부해야 한다. 이때 경쟁력을 가지기 위한 준비가 필요한 것이다.

다음으로 BIPV에 적용되는 모듈의 종류와 시스템에 대해 알아보자. 태양광 모듈은 태양 빛을 직접 전기로 변환하는 장치이며, 원리로서는 광전효과를 들 수 있다.

광전효과는 금속 등의 물질이 고유의 특성보다 짧은 파장을 가진(예를 들면 빛) 전자기파를 흡수했을 때 전자를 내보내는 현상이다. 이때 방출되는 전자는 빛에 의해 발생하는 전자이므로, 광전자光電子라는 이름이 붙었다. 아인슈타인이 상대성원리로 유명하지만, 실제로 노벨상은 빛의 입자성을 가정하여 광전효과를 설명한 공로로 수상하기도 하였다.

BIPV에 적용되는 태양전지는 크게 실리콘C-Si, 크리스털 결정형 실리콘 웨이퍼얇은 원판를 사용하는 결정형과, 웨이퍼를 사용하지 않은 박막형thin film으로 구분된다. 박막형은 재료에 따라 실리콘a-Si, 아몰퍼스 비정질 실리콘, CIGS, CdTe카드뮴, 텔루륨, DSSC염료감응형 등이 있다. 현재 결정형 실리콘C-Si 태양전지는 시장의 주류를 이루고 있으며, 시장 점유율MS, Market Share도 90% 이상이다.

실리콘 태양전지가 활성화된 이유는 반도체 산업의 영향이 크다. 반도체는 실리콘 웨이퍼라는 박판 형태로 가공된 소재 위에 만들어지는데, 순도가 낮은 실리콘은 태양전지용 웨이퍼로 재활용될 수 있기 때문이다. 결정형 실리콘 태양전지 모듈은 폴리실리콘을 녹여서 생산된 셀을 가로, 세로 방향으로 결합하고, 전류가 흐를 수 있도록 리본을 붙인 형태이다.

모듈을 제작할 때 기계적인 강도를 확보하기 위해 유리고투과율 저철분 유리, 충진재EVA, 태양광 셀, 백시트필름 혹은 유리를 진공 압착하고, 알루미늄 프레임을 붙여서 만든다. 여기에 전력변환장치인 인버터DC-AC, 수배전반과 시스템화하면 태양광 발전설비로 탄생하게 된다.

태양광 모듈 품질검사 중에는 이상 상태를 확인하기 위해 중간 공정 혹은 출하 직전에 발광 여부와 강도를 측정하는 EL Electroluminescence 검사가 있다. EL은 전계발광이라고도 하며, 태양광의 발전원리를 거꾸로 적용한 것이다. 태양광 발전은 광전효과를 이용하여 빛을 전기로 변환하는 것인데, 반대로 태양광 패널에 전류(전기)를 흘리면 패널에서 마치 LED처럼 특정 파장

[태양광 발전원리: 아인슈타인 광전효과]

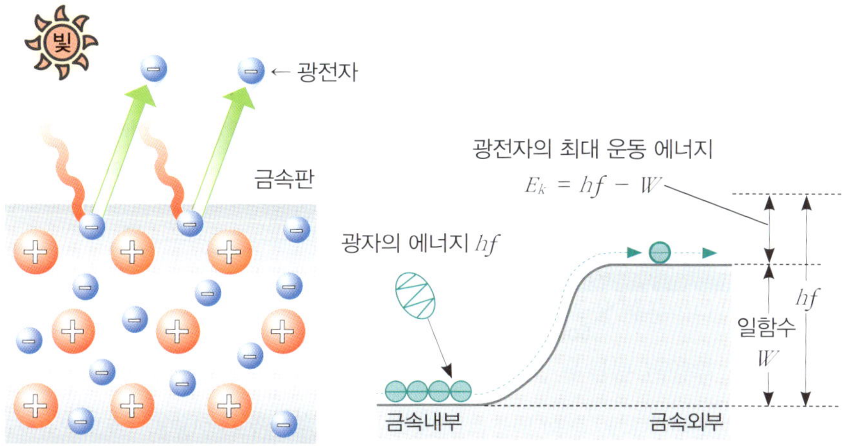

〈출처〉 아인슈타인의 광전료과 실험(블로그, 생활 속의 물리)

[태양전지 종류에 따른 구분]

구분	정의	효율	외형	장단점
C–Si (Si 웨이퍼)	160[㎛] 정도의 얇은 실리콘 웨이퍼 이용	~20%	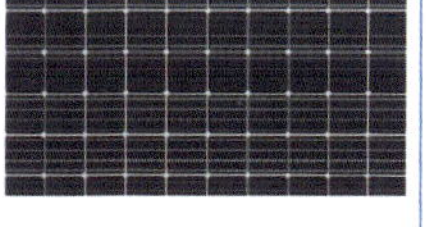	(장점) 높은 효율, 생산성 높음, 내구성/신뢰성 양호 (단점) 방위·경사에 출력 변동 높음, 온도·음영에 약함
a–Si (Si 박막)	비정질 실리콘을 기판(유리) 위에 박막 증착	~9%		(장점) 온도·음영 영향 낮음, 투과율 조정 가능 (단점) 낮은 효율, 생산성 낮음, 열화되면 효율저하
CIGS	구리–인듐–갈륨–셀레늄 화합물 박막 증착	~14%		(장점) 온도·음영 영향 낮음, 방위/경사각에 영향 낮음 (단점) 비투과, 소재비용 고가(인듐), 저생산성
CdTe	Cd, Te를 원료로 하는 박막 화합물 반도체	~13%		(장점) 안정성, 경량, 유연성, 온도·음영 영향이 낮음 (단점) 비투과, 저생산성, 독성 소재(Cd)
DSSC	TiO_2에 흡착된 염료가 광을 흡수하여 발전	~14% (연구소)		(장점) 투과형, 다양한 색구현가능, 단가 저렴 (단점) 낮은 효율, 짧은 수명, 낮은 내구성

〈출처〉 NEDO 재생가능 에너지 기술 백서 제2장 태양광발전

[태양광의 지구 흡수 파장]

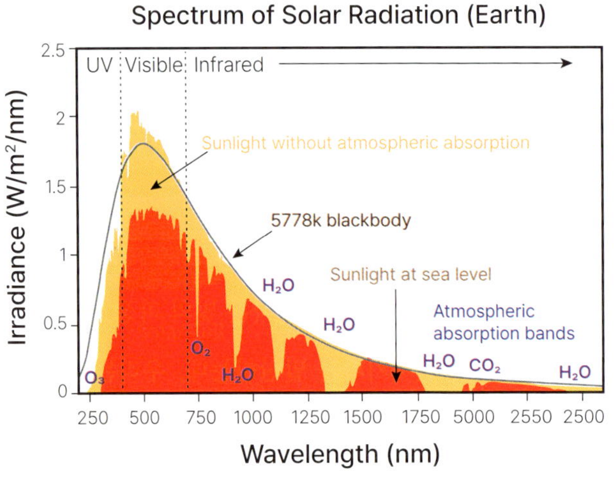

〈출처〉 위키피디아(태양광 스펙트럼)

지구는 수증기, 오존, 산소, 질소를 포함한 대기를 가지고 있으므로 지표에 도달하는 파장 대역은 대기에 흡수되는 효과 등을 감안할 때 조금은 다른 모습을 보인다. 가시광선 영역이 지구에 도달하는 태양광의 peak 대역인 점(해당 영역의 에너지 세기가 가장 높은 점)은 변함이 없지만, 볼 수 없는 영역이라도 에너지 세기는 존재하므로 자외선UV 이나, 적외선IR 영역 전체의 에너지를 활용하고자 하는 연구는 계속 진행되어 왔다.

실리콘 소재는 가시광선 영역의 파장대 에너지를 가장 잘 흡수할 수 있다. 반면 다른 영역의 에너지까지 모두 이용하려는 시도 혹은 연구가 지속적으로 진행되었다. 그동안의 연구에 따르면 인듐, 갈륨 혹은 다른 재료와 혼합을 통해 더 넓고, 강한 세기로 태양 빛의 스펙트럼 전체를 활용하는 것이 가능하며, 그 연구결과의 하나로 CIGS가 나타나게 된 것이다.

CIGS 모듈은 박막 태양전지이기 때문에, 결정질의 웨이퍼 대신 증착을 기본 제조과정으로 한다. 기판substrate 이 되는 유리 위에 후면전극 역할을 하는 몰리브덴Mo 을 증착한 후, 광 흡수를 담당하는 CIGS 층을 형성한다. 유리기판의 세정시 화학물질에 의한 오염을 방지하고, 물 속에 녹아 있는 칼슘, 마그네슘, 나트륨, 황산, 염소 등 금속, 비금속 이온의 영향을 배제하기 위해, 이온을 제거한 순수Deionized Water 를 사용한다.

CIGS 모듈의 각 구성 요소에 대해 자세히 알아보자. 제조된 CIGS 모듈의 후면 전극을 보면

[실리콘과 화합물 태양전지의 광 흡수 스펙트럼]

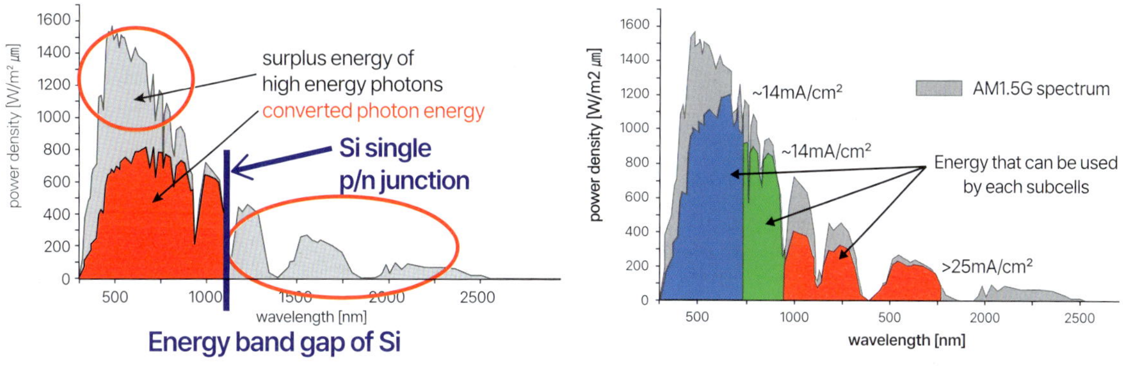

〈출처〉 고효율III-V화합물태양전지의 기술개발동향(한국광기술원, 김효진)

거울처럼 반사되는 느낌을 받을 수 있는데, 이는 몰리브덴의 특성이다. 몰리브덴이 은백색 광택을 가지고 있기 때문이며, 이 원소는 우리가 일반적으로 사용하는 구리(녹는점 1,085℃) 전극과 대비해서 녹는점이 2,617℃로 높고, 열팽창률이 낮으며, 뛰어난 내식성이 있어 배면전극back contact으로 활용되고 있다.

태양광을 흡수하기 위한 광 흡수층은 구리, 갈륨, 인듐의 진공 증착 위에 셀레늄의 막을 형성하는 공정으로 구성된다. 아반시스 등 CIGS 회사 전문가 의견에 따르면, 기판, 후면전극, CIGS의 열 팽창계수의 차이가 크게 나지 않는 것이 각 소재를 선택하는 기준이며, 열 팽창계수

[CIGS 모듈의 구조]

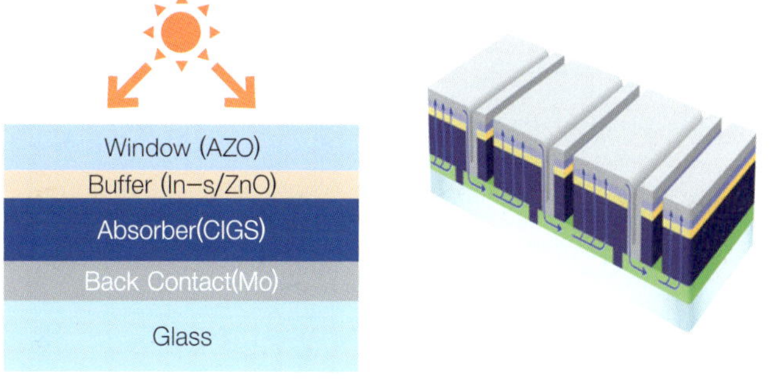

〈출처〉 아반시스 홈페이지

의 차이가 큰 재료의 선택은 박막 박리의 원인이 된다고 한다.

다음으로 버퍼층[buffer layer]인 Zno[산화아연]이 있다. 버퍼층은 태양광 기본 원리인 광전효과(태양빛이 태양전지에 흡수되어 전자와 정공이 형성되는 현상)에서 생성되는 전자(−)와 정공(−)이 이동할 수 있는 경로를 형성해주는 역할을 한다.

전자는 n형 반도체로, 정공은 p형 반도체로 이동하는 길을 버퍼층(p−n 접합)이 중간에서 제공하며 이 흐름이 전류가 된다. 버퍼층은 P형 반도체의 역할을 담당하는 CIGS 흡수층과 N형 반도체의 역할을 담당하는 Window 층 사이에서 양호한 접합을 제공한다. Window 층은 n형 반도체로서의 기능으로서 전류를 흘려야 하고, 태양광이 투과할 수 있는 투명성을 확보해야 하기 때문에 광 투과성도 동시에 확보해야 한다. 따라서 투명하면서도 전기전도도가 높은 ITO[Indium Tin Oxide]나 AZO[Aluminum doped Zinc Oxide]를 투명 전도막으로 활용한다. 여기에 최종 패턴 공정을 통해 다수의 셀을 연결하고, 레이저 처리 및 초음파 용접을 거쳐 모듈을 만든다. 이후 커버유리 접합과 밀봉, 정션박스, 커넥터, 지지대[back-rail]를 부착하면 CIGS 모듈이 만들어진다.

이렇게 만들어진 CIGS 모듈은 주로 도시형 태양광에 활용된다. CIGS 모듈은 부분적인 음영에 강한 특성이 있기 때문이다. 일반 실리콘 태양전지는 모듈을 구성하는 셀이 모듈 내에서 모두 직렬 연결되어 있어, 부분 음영이 발생할 경우 직렬 연결된 셀 전체의 출력이 모두 떨어지는 특성이 있다. BIPV는 기본적으로 도심 지역의 건물에 적용되는 것을 가정하고 있는데, 일반 대지에 설치되는 태양광에 비해 주변 건물, 수목의 그림자 등 부분 음영 요소의 영향을 받는 경우가 많다. 따라서 실리콘 기반의 태양전지보다는 부분 음영에 강한 CIGS 태양전지가 건물과 도시에 적용하는데 유리한 점이 있다.

CIGS는 셀이 모듈의 길이 방향으로 형성되어 있어 음영이 발생된 부분만 효율이 떨어지고, 나머지 부분에는 영향을 주지 않는다. 따라서 부분적인 음영에도 음영을 제외하고는 발전을 하여 발전량이 급격히 감소하는 경우가 없다. 또한 태양광의 넓은 파장대를 대부분 활용하므로, 비가 올 때, 구름이 낄 때 등 날이 흐릴 경우도 발전이 가능한 것이 장점이다.

참고로 CIGS 모듈과 일반 실리콘 모듈의 부분 음영에 대해 실험한 내용의 영상 등이 과학 실험 관련 유튜버 채널에 있으니, 관심있는 독자들은 한번 시청해 보시길 권한다. 예를 들면 유튜버 채널 "Sinetech"의 "Solar Panel Experiment: CIS Thin Film vs Crystalline"을 보면 도시의 나무, 먼지, 눈, 조류 분비물을 상정한 음영이 패널에 영향을 미칠 때, CIGS 모듈과 실리콘 모듈이 어떻게 동작하는지 직관적으로 알 수 있다.

[부분 음영 비교 실험]

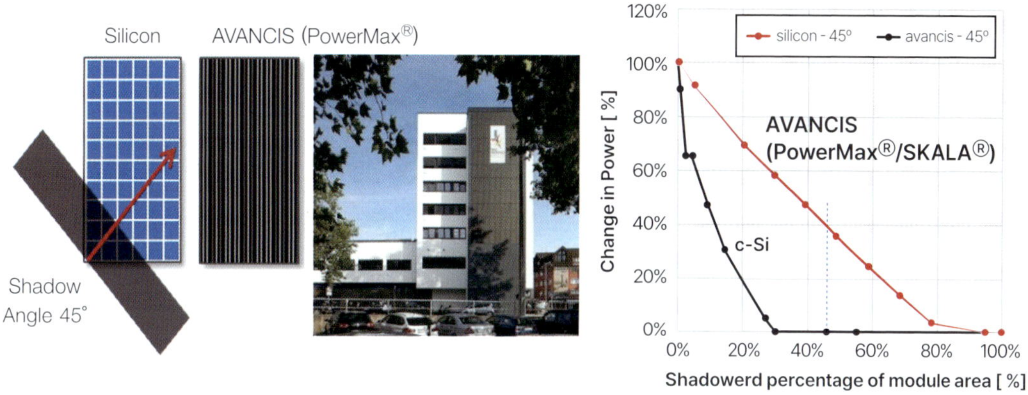

〈출처〉 아반시스 홈페이지

[유튜브 영상: 부분 음영 비교 실험]

〈출처〉 Solar Panel Experiment: CIS Thin Film vs Crystalline(유튜브, Sinetech)

영상에서는 20% 정도 음영이 발생했을 때, 실리콘 태양광 모듈은 부하(바람개비 모터)의 동작이 정지되지만, CIS 모듈은 50%가 넘는 음영에도 동작이 되고 있어 주변 음영에 강한 특성을

[실제 확인: 실리콘 모듈 부분 음영 효과]

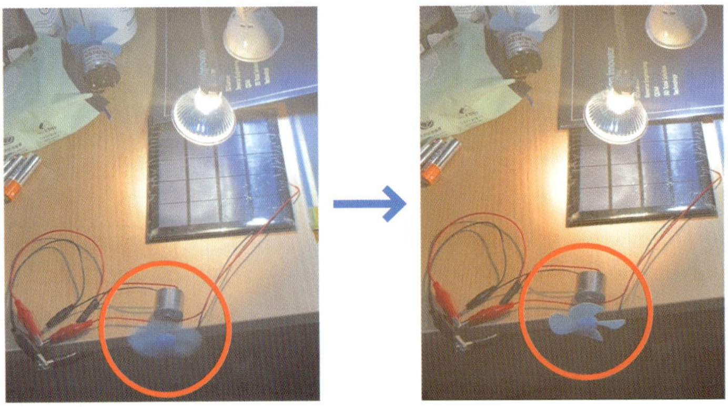

0% 음영 조건　　　　20% 음영 조건

〈출처〉 에너지엑스

[실제 확인: CIGS 모듈 부분 음영 효과]

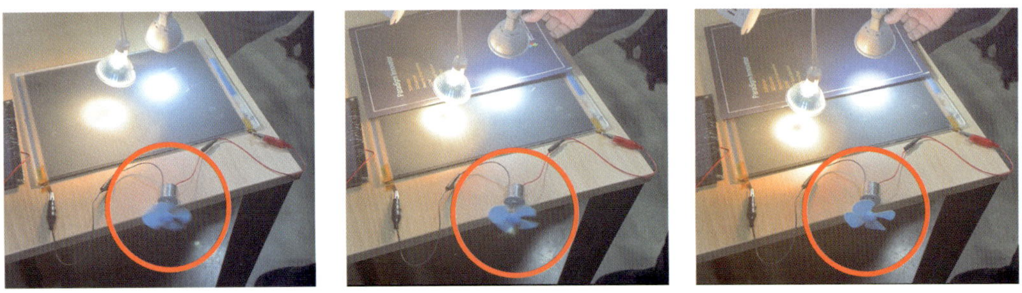

0% 음영 조건　　　　50% 음영 조건　　　　60% 음영 조건

〈출처〉 에너지엑스

보여주고 있다. 그런데 실제로도 그런지 확인을 해보자는 의견이 있어서 간단한 실증 시험을 준비했다.

인터넷에 실리콘 태양전지 동작용 키트를 팔고 있어서 구매했고, 실리콘 태양전지 출력은 5[V], 500[mA], 부하도 해당 출력에 적합한 것으로 마련했다. CIGS 태양전지의 경우 인터넷에 구매할 수는 없어서, 메이커가 보유한 샘플을 빌려서 검토해 보았다.

태양광에 대해서는 STC 조건 — 1,000W/m^2, 셀 표면온도 25℃, AM(Air Mass, 입사각도 50도 근방) 1.5 — 을 만족할 수는 없고, 실내에서 실험을 진행하므로 할로겐 램프와 LED 램프를 준비

[CIGS 모듈 제조공정]

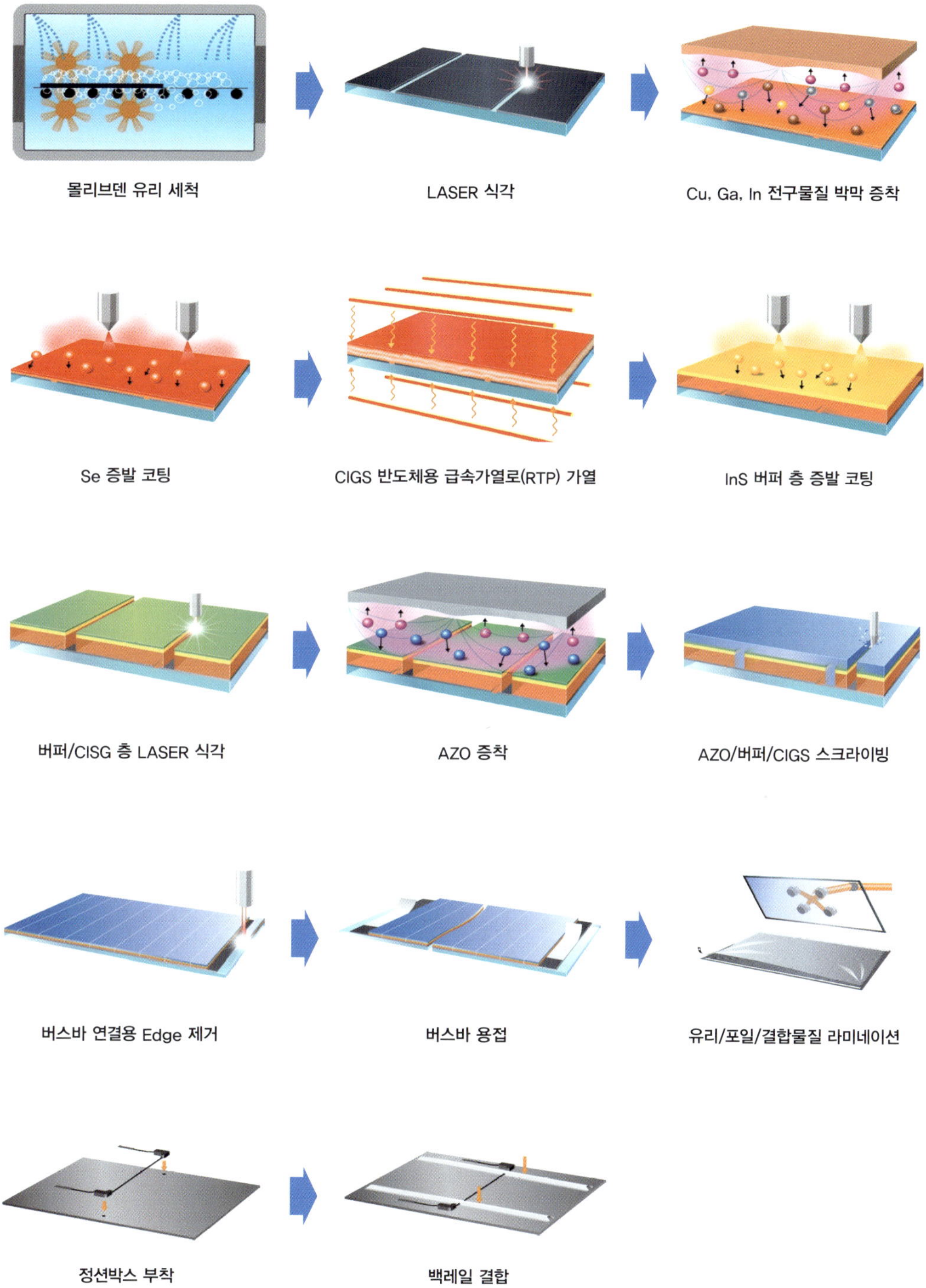

〈출처〉 아반시스 제공

해서 태양광과 비슷한 효과를 연출했다. 실제로 주변 유인물로 음영을 만들어보니 20% 정도의 음영이 발생할 경우, 실리콘 전지는 부하 동작이 멈추는 것을 확인했다. CIGS 모듈로 실험을 해보니, 음영이 증가해도 부하 동작은 지속되었다. 50% 정도 음영이 발생했을 때 출력이 저하되는 것이 눈으로 확인되더니, 60% 정도 음영에서는 부하의 동작이 멈췄다.

도시에는 다양한 음영 요소가 발생할 가능성이 높다. 바람에 흔들리는 나무 그림자, 조류, 낙엽, 옆 건물의 영향 등에 강인한 발전 시스템이 필요한데, 이런 점을 감안했을 때 CIGS는 도시에 적합한 BIPV의 새로운 대안으로 자리잡을 것으로 전망된다.

BIPV는 적용되는 형태와 체결되는 시스템에 따라 다양하게 구분되기도 한다. 이에 대해서는 BIPV 모듈과 응용 시스템의 연구로 유명한 스위스의 SUPSI Scuola universitaria professionale della Svizzera italiana 의 BIPV 분류를 소개하겠다.

SUPSI에서는 BIPV를 모듈과 체결 시스템으로 구분하며, 모듈의 경우 건물 구성요소에 따라 타일, 천창, 파사드, 금속패널, 멤브레인, 차양 등 6가지로 나누고 있다.

타일은 지붕의 기와 혹은 금속재 등 외장재를 대체하는 형태이다. 주로 태양광 작업을 위해 전용 하지가 설치된 상태에서 볼트 등으로 고정된 상태에서 첫 번째 모듈이 체결되면, 두 번째 모듈부터는 첫 번째 모듈에 있는 홈에 끼우면서 설치되는 형태로 시공할 수 있다.

천창이나 창호의 경우, 기존 유리 시공과 동일한 형태이다. 적용되는 부위에서 요구되는 단열기준에 따라 복층 혹은 삼복층 형태로 응용될 수 있으며, 샤시의 공간으로 태양광 와이어가 숨어있는 경우가 대부분이다.

파사드의 경우도 외장재를 BIPV가 대체하는 경우로 모듈과 모듈을 연결하는 결선작업 이외에는 시공법이 외장재 설치와 거의 동일하다.

금속패널 혹은 멤브레인의 경우도 기존의 지붕재 시공과 거의 동일한 형태이며, 태양광 모듈이 붙어 있는 금속재를 접거나, 시밍기 seaming tool 를 이용해서 강판을 이어주는 경우가 일반적이다. 단 멤브레인의 경우는 플렉시블 모듈을 사용하며, 단위면적(m^2)당 하중이 5kg 이하이므로, 기존 건물 중 하중문제로 적용이 어려운 구조에 많은 검토가 이루어지고 있다. 특히 한때 유행했던 PEB Pre-Engineered Metal Building 구조의 경우 맞춤형으로 건축주의 요구사항을 반영하여 철골이 설계, 제작, 시공되었으므로 추가적인 하중을 반영하기 어려운 상황이나 경량의 태

[BIPV 종류와 결합 방식]

구분	다양한 BIPV 모듈의 종류					결합방식(예시)
타일						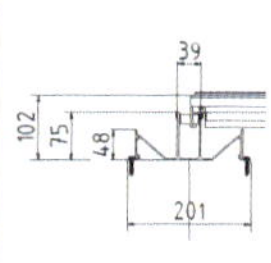
천창	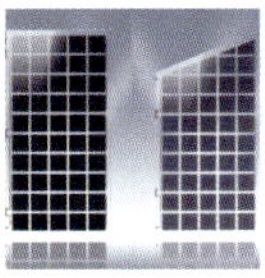					
파사드						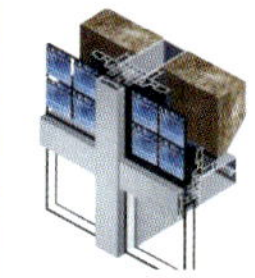
금속패널						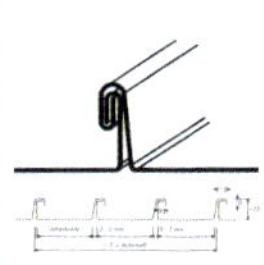
멤브레인						
차양						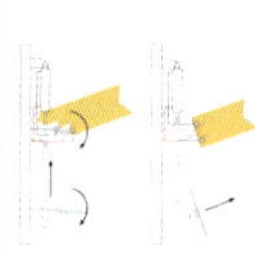

〈출처〉 BIPV module(bipv.ch, SUPSI), 2022

양광 모듈은 하중관점에서 검토해 볼 만하다.

차양은 계절별 일사획득의 불균형을 해소하는 차원에서 설치하는데, 이 공간을 알차게 사용하자는 목적으로 태양광 모듈을 일체화한 BIPV 형태이다.

다양한 모듈의 형태와 이에 적합한 체결 시스템이 있으나, 이 부분은 시공 파트에서 자세히 다루기로 한다.

[서울특별시 신재생에너지 연도별 설치 비율(%)]

1) 적용 대상의 용도와 규모

구분	주거	비주거
1	1,000세대 이상	연면적 합계 10만 m^2 이상
2	300세대 이상 ~ 1,000세대 미만	연면적 합계 1만m^2 이상~10만m^2 미만
3	30세대 이상 ~ 300세대 미만	연면적 합계 3천m^2 이상~1만m^2 미만
4	30세대 미만	연면적 합계 3천m^2 미만

2) 연도별 설치비율

구분		'15	'16	'17	'18	'19	'20	'21	'22	'23~
공공건축물		15%	18%	21%	24%	27%	30%	–	–	–
민간건축물	주거	2%	3%	4%	5%	6%	7%	8%	9%	10%
	비주거	7%	7%	9%	9%	11%	11%	12%	12%	14%

3) 규모별 설치비율

<table>
<tr><th rowspan="2">구분</th><th rowspan="2">평가내용</th><th colspan="3">적용기준</th></tr>
<tr><th></th><th>주거용</th><th>비주거용</th></tr>
<tr><td rowspan="5">신·재생
에너지
설치</td><td rowspan="4">신·재생에너지
공급의무 비율
(%) =
$\frac{\text{신·재생에너지 생산량}}{\text{예상 에너지 사용량}} \times 100$</td><td>1</td><td>연도별 설치비율</td><td>연도별 설치비율</td></tr>
<tr><td>2</td><td>연도별 설치비율 – 0.5% 포인트</td><td>연도별 설치비율 – 1.0% 포인트</td></tr>
<tr><td>3</td><td>연도별 설치비율 – 1.0% 포인트</td><td>연도별 설치비율 – 2.0% 포인트</td></tr>
<tr><td>4</td><td>자율</td><td>자율</td></tr>
<tr><td>태양광 발전설비의무설치</td><td>1
2
3</td><td colspan="2">태양광발전설비의무설치용량(kWp)
= 대지면적(m^2) × 0.01(kWp/m^2)</td></tr>
</table>

〈출처〉 서울특별시 녹색건축물 설계기준

록 0.5~2%p 수준의 기준을 완화해주고 있으며, 가장 작은 규모의 경우 자율에 맡기는 정책적 유연성을 보여주고 있다.

하지만 태양광 발전설비의 의무설치는 30세대/연면적 3천m^2를 넘는 경우, 대지면적(m^2) *0.01(kWp/m^2) 수준의 설비는 설치해야 한다. 신재생에너지 공급의무비율은 용도별로 예상되

[신재생에너지 공급의무비율과 예상 에너지 사용량]

$$\text{신·재생에너지 공급의무 비율} = \frac{\text{신·재생에너지 생산량}}{\text{예상 에너지 사용량}} \times 100$$

예상 에너지 사용량 = 건축 연면적 × 단위 에너지 사용량 × 지역계수

[단위 에너지 사용량]

구분		단위 에너지 사용량 (kWh/m²·yr)
공공용	교정 및 군사시설	392.07
	방송통신시설	490.18
	업무시설	371.66
문교·사회용	문화 및 집회시설	412.03
	종교시설	257.49
	의료시설	643.52
	교육연구시설	231.33
	노유자시설	175.58
	수련시설	231.33
	운동시설	235.42
	묘지관련시설	234.99
	관광휴게시설	437.08
	장례식장	234.99
상업용	판매 및 영업시설	408.45
	운수시설	374.47
	업무시설	374.47
	숙박시설	526.55
	위락시설	400.33

[지역계수]

구분	지역계수
서울	1.00
인천	0.97
경기	0.99
강원 영서	1.00
강원 영동	0.97
대전	1.00
충북	1.00
전북	1.04
충남·세종	0.99
광주	1.01
대구	1.04
부산	0.93
경남	1.00
울산	0.93
경북	0.98
전남	0.99
제주	0.97

〈출처〉 신·재생에너지 설비의 지원 등에 관한 규정, 신재생에너지 설비의 지원 등에 관한 지침

는 에너지 사용량에 대해서, 설치되는 신재생에너지원으로 어느 정도 에너지를 자체 생산할 수 있는가에 대한 비율로, 해당 건물의 기본 설계 내용을 반영하여 산정한다. 산정 방식은 공공기관 설치의무화에서 사용하는 로직과 동일하다.

[신재생에너지 생산량]

신·재생에너지 생산량 = 원별 설치규모 × 단위 에너지 생산량 × 원별 보정계수

신·재생에너지원		단위 에너지 생산량		원별 보정계수
태양광	고정식	1,358	kWh/kW·yr	0.95
	추적식	1,765		1.47
	BIPV	923		6.12
태양열	평판형	596	kWh/m²·yr	1.78
	단일진공관형	745		1.42
	이중진공관형	745		1.42
	공기식무창형	487		1.53
	공기식유창형	557		2.87
지열에너지	수직밀폐형	864	kWh/kW·yr	1.26
	개방형	864		1.00
집광채광	프리즘	132	kWh/m²·yr	7.76
	광덕트	73		7.77
	실내루버형	184		2.77
연료전지	PEMFC(고분자 전해질)	7,415	kWh/kW·yr	2.20
	SOFC(고체 산화물)	9,918	kWh/kW·yr	8.71
수열에너지	해수	864	kWh/kW·yr	1.30
	하천수	864	kWh/kW·yr	1.30
목재펠릿		322	kWh/kg·yr	0.32
소형풍력		2,375	kWh/kW·yr	4.50

〈출처〉 신·재생에너지 설비의 지원 등에 관한 규정, 신재생에너지 설비의 지원 등에 관한 지침

예상 에너지 사용량은 건축물이 어떤 용도로 사용되는가에 따라 조금 다르게 산출된다. 예를 들어 의료시설이라면 다른 곳보다 환자 상황에 맞게 냉난방을 갖춰야 하기 때문에 단위 면적당 에너지가 많이 사용되는 것이고, 운동시설은 내부에서 활동을 많이 하기 때문에 상대적으로 에너지를 적게 공급해도 된다. 건축물의 용도에 맞게 필요한 에너지 사용량이 정해지는데, 이 부분은 건설업계의 누적된 경험과 데이터가 축적된 것으로 생각된다. 여기에 지역별로 기후 상황을 고려한 지역계수, 건축 연면적을 감안하면 예상 에너지 사용량을 산출할 수 있다.

에너지 생산량은 설치 가능한 에너지원의 규모(kW 등)와 원별 단위 에너지 생산량(kWh/kW-yr, 1년에 1kW 용량의 설비가 생산 가능한 에너지 수준), 원별 보정계수까지 감안하여 산출한다.

고정식 태양광과 BIPV를 비교해 보자. 고정식 태양광의 단위 에너지 생산량은 1,358kWh/kW-yr 이다. 연간 생산되는 에너지량이니, 1kW 설비로 가정하고, 365일을 나눠주면 3.7kWh/日이 된다. 즉 이 고정식 태양광 설비의 연평균 발전시간은 3.7시간이고, 하루가 24시간이니, 24로 나누면 15.4%의 발전효율을 가지는 설비로 볼 수 있다.

BIPV는 어떠한가. 신재생에너지 생산량을 산출하는 테이블에서 BIPV 태양광의 단위 에너지 생산량은 923kWh/kW-yr이다. 연간 생산되는 에너지량이니, 1kW 설비로 가정하고, 365일을 나눠주면 2.5kWh/日이 된다. 즉 이 BIPV 태양광 설비의 연평균 발전시간은 2.5시간이고, 하루가 24시간이니, 24로 나누면 10.5%의 발전효율을 가지는 설비로 볼 수 있다.

고정식 태양광은 남향 30도 각도 설치를 가정하고, BIPV는 수직 설치를 가정하니 당연한 효율차이라고 볼 수 있다. 이는 선행연구 결과와도 일치한다. "건물적용 태양광발전시스템의 국내 지역에 따른 설치각도별 연간 전력생산량 예측에 관한 연구" 결과를 보면 최적 각도 대비 수직 설치가 63~67% 정도의 발전성능을 보이고 있는데, 이러한 연구 성과를 반영해서 데이터 산정이 되었다고 생각한다.

그런데 여기서 의문이 들 수 있다. 고정식이 BIPV보다 월등하게 예상 에너지 생산량이 우수한데 왜 BIPV를 설치해야 하는가. 심미성 때문이라고는 하지만 그것만으로 BIPV를 선택하기에는 너무나 경제적이지 않다. 일단 가격도 비싸고, 발전도 덜 된다면 설치의 매력이 너무 떨어지기 때문에 시장에서 외면받기 쉽다.

그런데 여기에 정책적인 도움이 들어간다. 생산량을 계산할 때 원별 보정계수라는 것이 있다. 실제 에너지 생산량에 다소간의 가중치 weight 를 부여하는 것으로 특정 에너지원을 육성하려는 정부 정책의 의지를 드러내는 것이다.

원별 보정계수를 감안한 생산량을 다시 한번 살펴보기로 하자. 1kW 용량의 고정식 태양광과 BIPV의 단위 에너지 생산량은 각각 1,358kWh/kW-yr와 923kWh/kW-yr이다.

여기에 원별 보정계수(고정식 0.95, BIPV 6.12)를 적용하면 인정되는 단위 생산량의 변동이 생긴다. 고정식 태양광은 1,290kWh/kW-yr(=1,358×0.95), BIPV는 5,648kWh/kW-yr(=923×6.12)로 계산된다. 즉 1kW를 설치했을 때 BIPV의 인정 설치용량이 고정식 대비해서 4.3배 정도 많은 결과이다.

[지역별 방위/설치각도에 따른 연간 발전능력 비율(%)]

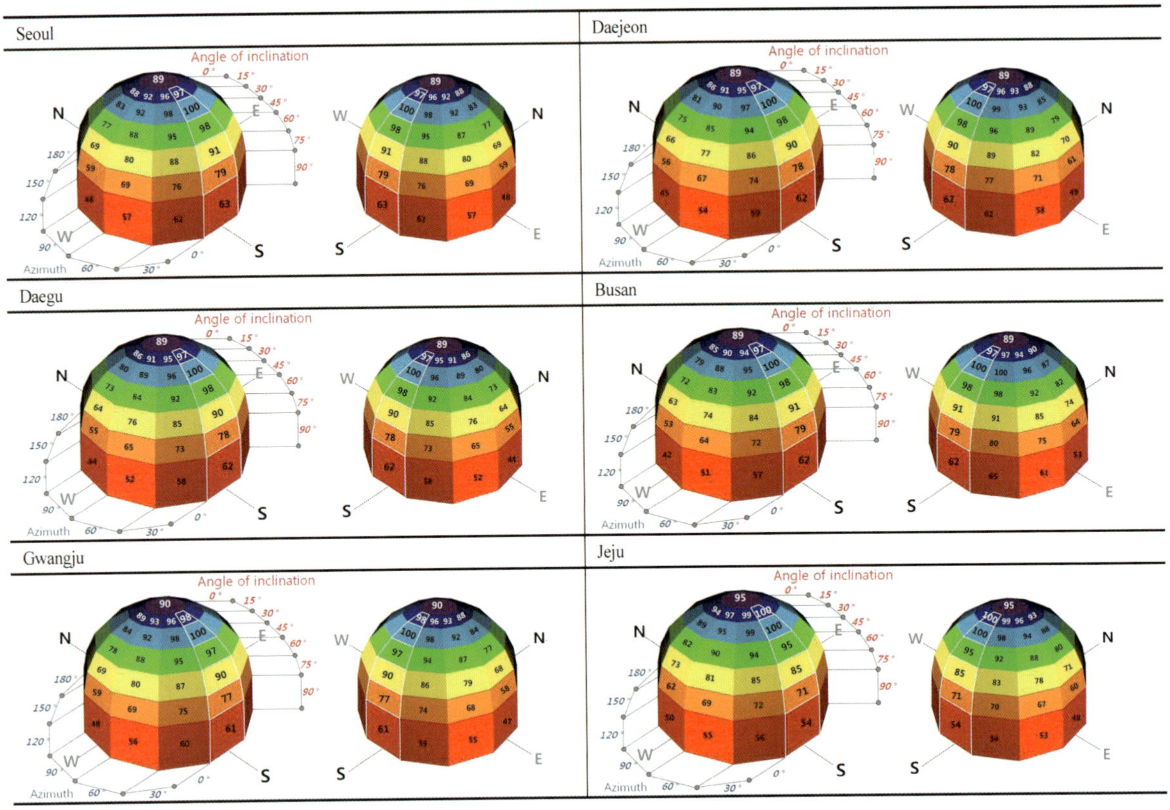

〈출처〉 건물적용 태양광발전시스템의 국내 지역에 따른 설치각도별 연간 전력생산량 예측에 관한 연구(김동수, 신우철, 윤종호)

kW당 BIPV 시공비(입면 650~700만 원/kW, 지붕 380~400만 원/kW)가 일반 PV(110~130만 원/kW) 대비해서 3~6배 정도 비싼데, 공간 제약이 있는 상황에서 설치용량을 늘리는 장점이 있다. 시공비에 비해서는 부족한 수준이지만, 어떤 보정계수도 없는 상황을 감안하면 적용에 대한 고민은 할 수 있는 수준으로 변경된다. 여기에, 추가적으로 생각할 것은 BIPV가 가지는 외장재의 대체효과로 비용을 절감하는 부분과 정성적으로 심미성을 가지는 효과까지 감안해야 한다는 것이다. 그 부분까지 정량, 정성적으로 생각하면 적용할 여지가 생긴다.

더욱이 실제 건물에서 태양광을 설치할 수 있는 부분이 옥상과 외벽인데, 옥상의 경우 공조기 등 각종 기계설비, 옥상 정원 등으로 설치가 용이하지 않은 경우가 많다. 대안으로 외벽 설치를 한다면 BIPV를 적용할 수밖에 없다. 이때 외벽의 20~30%를 사용하면 필요한 에너지 생산량의 대부분을 확보할 수 있다.

연면적에 따른 건물 구성비에 대해 통계청 데이터를 살펴보자. 5백[m^2] 미만의 건물이 21.7%, 5백~3천[m^2]가 25.9%, 3천~1만[m^2]가 29.4%, 1만~10만[m^2]의 건물이 23.1%를 차지하고 있다. 즉, 전체 건물 중 3천~1만[m^2] 사이의 연면적을 가지는 건물이 가장 많은 1/3을 차지하고 있고, 그 다음이 5백~3천[m^2]이다. 넓은 연면적을 가진 건물은 의무 수준 14%를 적용받으나, 이보다 작은 연면적 3천~1만[m^2] 정도 사이즈의 비주거(상업) 건물을 생각할 때, 의무 완화를 1%p 정도 받을 수 있다. 연면적이 작을수록 재생에너지 설치비율이 약간 줄어든다.

현재 각 지자체별로 녹색건축기준에 재생에너지 설치 의무비율을 명기한 곳도 있고, 그렇지 않은 곳도 있다. 의무화가 본격화되기 전인 '23~'24년의 민간시장은 중부지역에서 서울, 인천, 대전, 충남 중심으로 형성될 것으로 전망되며, 남부지역은 부산, 대구, 경남, 광주 중심으로 시장이 조성될 것이다. 경기도는 재생에너지 의무 설치비율이 상대적으로 낮기 때문에 인접한 서울, 인천과는 다소간의 온도차가 있을 것으로 생각된다. 그러나 2025년이 되면 상황이 급변한다.

민간 ZEB 의무화가 진행되기 때문이다. 연면적 1,000m^2 이상 건축물 에너지 효율등급 인증대상인 건물은 모두 해당된다. 즉 실내 냉난방이 필요한 대부분의 건물은 인증을 준비해야 한다. 공공시장, 민간시장 모두 의무화에 따른 큰 변화를 앞두고 있기 때문에, 에너지 자립률의 최우선 검토 대상인 BIPV도 이에 대한 대응이 필요하다. BIPV 사업 개발자 입장에서는 건축주와 건축가의 궁금한 점을 해소하고, 전문공정이 원활하게 진행될 수 있도록 조율하는 노력이 요구된다.

그렇다면 BIPV 사업개발자는 과연 무엇을 해야 되는가. 개발자는 BIPV를 왜 하는지, 무엇을 할지, 어떻게 할지에 대한 의문을 해결해 주어야 한다. "왜?"라는 질문을 해결하기 위해서, 사업개발자는 건축주, 건축사의 설계 의도와 요구사항을 충분히 파악하고, 반영하여 BIPV 업무를 진행해야 한다. 사전에 충분한 협의를 통해서 이해관계자는 왜 BIPV를 적용하려고 하는지에 대해 이해하려 할 때 만족스러운 결과를 낼 수 있다. 이를 위해서는 적용 배경을 알아야 한다. 현재 의무화가 적용된 기관, 일부 진행 중인 지역, 관련 설계기준, 법규 준수를 위해 진행하는 경우가 많으며, 종종 제로 에너지 건축의 인센티브인 건축기준 완화를 위해 추진하는 경우도 있다.

[지역별 녹색건축 기준에 재생에너지 설치 비율 의무화 추진]

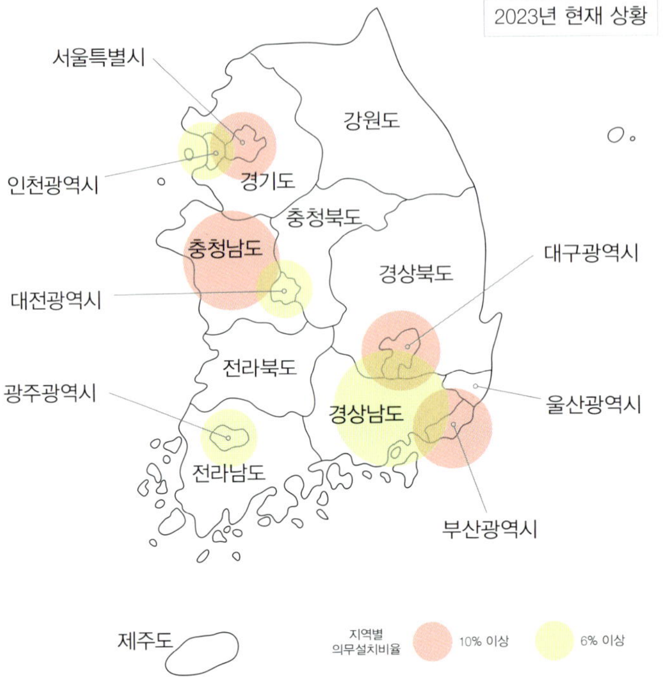

<table>
<tr><th rowspan="2">지역</th><th colspan="4">재생에너지 설치비율 (%, 비주거 3천~1만m² 기준)</th><th rowspan="2">필수조건</th></tr>
<tr><th>22년</th><th>23년</th><th>24년</th><th>25년 강제 전환</th></tr>
<tr><td>서울</td><td>11%</td><td>13%</td><td>13%</td><td>→</td><td rowspan="3">PV 의무설치용량[kW]
= 대지면적[m²] × 0.01[kW/m²]</td></tr>
<tr><td>인천</td><td>9%</td><td>9%</td><td>10%</td><td>→</td></tr>
<tr><td>대구</td><td>11%</td><td>12%</td><td>13%</td><td>14%</td></tr>
<tr><td>경기</td><td>1%</td><td>1%</td><td>1%</td><td>→</td><td>–</td></tr>
<tr><td>대전</td><td>6%</td><td>7%</td><td>8%</td><td>9%</td><td>–</td></tr>
<tr><td>광주</td><td>6%</td><td>7%</td><td>7%</td><td>→</td><td>–</td></tr>
<tr><td>울산</td><td>–</td><td>–</td><td>–</td><td>–</td><td>–</td></tr>
<tr><td>부산</td><td>9%</td><td>10%</td><td>10%</td><td>→</td><td>2가지↑ 재생E 복합 설치</td></tr>
<tr><td>충남</td><td>11%</td><td>12%</td><td>13%</td><td>14%</td><td>–</td></tr>
<tr><td>충북</td><td>–</td><td>–</td><td>–</td><td>–</td><td>–</td></tr>
<tr><td>전북</td><td>–</td><td>–</td><td>–</td><td colspan="2" rowspan="3">'25년 ZEB 의무화
(전국 동시 진행: 연면적 1,000m² ↑)</td></tr>
<tr><td>전남</td><td>–</td><td>–</td><td>–</td></tr>
<tr><td>경북</td><td>–</td><td>–</td><td>–</td></tr>
<tr><td>경남</td><td>7%</td><td>8%</td><td>9%</td><td>10%</td><td>2가지↑ 재생E 복합 설치</td></tr>
<tr><td>강원</td><td>–</td><td>–</td><td>–</td><td>–</td><td>–</td></tr>
<tr><td>제주</td><td>–</td><td>–</td><td>–</td><td>–</td><td>–</td></tr>
</table>

〈출처〉 지자체별 녹색건축 설계기준

[BIPV 사업 개발자의 검토 사항]

Why?	So What?	How to?
• 건축주 의도/요구사항 확인 – 친환경, 디자인, 법규 등 • 법규, 기준 확인 – 지역 녹색건축 설계기준 – ZEB 기준, 인센티브 활용 여부	• 에너지 자립률 분석 – 필요 용량, 설치 환경 분석 – 위치, 음영, 형태, 색상 제시 • 적용시 이미지 사전 제시 – 기존 적용 사례, 조감도 • 공사기간, 공사비 안내 • 상세 도면, 시공방법 제시	• 모듈 수급, 현장 반입 협의 • 타 공정과 설치 협의 • 경제성 향상 방안 절감 안내 – 정부 지원(보조금, 세액공제) • 유지관리 및 우려사항 해소 – 방수, 단열, 내풍압, 내화 등

이해관계자의 의도와 요구사항에 대해 알았다면, 다음은 방법론이다. "무엇을, 어떻게?"에 대한 솔루션을 제공해야 하며, 이는 Q. C. D(품질, 비용, 일정)의 목표 수준으로 표현할 수 있다. 건물에 필요한 목표 수준인 에너지 자립률, 혹은 얻고자 하는 인센티브가 설정되면 거기에 맞춰 BIPV 용량이 산출되고, 목표 달성을 위해 BIPV의 설치가능 위치를 찾는다. 이 과정에서 어디에 어떻게 설치할지, 형태는 어떻게 될지, 타 공종과의 간섭은 없는지를 따져보고, 적용시 어떤 외관을 갖추게 되는지 이미지를 떠올려 보기도 한다.

환경에 따라 주변 건물의 음영이나 수목의 영향을 받아 설치 자체가 힘든 경우도 있고, 건물 파사드의 디자인을 살리기 위해서 설치하지 않는 경우도 있다. 그러나 에너지 자립률을 확보하기 위해서 최대한 BIPV의 설치가능한 위치를 찾는 노력이 필요하다. 우리나라 BIPV 설치는 에너지공단의 BIPV설치 시공기준에 따라 가조시간 5시간 이상을 만족해야 하는데, 생각 외로 이 조건을 충족하기 어려울 때가 있다.

가조시간을 간신히 만족해도 방위, 위치에 따른 발전량과 설치 시공비의 경제성을 따져야 한다. 인허가 통과를 위해 용량만 많이 설치되는 데 비해, 발전량이 떨어져 경제적인 효과가 없다면 해당 위치의 설비 설치는 다시 한번 고민해야 한다.

해는 동쪽에서 떠서 남중南中하고, 서쪽으로 지기 때문에 남쪽의 발전량이 좋을 수밖에 없다. 문제는 설치용량을 맞춰야 할 때다. 필요한 용량을 확보하지 못할 경우 경제성이 다소 떨어지더라도 동, 서 방위에 설치하는 경우도 발생할 수 있다. 이 경우 발전량 저하로 원하는 수준

[주변 환경, 음영, 가조시간 반영]

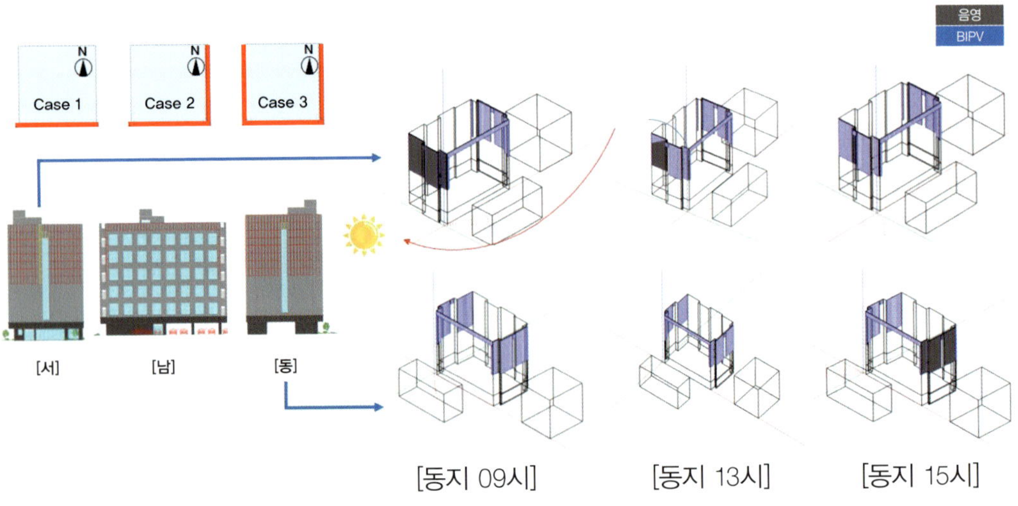

〈출처〉 BIPV(건재일체형 태양광)에 관한 조사(NEDO, '16)

[방위, 위치에 따른 발전량]

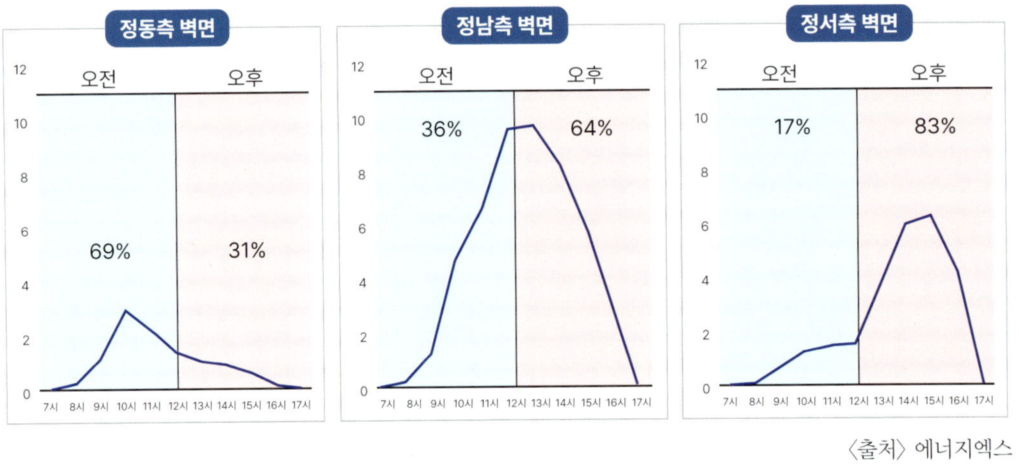

〈출처〉 에너지엑스

의 전력 생산을 기대할 수 없다.

BIPV 모듈은 ZEB 의무화, 지역 녹색건축 기준에 의해 신축에 설치되는 경우가 많고, 이 경우 건물 입면부에 수직으로 설치되는 점을 고려할 때 커튼월 창호에 돌출된 데코레이션(장식)

[건물 디자인 요소(凹凸)를 반영한 음영 검토]

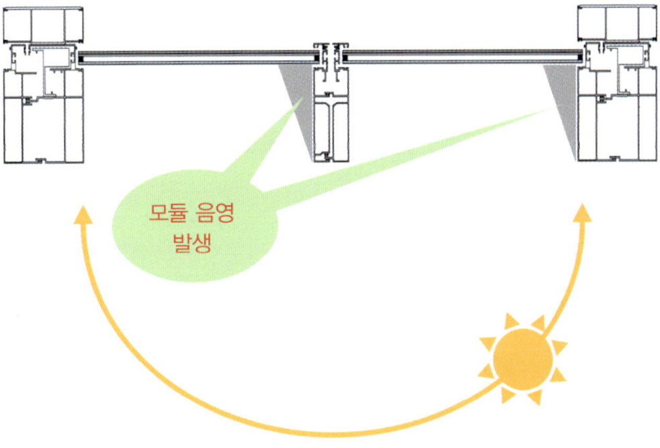

〈출처〉 에너지엑스

바에 의한 요철 등 자체 음영 요소 또한 설계 단계에서 충분히 고려되어야 한다.

또한 예상치 못한 음영에 의한 피해도 고려해야 한다. 건축물을 지을 당시에는 주변에 어떠한 건물도 없어서 음영을 신경쓰지 않았는데, 인접 위치에 새로 건물이 들어설 때가 있다. 실제로 주변 구조물(건물)에 의한 음영 문제로 기존 건물에 태양광을 설치했던 사람이 소송을 제기해서 환경분쟁조정이 된 사례가 있다. 태양광이 설치되었던 기존 3층짜리 건물의 동쪽 방향에 5층 신축건물이 들어서면서 문제가 발생했다. 층수는 2층 차이이지만, 언덕에 위치해 있어 지면의 단차가 많이 나는 데다 건물 크기의 차이도 있어 음영은 피할 수 없는 경우다. 결국 그림자로 인한 발전 손실이 발생했고, 연간 발전량이 10% 정도 떨어진 사례이다. 발전량은 곧 돈이다. 당초에 연간 1,000만 원을 벌고 있다가 900만 원만 번다면 누가 가만히 있겠는가. 문제는 심각하고, 분쟁이 당연히 발생할 수밖에 없다. 이와 같이 예기치 못한 상황을 대비해서, 사전에 대응방법을 고민한다면 미래의 걱정을 줄여 나갈 수 있다.

설계 다음으로는 공사기간과 공사비를 검토해야 한다. 이는 경제성 평가와도 밀접한 관련이 있다. 경제성 평가는 기본적으로 투입된 비용이 어떻게 수익으로 돌아오는가를 확인하는 과정이며, 내가 얻는 이익의 크기를 가늠해보는 과정이다. 일반 태양광 발전설비도 마찬가지이지만, 건물의 BIPV도 큰 규모의 재원이 필요하므로 다양한 방식으로 효과를 확인해 보아야 한다.

[주변 구조물 음영에 의한 태양광 발전시스템 환경분쟁조정 사례]

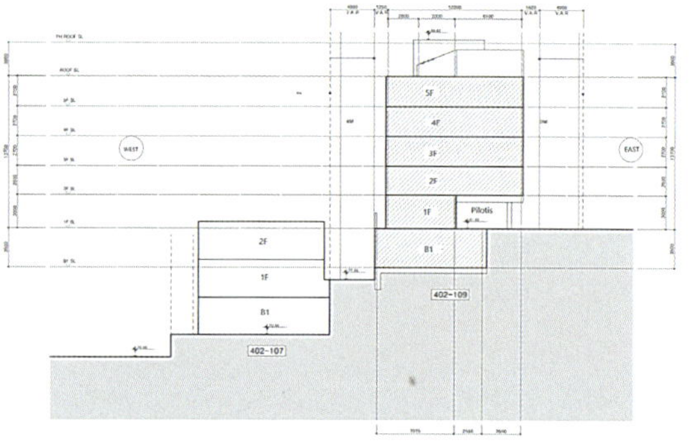

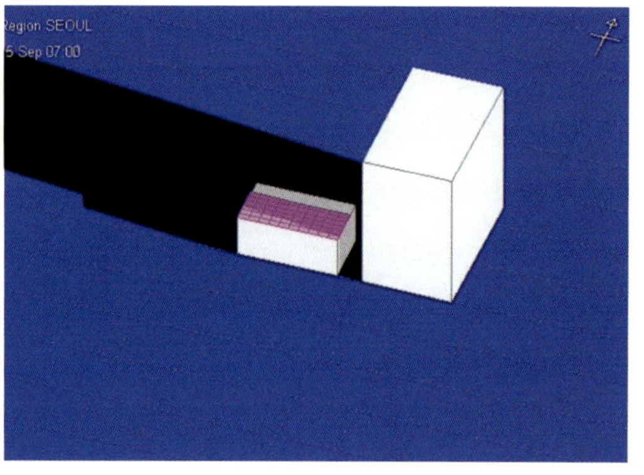

주변 지장물 설치 전 Simulation result (Before)

Month	Jan	Feb	Mar	Apr	May	Jun	Jul	Aug	Sep	Oct	Nov	Dec	Sum
INV Energy (kWh)	990	1,119	1,580	1,761	1,944	1,770	1,433	1,473	1,406	1,296	924	826	15,696

주변 지장물 설치 후 Simulation result (After, East side)

Month	Jan	Feb	Mar	Apr	May	Jun	Jul	Aug	Sep	Oct	Nov	Dec	Sum
INV Energy (kWh)	975	1,089	1,462	1,533	1,636	1,478	1,200	1,253	1,280	1,238	904	816	14,048

〈출처〉 주변 구조물의 일조방해로 발생한 음영에 의한 태양광 발전 시스템 발전량 예측 및 분쟁 조정(안)에 대한 연구(오민석, 2019)

또한 예상되는 Risk도 비용에 산입할 수 있으면 좋다. 그러기에 투입되는 자금과 회수되는 이익의 관계를 명확히 확인해야 한다. 아무 생각없이 투자하는 사람은 없겠지만, 계속 살아가거나 운영해야 되는 시설이므로 더욱 신중한 접근이 필요하다. "절도 모르는데, 시주할 수는 없는 노릇"이기 때문이다.

일단 투입되는 비용과 수익에 대해 알아보자. PV, BIPV를 떠나서 투입되는 비용은 인허가, 시공비, 유지보수, 보험료, 대수선비 등이다. BIPV는 아직 PV만큼 규모의 경제를 달성하지 못했기 때문에 시공비가 다소 높지만, 검토의 로직은 동일하다.

수익의 경우 사업모델에 따라 달라지는데, 현재까지는 한전 및 RPS 의무사업자에게 SMP, REC를 판매하는 전력판매사업의 수익성이 높았다. 그러나 전기요금 상승의 변동성이 있고, 대규모 사업개발의 Risk, RE100의 부상浮上 등 다양한 도입의 동기부여 요인이 존재하는 만큼 자가소비형 사업도 매력도가 높아지고 있다. BIPV는 주로 자가소비형이므로 경제성 분석에는 한전과의 수전용량, 계약 전력단가를 중심으로 이야기 하고자 한다.

비용과 수익조건이 만들어지면 투입된 비용의 투자효과와 가치평가에 대한 검토가 필요하다. 경제성 분석에는 다양한 평가 방법이 있는데, 이 경우에 가장 적합한 방법은 회수기간법Payback period이다. 다른 평가 방법들이 화폐의 시간가치를 기본으로 분석하는 데 비해, 회수기간법은 총수입이 투입된 총비용을 초과하는 시점을 경제적 가치의 판단 기준으로 삼는다. 들어간 돈을 몇 년에 걸쳐 회수할 수 있는지 확인할 수 있어 방법론이 단순하고 직관적이다. 따라서 많은 분야에서 널리 이용되고 있으나, 회수기간 이후에 발생하는 수익이나 잔존가치에 대해서는 고려하지 않는 것이 단점이다. 다른 방법론들도 경우에 따라 유용하게 활용되나, 전제조건으로 사용되는 할인율 등의 설정에서 사업 주체의 상황이 반영되어야 함이 번거로운 점으로 회사나 금융거래에서 주로 사용되는 방법이다.

이런 과정을 통해 경제성이 분석되면 다음으로는 민감도에 대해 따져봐야 한다. 비용도 초기에 들어가는 항목과 장기적으로 들어가는 항목이 있고, 물가상승 등의 영향을 받을 수 있는 것처럼, 수익도 시간의 영향을 받을 수 있다. 설비의 노후화에 따른 경년변화가 효율 저하의 원인이 되고, 전기요금이 상승하는 등 전제 조건이 달라질 수 있기 때문이다.

종합적으로 비용, 수익, 현재가치 환산, 경제성 분석, 민감도 분석된 내용을 기반으로 BIPV 사업 추진 여부를 판단한다. 예를 들어 특정 공장 지붕에 지붕일체형 태양광을 추진한다고 가정해 보자. 운영기간은 태양광 수명을 20년 정도로 가정해 보자. 이유는 태양광 모듈 제조사의 보증기간이 20~25년이며, 효율저하에 대한 성능보증이 이 기간에만 이루어지기 때문이다. 또한 인버터도 보증기간은 5년 정도이지만, 통상 10년 주기로 교체가 이루어지기 때문에 2번 정

[경제성 평가 방법]

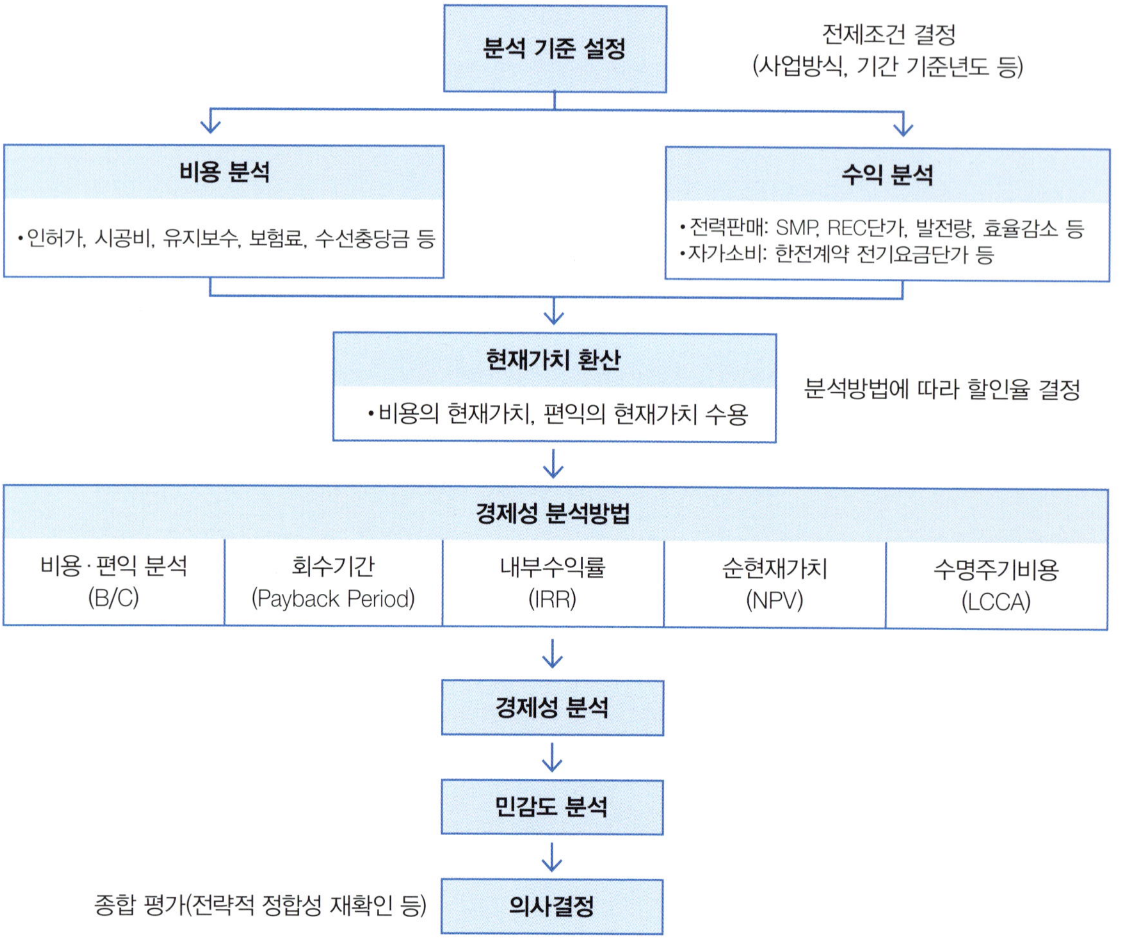

분석기법	개념	장점	단점
비용편익분석 (B/C)	•투자로부터 기대되는 총편익의 현가를 총 비용의 현가로 나눈 값 •미래에 생길 비용과 편익을 현재가치로 환산 •동일 비용시 편익이 큰 대안, 동일 편익시 비용이 적은 대안 선택 •일반적으로 B/C ratio가 1보다 크면 경제적 타당성이 있다고 판단	•직관적 이해, 사업 규모 고려 가능 •비용편익 발생기간 고려	•편익–비용의 명확한 구분 곤란 •(공공) 사회적 할인율의 파악
회수기간 (Payback Period)	•총수입이 총비용을 넘어서게 되는 시점(순이익이 실현되는 시점)이 언제인가를 산출하여 경제적 가치를 판단하는 방법 •현금 유동성, 안정성 중시 경향을 고려하여 보완적 방법으로 이용	•쉽고 직관적인 단순 계산 방법	•회수기간 이후의 수입이나 잔존가치를 고려하지 않음

분석기법	개념	장점	단점
순현재가치 (NPV)	•투자로부터 기대되는 미래 현금유입, 현금유출의 현재가치를 비교 •단일 투자안은 NPV > 0, 여러 투자안은 NPV 큰 순서로 우선순위 채택 •동일현금흐름이라도 할인율이 높을수록 NPV는 작아짐	•대안선택시 명확한 기준 제시 •장래 발생편익의 현재가치 제시 •할인률에 Risk 요소를 반영 가능	•할인율 결정이 어려움 •이해의 어려움 •대안 결정시 오류 발생 가능성
내부수익률 (IRR)	•투자안의 예상 현금 유입, 유출액의 현재가치를 동일하게 하는 할인율 •투자안의 순현재가치(NPV) = 0이 되는 할인율 •일반적으로 IRR > k (자본조달비용, 이자율, 요구수익률)이면 타당함 •요구수익률보다 해당 투자안의 IRR이 클 경우 경제성이 있음 ※예상 현금흐름, 자본비용으로 투자안에 내표된 수익률을 직관적 이해	•사업의 수익성 측정 가능 •타 대안과 비교가 용이 •평가과정과 결과 이해가 용이	•절대적 사업규모 고려치 않음 •몇 개의 IRR 동시 도출 가능성
수명주기비용 (LCC*A)	•시설, 개체의 수명주기(Life Cycle) 동안 발생하는 총비용을 평가 •설비 수명주기가 길거나, 주변 여건에 비용이 영향을 받는 경우 유리 ※LCC = 초기비용 + 교체비용 + 유지보수비용 + 금융비용 + 철거(잔존가치)비용	•예상 수명기간의 전 사업비 고려 •시설 유지관리, 건설 정보 제공	•비용 편익을 정교한 산출 곤란 •비용 발생주기 예측 다소 힘듦

*PV LCC = 초기비용(건설공사비, 인허가, 설계비, 감리비, 기획비, 토지 구입 혹은 임대비) + 유지보수비용(모듈청소비, 모니터링비) + 교체비용(인버터 대수선비) + 금융비용(보험료, 대출이자 등) + 폐기비용(철거비, 잔존가치비 등)

〈참고자료〉 국토교통부 교통시설 투자평가지침 제3차, 『태양광 현재와 미래를 만나다』

도 교체한다고 가정하여, 20년 정도로 운영기간을 설정하였다. 수익은 태양광 발전량에 따른 전기요금 절감이며, 공장을 가정하였으므로, 산업용(을, 고압) 전기요금을 적용하기로 한다.

전기요금은 기본요금과 사용량요금으로 구분되며, 사용량이 늘어날 때마다 요금이 증가되는 구조이다. 여기에 누진제가 적용되면, 구간에 따라 기본요금과 사용량요금이 달라지게 된다. 특히 우리나라는 계절, 시간별로 단가가 달라지는 요금제도를 채택하고 있기 때문에 조금은 복잡한 체계를 가지고 있고, 변경되는 내용은 항상 한국전력 사이버지점 홈페이지에 갱신 공개되므로 최신 내용은 관련 사이트를 참조하기 바란다.

한국전력의 전력사용 일반현황을 보면 계약종은 주택용, 일반용, 교육용, 산업용, 농사용, 가로등, 심야의 7가지로 나뉜다. 우리나라는 제조업을 기반으로 하고 있기 때문에 실제 전력사 투자된 비용을 지속적으로 회수하는 전기요금이 정리되었으면, 이제는 언제 투자회수가 일어나는지 살펴볼 필요가 있다. 전기요금은 물가상승과 연계하여 연평균 3~4% 상승하는데, 최근의 상승 추세는 매섭다. 그렇지만 이런 요인들은 모두 가정이기 때문에 변동 가능성이 있다. 현재의 전제조건인 운영기간(20년), 수익(전기요금 절감), 비용(시공비, 유지보수, 대수선 등)을 감안하면 통상 자체 투자 100%일 경우 7~9년 정도면 투입한 자금을 회수하기 시작하고, 남은 운영기간동안 수익 실현이 가능하다. 그런데 투입하는 투자 비용을 줄일 수 있는 길이 있다면 어떻게 될까. 투자 회수기간이 단축될 수 있는 길이 열린다.

정부는 다양한 기술의 미래를 보고 정책적으로 산업을 육성하고 있다. 과거 LED나 ESS배터리 기술도 그렇지만 BIPV도 마찬가지로 정책적으로 관심있게 바라보고 있는 기술분야이다. 시장이 커 나가기 위해서는 정책적인 지원을 통해 성장하는 절대적 시간이 필요하다. 그래서 보통 공공 혹은 조달시장에서 지원을 통해 중소 기업을 육성하고, 그 기업들이 민간시장으로, 해외시장으로 진출할 수 있도록 도움을 준다. 그 도움이 시장의 마중물 역할을 하는 정부 지원금 혹은 특정 부문의 투자에 대한 세액공제, 수수료 감면 등이다.

같은 사업을 진행하더라도 산업이 무르익지 않은 현 시점에서 정부지원책을 활용할 수 있느냐, 없느냐에 따라서 사업의 예상수익, 투자 회수시간은 큰 차이를 보일 수 있다. 특히 현재는 BIPV가 일반 태양광과 같은 규모의 경제를 달성하기 이전 상황이다. 이 상황에서 100% 사업 주체의 자금을 활용하는 사업방식을 "B Plan"이라 하고, 사업비 보조금 받을 수 있는 사업방식을 "A Plan"이라 한다면, 사업방식 "A"는 투자회수기간을 절반 이상으로 줄일 수 있다. 지원금 제도를 꼼꼼하게 들여다보면, 보조금을 받는 사업 이외에도 투자세액공제 같은 다양한 제도가 있기 때문에 어떤 제도를 알고 활용하느냐에 따라 투자회수기간은 더욱 단축될 가능성도 존재한다.

지원사업은 의무화가 적용되는 대상에는 활용할 수 없다. 사업 확대와 보급 촉진을 위한 지원금인데, 의무 대상이라면 지원금을 사용할 명분이 없기 때문이다. 당연히 해야 되는 일인데, 소중한 세금을 낭비할 수는 없기 때문이다. 따라서 의무가 적용되지 않는 민간 건축물에만 건물지원사업 등의 지원제도를 활용할 수 있고, 지역별 녹색건축물 설계기준을 준수해야 하는 대상은 지원금을 받을 수 없는 것이다. 지원사업대상의 선정에 대해서는 엄격한 정책 기준을 적용한다. 이자 지원을 해 주는 정도가 아니며, 자재비나 공사비가 아닌 사업비 전체의 50~70%

[BIPV 설치를 통한 자가소비형 태양광 경제성]

구분		자가소비	비고
운영기간		20년~	통상 모듈회사의 성능 보증 최소기간(20년)
사업용량		***kW	현장 상황에 맞게 배치
수익 요소	발전량, 발전시간	시뮬레이션값을 보수적으로 적용	위도·경도, 기후, 주변 음영, 방위, 경사, 풍압, 적설, 효율감소 등 영향
	전력 단가	계약전력 단가 확인	자가소비는 매년 요금인상 약 3.9% (22년은 10% 전기요금 인상)
비용 요소	초기비용	건설공사비(시공비), 설계비 등	인허가 절차는 사업 방식에 따라 다름
	유지보수	모듈 외부 청소, 모니터링 등	20~25년 이후 교체, 유지 검토
	교체비용	인버터 등 대수선 비용	10년 이후 인버터 교체 검토
	금융비용	자체 투자, 정부지원 등	활용 조건에 따라 경제성 등에 영향도 높음 (이율, 물가상승률 등)
	폐기비용	철거비, 잔존가치	경제성 분석 방식에 따라 활용되지 않을 수 있음 (eg. 투자회수법은 해당없음)

※ 총 사업비, 발전시간, 전력판매 단가 등 기본 조건은 현장 여건에 따라 변경될 수 있으며, 실시설계 후 최종 확정

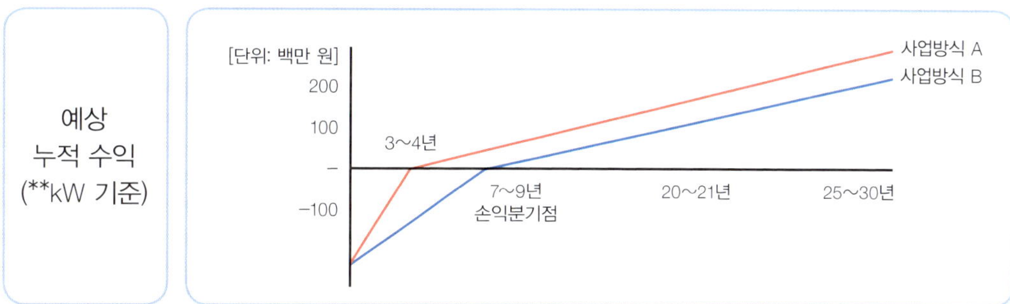

〈출처〉 에너지엑스

까지 지원이 되다 보니, 지원금을 받는 것 자체가 굉장한 사업성 개선의 효과가 있다.

매년 상반기에 지원대상에 대한 접수를 받고, 하반기에 대상을 선정하기 위한 심의위원회가 개최되어 지원을 받을 수 있으니, 필요한 부분에 대해서는 친환경 솔루션 전문회사 또는 전문 컨설팅업체에 상담을 추진해 보는 것을 권한다. 어떤 사업이든 마찬가지이지만, 다양한 전문회사 중에서도 실력 있는 회사를 선택하는 것이 중요하다. 실력의 기준은 솔루션 제시의 깊이라고 생각한다. 지원사업을 활용하고 싶은 회사의 담당자나 의사결정권자는 제도를 활용해 본 경험이 없다. 전문가는 다양한 케이스를 다루어 왔기 때문에 특정 질문이나 사례에 대한 솔루션

데, 아직은 적용에 부담스러운 수준이며 상당한 단가인하가 필요하다.

과연 어느 정도 수준까지 내려와야 할까. 일반 전력판매용 PV 수준까지는 단가인하가 필요하다고 생각한다. 일반 PV의 경우 전체 사업비의 50%는 공사비, 나머지 50%는 자재비이다. 모듈은 자재비의 40% 정도이므로, 전체 사업비에서는 20% 정도의 비율을 차지한다. 현재는 BIPV의 단가가 높더라도 단가 수준이 일반 PV의 비율 정도는 되어야 부담없이 적용 검토가 가능할 것으로 본다.

우리가 익숙하게 보는 태양광 모듈도 처음에는 이렇게 저렴하지 않았다. 태양광 발전의 사업

[일반 PV 사업비 구성비율]

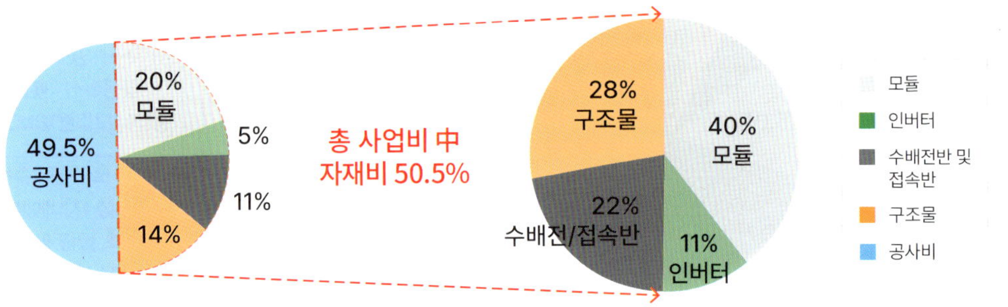

[공사비, 모듈단가 변동 추이]

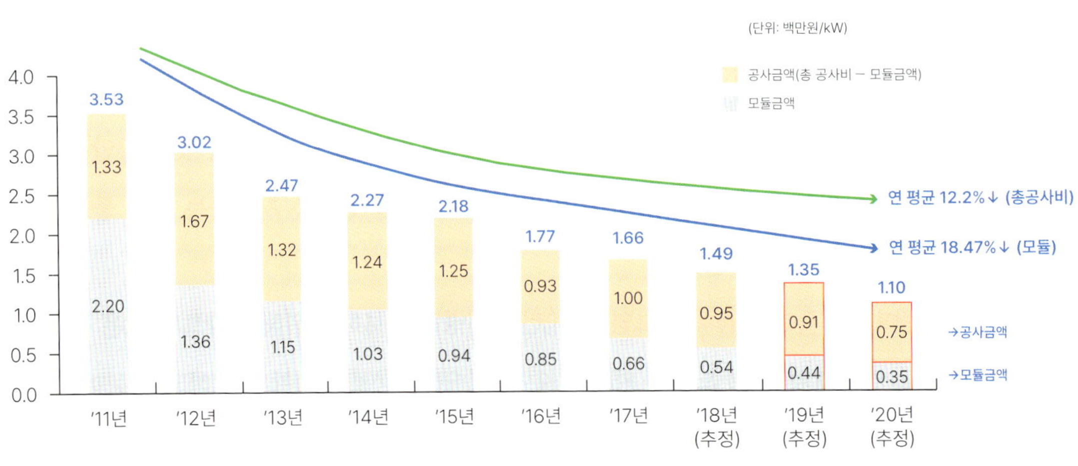

〈출처〉 발전원별 균등화 발전원가 산정에 관한 연구 보고서(에너지경제연구원), 사업비구성 기존 다수 프로젝트 분석

수요 증가로, 모듈 공급 물량이 늘어나고, 수율이 높아지며, 공정이 안정화되면서 전체적인 가격 안정을 달성하게 된 것이다.

실제 태양광 발전소의 설비 공사금액과 모듈 금액을 추적 분석한 에너지경제연구원의 "발전원별 균등화 발전원가 산정에 관한 연구보고서"를 보면 지난 10년간 공사비는 연평균 12% 하락, 모듈 비용은 18% 하락한 것을 알 수 있다. 규모 증가가 있었기에 달성할 수 있는 수치이다. 우리나라 태양광 설치용량이 100~500MW 수준일 때에 비해, 4~5GW 정도로 10년의 세월 동안 최소 10배 이상 시장규모가 성장했기 때문이다.

태양광 분야에는 "Swanson의 법칙"이라는 물량과 단가의 상관성을 나타내는 경험 곡선이 있다. 스완슨은 미국의 Sun Power라는 태양광 모듈 회사의 설립자인데, 이 회사는 모듈의 패턴이 보이지 않는 후면전극셀로도 유명하다. 이 회사의 기술회의에서 모듈 출하량과 단가의 관계를 계속 추적했는데, 누적 출하량이 2배가 될 때마다 모듈 가격이 20% 정도 감소하는 경향을 알게 되었다.

[스완슨의 법칙: 모듈 물량 – 단가]

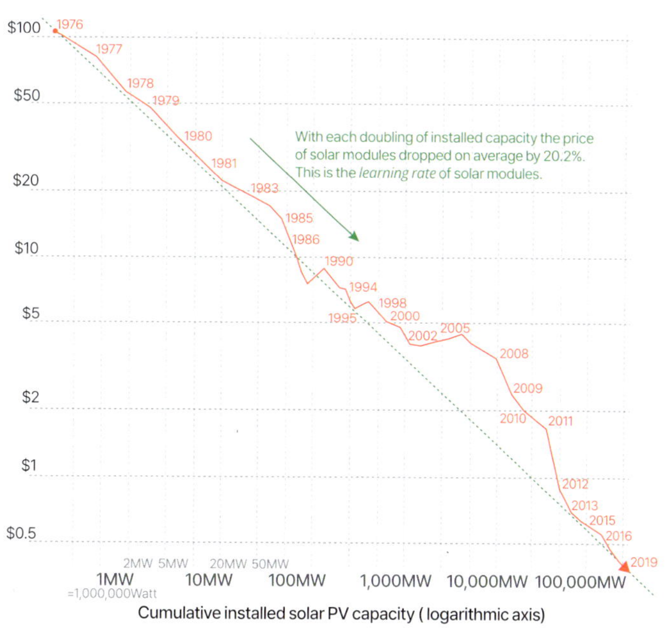

〈출처〉 Lafond et al.(2017) and IRENA Database, 위키피디아(https://hmn.wiki/ko/Swanson%27s_law)

이 그래프에는 45년 이상 데이터가 축적되어 있다. PV 누적 설치 규모가 1MW에서 100,000MW까지 커지는 동안, Watt 당 가격이 1976년에 100불에 육박하던 것이, 지금은 0.5불 이하 수준이니 긴 세월 동안 99.5% 이상 가격 절감을 달성한 것이다. 규모의 힘은 이렇게 강력하다.

건물의 외장재를 대체하는 BIPV도 이러한 규모의 경제를 이루어야 한다. 과거에는 작업자가 BIPV를 제작할 때 거의 수작업에 의존해서 모듈을 만들었다. 셀을 옮기는 공정도 수작업을 했었는데, 이제는 반자동화는 이루어지고 있는 상황이다. 시장규모가 커지면 공정도 자동화되고, 수율도 높아지는 긍정적인 상황이 만들어 질 것으로 생각된다.

[G2T 대비 외장재 단가 비교]

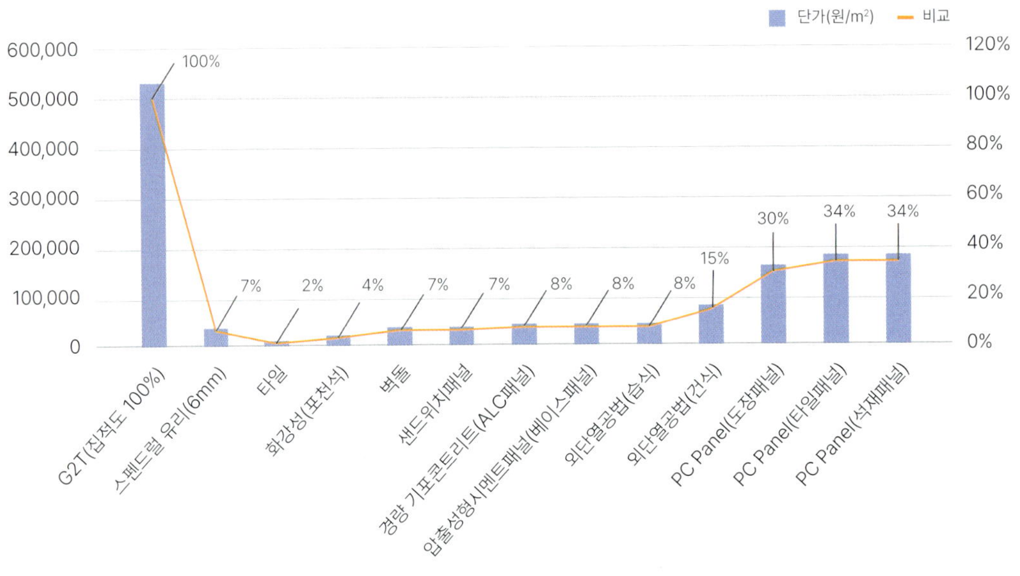

〈출처〉 건물 유형별 BIPV 표준 설계(한국건설기술연구원, 2007)

과거의 데이터이지만, 건물 외벽에 활용되는 G2T Glass to Tedlar, Tedlar는 듀퐁사의 PVF 수지필름 상품명 모듈은 다른 외장재와의 단가를 비교했을 때 단가차이가 높다. 단위면적당 가격이 가장 높은 석재패널 대비해서도 BIPV 모듈의 단가가 3배 이상 높은 것을 알 수 있다. 이렇게 차이가 나면 적용을 망설일 수밖에 없다.

BIPV 관련해서 기술도 개발되어야 하고, 공정도 혁신되어야 하겠지만, 이 모든 문제의 해답은 시장규모의 확대라고 생각한다. 시장이 확대되면, 축적해 나가는 경험의 힘으로 시행착오의 문제를 해결해 나갈 수 있다. 물론 초기 몇 년에는 문제가 많이 발생할 것이다. 갑작스러운 물량확대로 차근차근 경험을 쌓을 시간 대신 동시다발적인 불량 문제가 발생할 수도 있다. 그러나 자연스럽게 대응해 나가면 이슈는 극복가능한 부분이라고 생각한다. 오히려 짧은 시기에 많은 경험을 쌓는다면 이보다 더 좋은 공부가 어디 있겠는가.

실제 BIPV 관련 프로젝트를 다루면서, 컨설팅을 진행한 경험으로 볼 때 많은 케이스를 다루어보는 것보다 좋은 것은 없다. 특히 이 분야가 교과서라든지 정립된 지식이 없기 때문에 실력은 현장의 문제를 해결하면서 쌓는 것이 가장 도움이 된다. 이런 의미에서 건축주, 건축가와 사업개발 단계에서 논의되는 BIPV 적용 과정을 간단히 소개하는 것도 좋을 것이다.

건축사와의 협의, 친환경 솔루션 제공자와의 상담을 통해서 사업 대상지에서 요구되는 에너지 자립률이 설정되면, 재생에너지 원별 용량도 결정된다. 다양한 재생에너지원을 다룰 수 있으나, 적용 대상이 건물이므로, 기술성, 경제성, 유지보수 등을 종합적으로 검토할 때 우선적으로 PV, BIPV를 채택하고, 모자란 용량에 대해 연료전지나 지열 등을 고민하는 경우가 많다. 만약 PV나 BIPV만으로 자립률을 만족할 수 있으면서, 건축 설계의 심미성을 확보할 수 있다면 이보다 좋은 솔루션은 없을 것이다. 현실적으로는 이마저도 쉽지는 않다.

우리가 원한다고 해서 BIPV의 설치가 모두 가능한 것은 아니기 때문에, 적절한 설치 영역을 찾는 것이 중요한 문제이다. "신재생에너지 설비 원별 시공기준"에는 BIPV 설치를 위해 필요한 사항이 정리되어 있다. 우선 설치가능 여부는 모듈의 일조시간햇빛이 비치는 시간을 기준으로 한다. "장애물로 인한 음영에도 불구하고, 1일 5시간[춘계(3~5월), 추계(9~11월) 기준] 이상이어야 하며, 전선, 피뢰침, 안테나 등 경미한 음영은 장애물로 보지 않는 것"이 설치 기준이다. 또한 BIPV는 기존 건축물의 지붕, 벽체 등과 평행하게 설치하는 경우가 많으므로, 설치 가능 방위를 정남향을 기준으로 동쪽 또는 서쪽으로 90도까지 설치가 가능하도록 했다.

방위에 북쪽이 포함되면 태양으로부터 받을 수 있는 에너지량이 급격하게 감소하므로, 투자대비 효과가 급격히 떨어지기 때문이다. 또한 여기에 정부지원금이 투입된다면 세금 낭비 등 다양한 우려가 발생할 수 있어, 각별한 주의가 필요하다.

설치 가능한 위치가 어느 정도 설정되면 이제는 목표 용량의 문제를 풀 시간이다. 공공 혹은 지역별 민간 녹색 건축물 설치기준을 만족하기 위해서 의무적으로 설치해야만 하는 용량을 산정해야 한다. 건물의 연면적, 층별 사용 용도, 외벽/지붕/바닥/창호 등의 성능 내역, 부하(냉방, 난방, 급탕, 조명, 환기)와 부하의 효율 등을 고려하여, 예상 에너지 소요량을 산출하고, 가능한 에너지 생산량을 계산하여 재생에너지 필요 용량을 산출한다.

산출된 재생에너지 목표 용량을 만족하기 위해 설비를 배치해 보고, 목표를 얼마나 달성할 수 있는지, 사업비는 어느 정도인지, 확인하는 과정이 필요하다.

자립률을 확보하기 위해 필요한 에너지원의 설치용량이 결정되면 가능한 범위에서 어느 정도 설치가능한지 확인하는 과정이 필요하다. BIPV의 경우 개략적으로 방위별 위치를 확인한 후, 각 부분별로 설치 가능성이 있는지, 모듈을 설치했을 때 어떤 모습인지 미리 확인한다. 또한 설치되는 용량별로 실제 어느 정도 발전할 수 있을지 전문 프로그램을 통해 확인하면서, 의무 에너지 용량에 대한 충당 비율을 산출해 본다.

우선적으로 BIPV를 검토했을 때, BIPV만으로 충당 비율을 만족할 수 있다면 다행이지만, 용량이 부족한 경우에는 다른 선택지를 고민해야 한다. 지열이나 연료전지, 태양열을 활용할 수도 있지만, 가능하다면 PV나 BIPV로 필요 에너지를 충당하면 좋다. 기술성, 경제성, 유지보수 등을 종합적으로 판단한 결과이다.

사업비 또한 설치되는 타입과 세부적인 요구사항을 반영하면 변동 가능성이 있고, 한전과의 계약종별 요금체계에 따라 전기요금 절감액도 산출할 필요가 있다. 또한 설계에 반영할 BIPV 시공 디테일까지 책임지고 프로젝트를 지원해야 한다. 이 과정에서 BIPV 전문가는 건축주, 건축가와 같은 목표를 가지고, 서로 이해하며 프로젝트를 수행해야 한다. 동반자로서 프로젝트를 이끌어갈 때, 진짜 전문가의 솔루션이 빛을 발한다. 전문가는 안되는 이유보다는 될 수 있는 방법론은 제시하는 사람이다. 제약조건이 주어졌을 때 다른 대안으로 그 제약조건을 극복할 수 있어야 진정한 전문가이다.

BIPV의 사업개발도 마찬가지이다. 이해관계자의 우려사항을 풀어주고 Q.C.D 입장에서 더 나은 방법을 찾아야 한다. 같이 어떻게 하지라는 고민보다는 또 다른 대안, 솔루션을 당사자 입장이 되어 해결해 나가야 한다.

음영 분석이 대표적인 고민해결 과정이다. BIPV도 태양광이기 때문에 기본적인 의문사항이

[사업지 검토, 환경 분석]

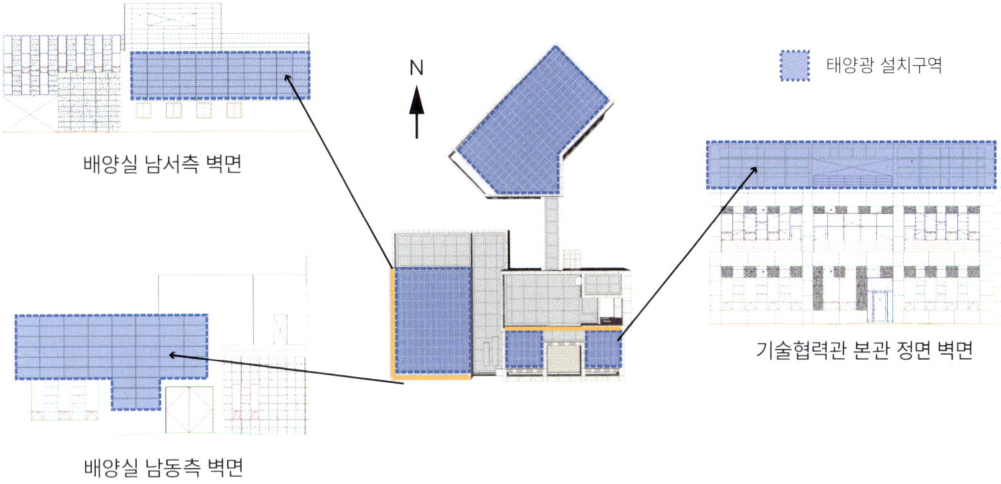

[재생에너지 목표 확인]

프로젝트명	예상 설비용량	발전 시간(일)	필요에너지 생산량	의무에너지 인정량(충당률)	사업비	20년 누적 전기요금 절감액
A 프로젝트	지붕: 51.0kW 벽면: 23.38kW 계: 74.38kW	2.9시간/일	175,090kWh	175,895kWh (100.5%)	368.0백만 원	244.5백만 원

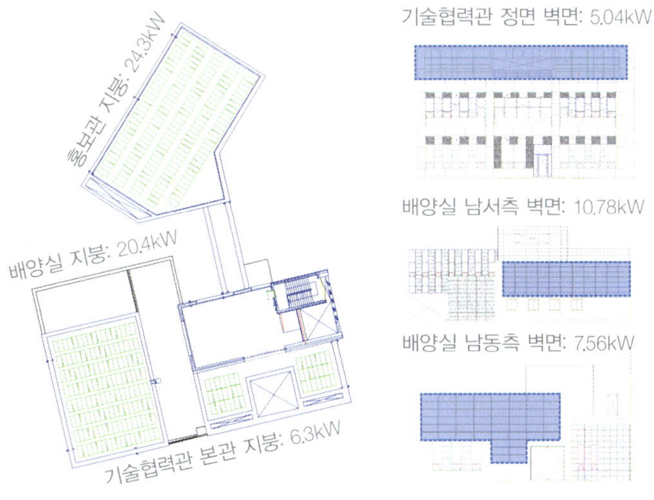

[설치 최적안 제안]

구분	계	일반태양광(PV)	건물일체형태양광(BIPV)	
		기술협력관 정면 벽면	배양실 남동 벽면	배양실 남서 벽면
모듈 설치 안	–	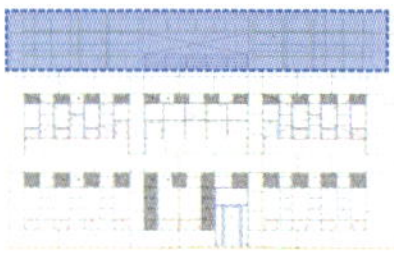	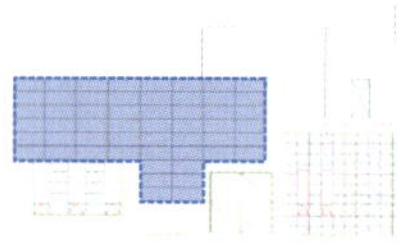	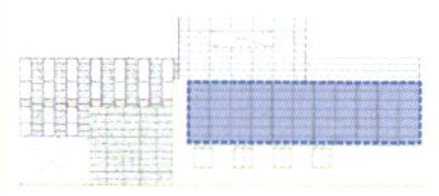
예상 설치용량	23.38kW	5.04kW	7.56kW	10.78kW
일평균 발전시간	2.09시간/일	2.35시간/일	2.35시간/일	1.79시간/일
의무에너지 인정량 (충당률)	110.1MWh (62.9%)	6.5MWh (3.7%)	42.7MWh (24.4%)	60.8MWh (34.8%)
사업비	176.7백만 원	38.1백만 원	57.1백만 원	81.5백만 원
20년 누적 전기요금 절감액	55.5백만 원	13.4백만 원	20.2백만 원	21.9백만 원

[사업성 분석]

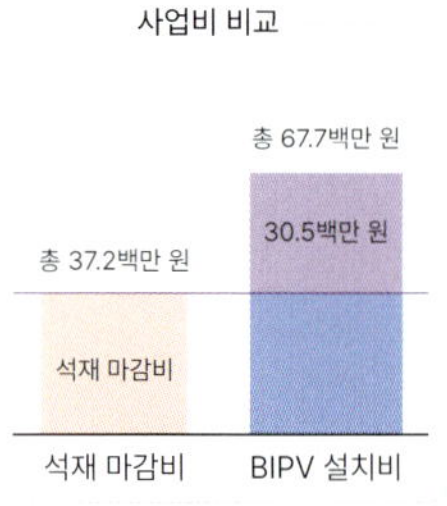

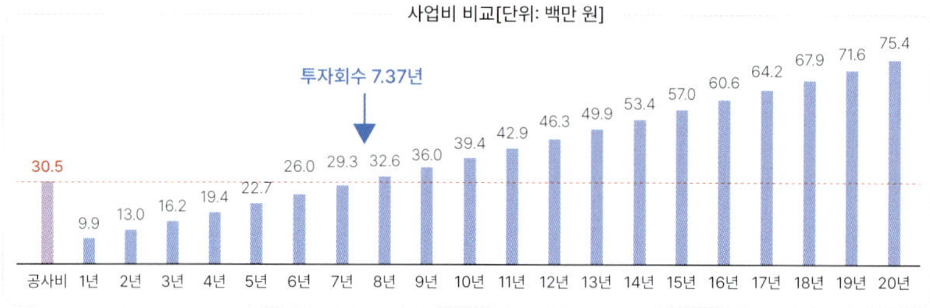

구분		계	1년	2년	3년	4년	5년	6년	7년	8년	9년	10년
전력생산	발전량 (MWh)	421	22.1	22.0	21.9	21.8	21.7	21.5	21.4	21.3	21.2	21.1
이익 [ⓐ]	전기요금 절감금액	69	3.1	3.2	3.2	3.2	3.2	3.3	3.3	3.3	3.4	3.4
지출 [ⓑ]	공사비	30.5	30.5	–	–	–	–	–	–	–	–	–
	계	30.5	30.5	–	–	–	–	–	–	–	–	–
투자세액공제 [ⓒ]		6.8	6.8	–	–	–	–	–	–	–	–	–
수익 [ⓐ–ⓑ+ⓒ]	연간	44.8	–20.6	3.2	3.2	3.2	3.2	3.3	3.3	3.3	3.4	3.4
	누적		–20.6	–17.5	–14.3	–11.1	–7.8	–4.6	–1.2	2.1	5.5	8.9

구분		11년	12년	13년	14년	15년	16년	17년	18년	19년	20년
전력생산	발전량 (MWh)	21.0	20.9	20.8	20.7	20.5	20.4	20.3	20.2	20.1	20.0
이익 [ⓐ]	전기요금 절감금액	3.4	3.5	3.5	3.5	3.6	3.6	3.6	3.7	3.7	3.8
지출 [ⓑ]	공사비	–	–	–	–	–	–	–	–	–	–
	계	–	–	–	–	–	–	–	–	–	–
투자세액공제 [ⓒ]		–	–	–	–	–	–	–	–	–	–
수익 [ⓐ–ⓑ+ⓒ]	연간	3.4	3.5	3.5	3.5	3.6	3.6	3.6	3.7	3.7	3.8
	누적	12.3	15.8	19.3	22.9	26.4	30.0	33.7	37.4	41.1	44.8

*전기요금 단가 기준: 141.34원/kWh_산업용(을) 고압A 선택 | 요금제, 전기요금 단가 인상률 1.5%, 에너지절약시설 대상 투자세액 공제 10% 반영, 매해 모듈효율 감소 0.5%, 석재마감비 : 15만원/m^2 기준

있다. 빛 반사, 낙엽, 전자파, 그림자 심지어 새가 똥을 싸고 가면 어떻게 하나라는 고민까지 다양한 이슈를 쉽게 풀어줘야 한다. 쉽게 풀어주는 것은 말보다는 시각화된 자료가 좋다. 시각화된 자료보다는 샘플이나 목업이 있다면 더 좋을 것이지만 아직 만들어진 BIPV가 아니기 때문에 시뮬레이션으로 풀어주는 것이다.

사실 이해관계자들, 특히 전문가들은 이미 경험으로 상식적으로 건물을 지었을 때 BIPV에 미치는 영향과 어떤 일이 벌어질지 대략적으로 알고 있다. 그 결과를 가시적으로 미리 보여주고, Risk를 예측, 대응할 수 있게 만들어 주는 일이 사업개발 과정이다.

아직 건축되지 않은 가상의 건물을 시뮬레이션 위에 세워 놓고, 영향을 주는 요소를 보여준다. 태양은 동에서 떠서, 남중하고, 서쪽으로 지니까 그림자도 움직인다. 또한 건물의 매스Mass에 따

[3D모델링 음영분석]

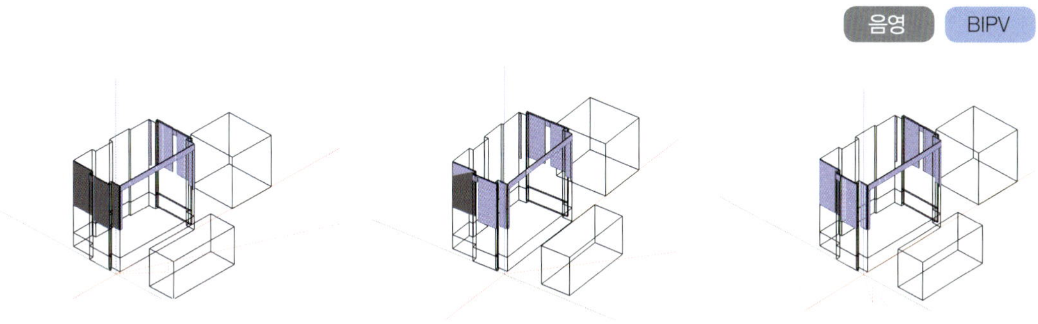

동지 09시 동지 13시 동지 15시

[발전시간 시뮬레이션]

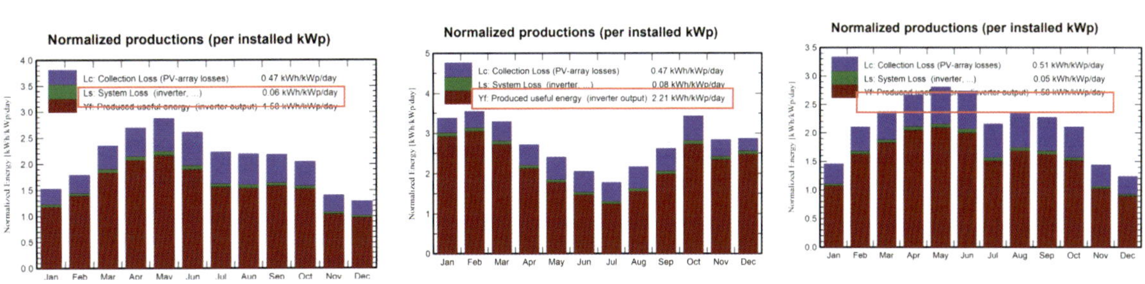

서쪽 남쪽 동쪽

라 그림자가 생기기도 한다. 이 과정에서 발생하는 음영을 보여주면서 최적의 설치 환경을 찾는다. 이해관계자의 특별한 요구사항이 있어서 배제해야 하는 조건이 존재하기도 하며, 이를 반영하는 경우도 많이 있다. 사업성에 대한 사항도 마찬가지이다.

태양의 움직임에 따라 발전시간이 어떻게 변하는지, 계절의 영향을 보여주면서 어떤 시점에 경제성이 좋아지고 약해지는지 궁금한 부분을 해소하기도 한다.

건물에 들어가는 BIPV가 고가이기는 하지만, 건물의 전체적인 가치에 비해서는 차지하는 비율이 높지 않기 때문에 사업성 분석은 BIPV가 영향을 미치는 범위에 한정해서 이야기를 하면 된다.

하지만 범위가 태양광을 살짝 넘어서 외장까지 전개되는 경우도 있다. 이때도 전문가는 고객의 궁금한 점을 해소해야 한다. BIPV가 건물의 외장재를 대체하는 기능을 하고 있으므로, 기존 외장재를 대체하면서도 비용은 어느 정도 추가되는지, 자가발전으로 전력절감은 얼마나 되는지를 알아보는 것이 경제성 분석의 핵심이다. 기존의 마감재를 대체하는 대신, 전기를 생산 변환하는 기능에 추가적인 비용 투입을 감안하는 것을 고려해야 하는데, 어떤 마감재를 대체하는가에 따라 비용 추가분은 달라진다. 통상은 석재 마감을 대신하는 것을 가정하므로 ㎡ 당 단가를 이에 맞춰서 산정할 수 있다.

수익은 재생에너지로 생산된 전력이 얼마만큼 건물의 에너지 수요를 절감하는가로 만들어지는데 민감도를 적절히 활용할 필요가 있다. 이 경우 전기요금의 상승 추세를 CAGR 등을 적용해서 산출하는 경우가 일반적이다. 전기요금은 장기적인 관점에서 활용해야 한다. 정책적인 영향을 받는 경우가 많고, 우리 생활에 너무나 밀접한 영향을 미치기 때문이다. 통상 10~15년 정도의 기간을 두고 사업성 분석에 활용하는 것이 좋으며, 너무 길거나 짧으면 의사결정이 왜곡될 수 있다.

전기요금 상승을 억눌러왔던 시점의 데이터를 적용하면 상승률이 너무 낮아서 채산성이 떨어진다. 최근의 특이사항을 반영하면 1년에 11%도 넘게 상승하고 있으므로, 굉장히 긍정적인 투자회수를 기대할 수 있다. 두 경우 모두 적절하지는 않다고 본다.

보수적인 의사결정을 하되, 너무 보수적이지는 않게 중도를 지키는 사업성 분석이 필요하다. 또한 투자세액공제 등 각종 지원제도 역시 최신 상태를 확인해야 한다. 재원 자체가 일몰되었거나 제도가 변경되었을 가능성도 있기 때문이다.

[BIPV시스템 디테일 설계 지원]

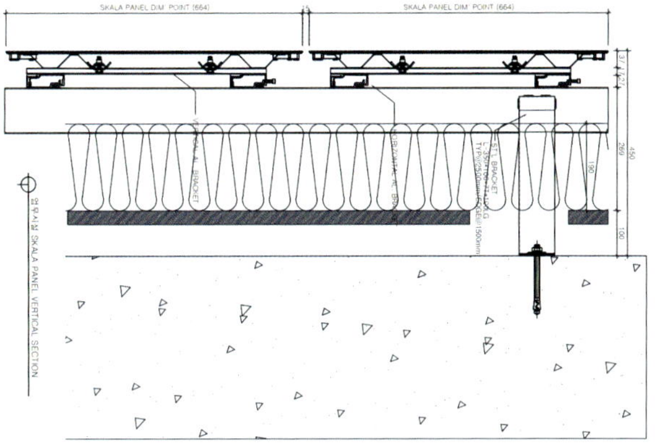

〈벽면 마감상세〉

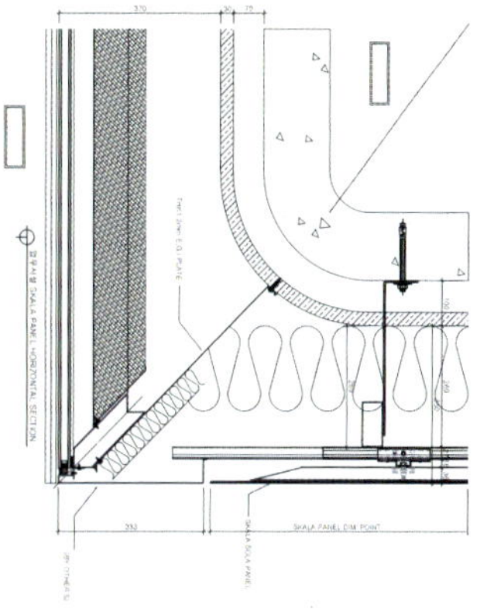

〈모서리 마감상세〉

적용에 대한 기본적인 의사결정이 끝나면, 설계 단계이다. 건축사는 건축의 전문가이지만 모든 에너지와 BIPV의 디테일을 알 수는 없다. 전문가는 전문가만의 영역이 있기 때문이고, 여러 프로젝트를 동시에 효율적으로 추진하려면 전문가의 도움이 절실하기도 하다.

설계를 마무리하기 위해 필요한 시공 디테일은 BIPV 전문가가 지원해 준다. 건축가는 색상, 반사, 적용 사이즈, 중량, 더미dummy 모듈, 이형 모듈, 규격, KS 시험성적서, 인증서, 열교차단, 고정방식, 줄눈 간격, 빗물 침투 가능성, 배수, 케이블 배선, 인버터 적용 등 다양한 궁금증을 가지고 있다. 이 모든 것을 BIPV 전문가가 해결해 준다면 이보다 더 든든할 수가 없다. 그래서 전문가는 전문가인 것이다.

지금까지는 사업개발 단계의 고려사항에 대해 알아보았으니, 다음으로는 BIPV 유형별 설계와 시공에 대해 알아보도록 하자.

BIPV는 설치 위치에 따라 크게 지붕, 입면, 기타(차양, 난간 등)로 구분될 수 있고, 건축물 적용 부위별로 요구되는 특징이 다르다. 지붕은 기본적으로 태양광을 받기 유리한 경사를 가지고 있으며, 건물의 높이에 따라 외부에서 보이지 않는 경우가 많다. 따라서 주변의 시선에 자유로울 수 있으며, 발전 효율을 확보하기 위한 적절한 방위와 경사각으로 태양광 패널을 설치할 수 있다. 가장 자연스러운 방법은 지붕의 경사를 그대로 활용하여 태양광을 설치하는 것이며, 더욱 좋은 경우는 지붕재를 태양광 패널이 대체하는 것이다. 외부에서 보이지 않게 낮은 경사로 태양광을 설치하는 것보다, 지붕재를 PV로 대신해 나가는 경우 구조 비용 절감, 외장 비용 절

[BIPV 설치 위치 및 특징]

BIPV 설치 위치		특징
지붕	평지붕	• 건축물 부위 중에서 가장 발전효율을 확보하기 쉬운 곳 – 모듈 설치시 방위와 경사를 자유롭게 선정 가능 – 외부에서 보이지 않게 하는 경우는 낮은 경사각으로 설치
	경사지붕	• 태양광 설치 최적 형태(지붕 경사를 그대로 활용) – 남향 경사지붕은 태양광 발전의 최적 경사를 가짐 • 평지붕 대비 구조 비용 저감
	천창	• PV–단열유리는 그림자 효과를 만들거나 빛을 조절 가능 • 수직 배치에 따른 일사량 저감(30%↓) • 시야 확보, 채광 조절을 위해 유리구조물–PV 통합 니즈
입면		• 시인성이 높고, 건물 특징을 드러내는 디자인이 가능 – 파사드 외장으로서 PV는 수직 설치(발전량 감소 30%↓) – PV를 설치하지 않으면 에너지 생산 측면의 활용도↓
기타	차양, 난간	• (차양) 남향 파사드에 고정 혹은 가변형으로 설치 – 외부 일사 유입 방지, 냉방부하 저감 효과 • (난간) 유휴공간의 적극적 활용

〈출처〉 건물 유형별 BIPV 표준 설계(한국건설기술연구원, 2007)

감, 심미성 강화 등 다양한 효과를 확보하는 것이 가능하다.

지붕의 종류 중에는 실내이면서도 옥외 광장과 같은 느낌을 가지기 위해 사용되는 천창Skylight이나 채광창이 있다. 햇볕을 자유롭게 받아들일 수 있고, 쾌적한 환경을 제공할 수 있으며, 난방, 조명에너지를 절감할 수 있기 때문에 천창을 적용하는 경우가 많은데, 이때 시야를 확보하고, 채광 조절을 하기 위해 유리구조물과 통합된 BIPV를 검토하기도 한다.

입면의 경우 건축물의 얼굴이라고 할 수 있다. 시인성이 높고, 건축물 자체의 개성과 특징을 드러내는 디자인이 가능하기 때문에 BIPV를 적용할 경우 심미성이 가장 중요한 요소이다. 파사드 외장으로서 PV는 수직으로 설치되거나, 건물 표면의 디자인에 따라 다양한 각도로 적용되는 경우가 있다. 이때 발전량은 우리나라의 설치 최적각도인 방위 남향, 경사 30도를 벗어나는 경우가 많아 발전량 등을 산출하는데 주의가 필요하다.

차양이나 난간, 루버의 경우 기존에는 PV가 적용되지 않았으나, 유휴공간을 적극적으로 활용할 수 있고, 늘어나는 에너지 자립률 의무를 만족하는 목적으로 검토가 늘어나고 있다. 특히 일사 유입을 방지하고, 냉방 부하를 저감하는 효과와 함께 태양광 발전을 겸해 에너지까지 생산할 수 있는 태양광 차양 등은 디자인적인 요소에 대해 연구하는 경향이 증가하고 있다.

[BIPV의 건축, 전기적 요구성능]

BIPV 설치위치	전기적 성능		건축 성능							
	전압강하	누전/감전	적재하중	적설하중	풍하중	기밀	수밀	단열	차음	내화
평지붕	○	○	○	○	○	○	○	○	△	○
경사지붕	○	○	○	○	○	○	○	○	△	○
외벽	○	○	-	-	○	○	○	○	△	○
천창	○	○	○	○	○	○	○	○	-	○
베란다(난간)	○	○	○	-	○	○	○	-	-	-
옥상(파라펫)	○	○	○	-	○	○	○	-	-	-
차양	○	○	○	○	○	○	○	-	-	-

〈출처〉 제로 에너지 건축 보급 확산 방안, 제로 에너지빌딩 학습지원 자료집 등(국토교통부, 에너지공단 외)

BIPV가 건축물의 외장재를 대체하다 보니 심미성이 중요하기는 하지만 기본적인 요구성능은 반드시 만족해야 한다. 특히 발전장치로서 전기적인 성능을 확보해야 하며, KEC한국전기설비규정에서 제시하는 부하까지의 전압강하 수준을 준수해야 한다. 예를 들어 저압으로 수전하는 경우 배선설비의 최종회로 내 전압강하는 조명 3%, 기타 5%이므로 전선에서의 전압강하를 줄이기 위해 적절한 전선의 굵기 선정 등에 주의를 기울여야 한다. 또한 전기적 절연, 안전 확보를 통해 건물 사용자의 누전, 감전에 대한 안전상 대비도 충분히 갖춰야 한다.

건축적인 성능도 마찬가지이다. BIPV는 건물 외장재를 대체하므로 건물 외장재가 갖춰야 할 성능을 확보하는 것은 당연하다. 적재하중, 적설하중, 풍하중 등 무게에 대한 대응, 기밀, 수밀, 내화, 단열, 차음 등 거주자의 쾌적성과 에너지에 대한 성능 등도 충분히 확보해야 한다.

BIPV를 포함한 태양광 설비는 기본적으로 발전설비이기 때문에, "전기설비의 설치공사를 완료했는지, 그 전기설비가 전기설비기술기준에 적합한지 여부를 검사"해야 한다. 이는 전기안전관리법 제9조, 제10조, 제43조 ②항에 따른 법적 사항으로, 준수해야만 하는 사항이다. 건물용 태양광 설비의 검사를 전기안전공사에서 맡고 있으며, 최근 늘어나는 검사 건수를 감안하여 "신재생 발전설비 처리방법"이라는 문서로 검사방법에 대해 안내하고 있다.

그 내용에는 접근에 대한 안전성을 확보하기 위한 울타리 설치, 약한 지붕(채광창 등)에 대한 안전발판 설치, 안전난간 또는 안전대 걸이, 사다리 설치, 점검통로에 대한 기준 등을 제시하고 있다. 특히 지붕의 경우 22년 1월부터 "지붕형 BIPV 안전성능" 확보를 위한 성적서를 제출하도록 하고 있으며, 사용전검사 시에 내풍압, 분포압강도, 방수에 대한 안전성능성적서와 방수 시공상태 점검기록표 등을 제출해야 한다. 이에 대한 상세한 내용은 전기안전공사 홈페이지 통합자료실의 서식자료에 "태양광발전설비 사용전검사 및 정기검사 수검자 준비자료 서식"에 자세히 안내하고 있으므로 확인해 보면 업무에 도움이 될 것으로 생각한다.

지붕은 태양광 설치의 거부감이 적고, 지붕과 태양광이 일체화할 경우, BIPV가 설치되었는지 일반인이 인지하기 쉽지 않으므로 초기부터 많은 연구가 진행된 건물 부위이다. 건물 지붕에 태양광을 붙이는 방식은 다양하게 존재한다. 가장 간단한 방법은 멤브레인얇은 막과 같은 형태의 태양광 필름을 지붕재 사이에 부착하는 것이다. 기존 강판의 골 사이에 부착만 하면 되는 형태로 시공이 매우 편리하고, 시공시 박막형 태양광 위를 걸어다녀도 될 정도로 안정적이고

[지붕형 태양광 검사업무 처리방법]

강한 지붕 + 약한 지붕 혼용	지붕부착형	평지붕형
		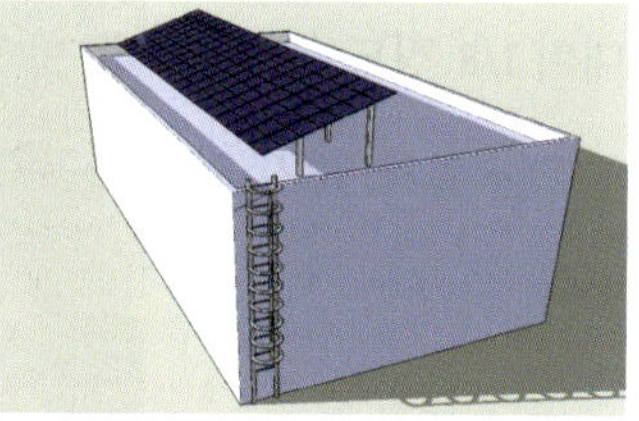
1. 약한 지붕만 안전발판 설치 2. 안전난간 또는 안전대 걸이 설치 3. 사다리 설치	점검통로 미적용	1. 약한 지붕만 안전발판 설치 2. 안전난간 또는 안전대 걸이 설치 3. 사다리 설치

<table>
<tr><th>구분</th><th colspan="2">건물높이 6m 이하</th><th>건물높이 6m 초과</th></tr>
<tr><td>20kW 이하</td><td colspan="2">이동식 사다리 가능</td><td>착탈식 사다리 가능</td></tr>
<tr><td rowspan="3">20kW 초과</td><td colspan="2">착탈식 사다리 가능</td><td rowspan="3">고정형 사다리</td></tr>
<tr><td></td><td>후크방식</td></tr>
<tr><td></td><td>레일방식</td></tr>
</table>

<table>
<tr><th colspan="2">지붕형 BIPV 안전성능성적서</th></tr>
<tr><td>내풍압 시험</td><td rowspan="6">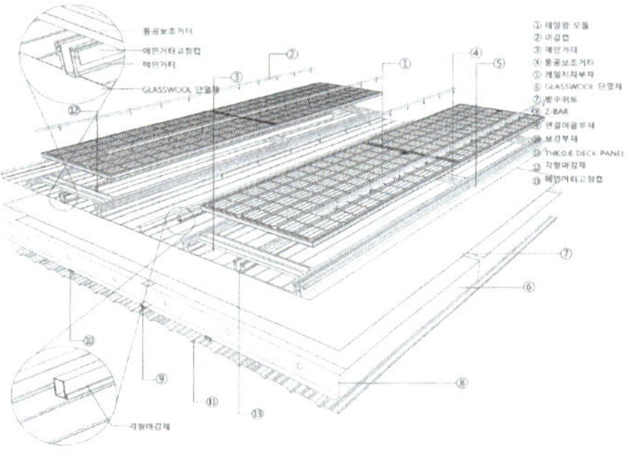</td></tr>
<tr><td>(시험방법) ASTM E 1592-05
또는 동등이상의 성적서</td></tr>
<tr><td>분포압강도 시험 (기계적하중 시험)</td></tr>
<tr><td>(시험방법) KS F 2273 → 7.9항목 단순굽힘 시험
또는 KS C 8577 → 6.10항목 기계적 하중 시험</td></tr>
<tr><td>방수 시험성적서</td></tr>
<tr><td>(시험방법) 의뢰자 제시
※ 시험방법 참고사항: ASTM E 1646</td></tr>
</table>

※태양광모듈 및 건자재 포함한 안전성능 성적서 *태양광 모듈 및 건자재 구성도 참조

〈출처〉 신재생 발전설비 처리방법_주요 개정사항(전기안전공사)

[마운팅 후크 이용 태양광 설치]

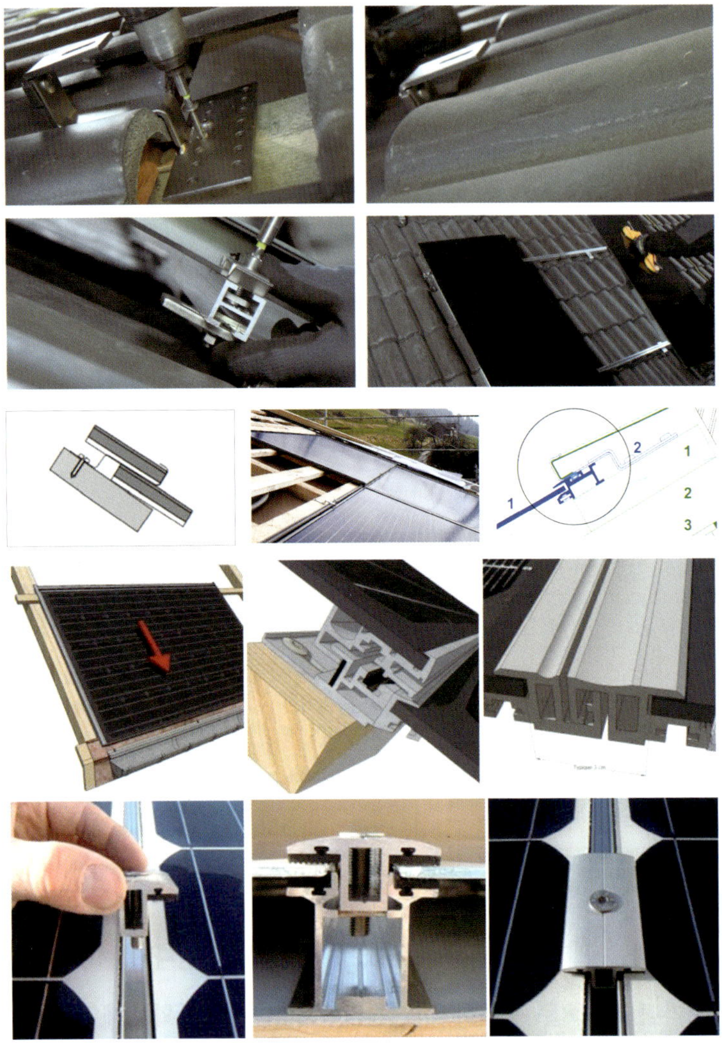

〈출처〉 아반시스, BIPV SUPSI(스위스), Solterra TI(SOLTERRA SA), Solrif®(Schweizer), Arres Solar

배수로와 모듈 거치 기능을 통합하여 구조물 무게를 줄이고, 기능을 일체화하는 복합프레임 바 등이 특징적인 사항이다.

자연스러운 지붕 물매 형성으로 빗물은 지붕 표면을 타고 흐르는데, 만약 빗물이 내부로 스며들 경우를 대비하여 주 배수로와 보조 배수관이 격자구조로 보완 설치된 점, 태양광 모듈 배

[배수 지지대 지붕 BIPV 모듈]

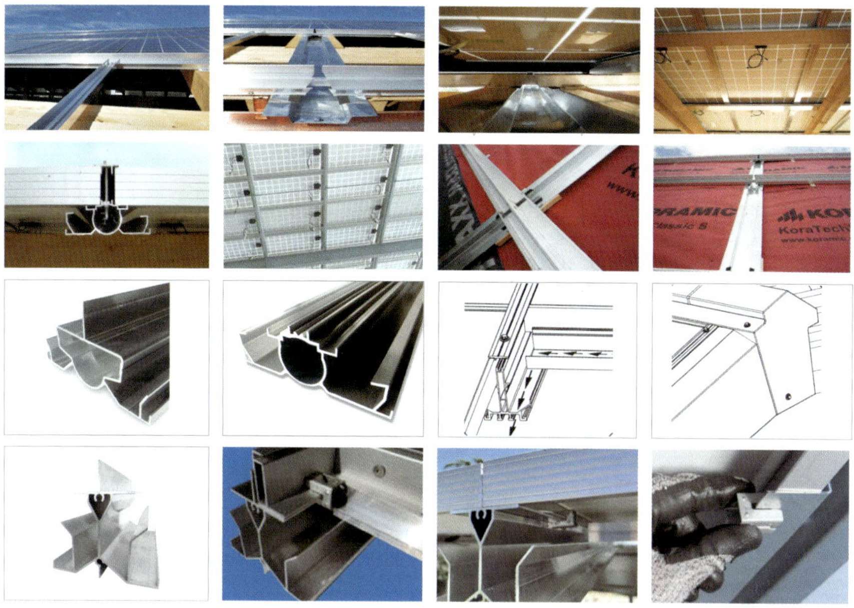

〈출처〉 https://www.clickcon.eu/, https://www.mecosun.fr/

[지붕일체형 BIPV의 구조와 기능]

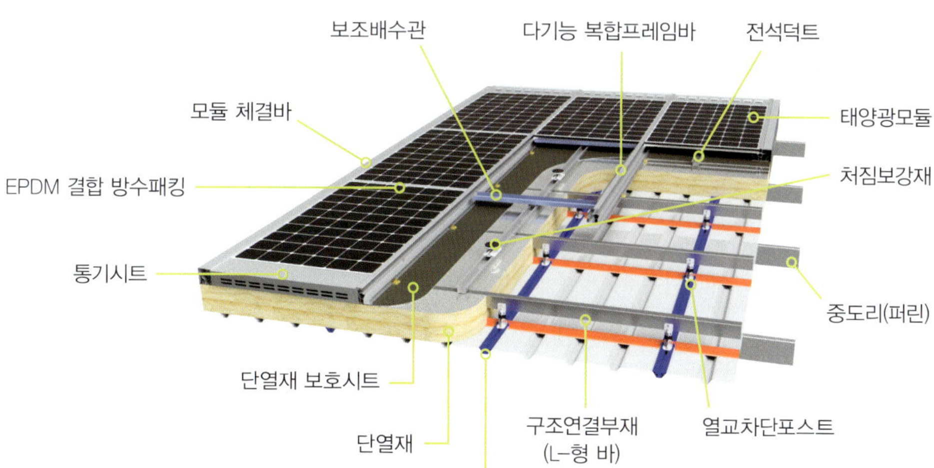

〈출처〉 ABM

면에서 발생하는 배열이 축적되면 모듈 효율이 저하되는 것을 예방하기 위해 연돌효과(굴뚝효과)를 응용하여, 외부 공기를 유입하고 배출하는 통기로(공기 흡입: 처마 → 공기 배출: 용마루)를 확보한 점, 단열성능 확보를 위해 열교차단재를 설치하여 외부로 에너지 손실 발생을 줄이는 점은 다양한 연구결과가 집적된 것으로 생각된다.

[단열성능(열관류 저항) 확보를 위한 시험과 기능]

〈출처〉 ABM

성능 확보 이후에는 시공이다. 시공은 지붕재와 태양광 모듈을 함께 설치하므로 기본적인 지붕 시스템은 동일하고 마감재 대신 모듈을 설치하는 것으로 이해하면 쉽다.

지붕이 갖춰야 할 단열, 기밀, 차음(유공판, 흡음판) 성능을 확보하고, 수밀 성능 등을 갖춰야 하므로 지붕 하지를 설치한 이후 태양광 모듈 설치와 결선, 테두리 후레싱마감재 보호용 물끊기, 처마와 용마루의 통기시트 설치, 옥내로 배선 연결하는 것으로 공사는 마무리된다.

표준화된 양산형 태양광 패널을 활용하여 지붕과 일체화하는 시스템 외에도 여러 형태의 제품이 존재한다. 특히 현장에서의 작업 공수를 줄이기 위해 공장에서 표준품으로 생산된 PV 모듈을 지붕재와 결합 및 부착하는 제품도 있다. 이러한 제품은 테두리 마감을 제외하고 편리하게 시공할 수 있으며, 시공 속도도 빠른 장점이 있다.

[지붕일체형 BIPV 시공 순서]

지붕 하지 시공

- 강판 설치
- Z판 / L바
- 단열재

1. 베이스 패널 설치

2. 가이드레일, L바 설치

3. 단열재 설치

태양광 패널 설치

- 방수 처리(결로방지시트)
- 사전 연장 케이블 포설
- PV 모듈 취부(거치용 레일)
- 배수로(복합 프레임바)

4. 결로방지시트 설치

5. 복합 프레임바 설치

모듈 결선

- 태양광 모듈간 결선
- 어레이별 개방전압 확인
- 접지 공사

6. 태양광 모듈 설치, 결선

주변지붕재 시공

- 테두리 후레싱
- 전후면 통기시트 설치

7. 통기시트 설치

옥내 배선공사

- 인버터, 분전반 설치

8. 인버터, 분전반 설치

〈출처〉 ABM

다음으로 설계 및 시공상 유의사항에 대해 커튼월 입면 BIPV 중심으로 알아보기로 하자. 먼저 설계 단계에서는 설치될 구조별 타입과 전기시스템 구성이 같이 고려되어야 한다. 계약에 따라 분리발주 등 공사 범위가 나누어질 수도 있으나, BIPV에 관련해서는 모듈부터 계통연계까지 가능한 모든 설계영역을 커버한다는 생각으로 접근해야 한다. 이때 필요한 것은 적절한 정보이다. 전체 태양광 발전설비의 설치용량과 타입, 모듈 종류, 예상 효율, 스펙, 배치, 계통 등

료된 어레이 연계는 ③번 커버를 통해 이동하는데 이러한 타입의 최대 장점은 결선이 용이하며, 마감이 깔끔하고, 추후 유지 보수에 상당이 유용하다는 점이다. 단, 가공된 홀을 통해 케이블을 이동하여 결선 시 케이블 풀링Pulling 등에 의한 피복 손상이 발생할 수 있으므로, 가공부에 실리콘 또는 고무캡을 이용하여 사전 보호를 진행할 필요가 있다.

BIPV는 외장재의 기능을 겸하고 있기 때문에 모듈의 설치 타입에 따라 특성이 구분되나, 전기적인 결선에 있어서는 내부에서 진행되는 공정과 시스템 간의 차이가 거의 없다. 모듈 설치 후, 어레이 결선, 접속반으로 케이블 연결, 전력변환을 위한 인버터, 계통연계까지 작업은 동일하게 이루어진다.

[BIPV 배관 배선]

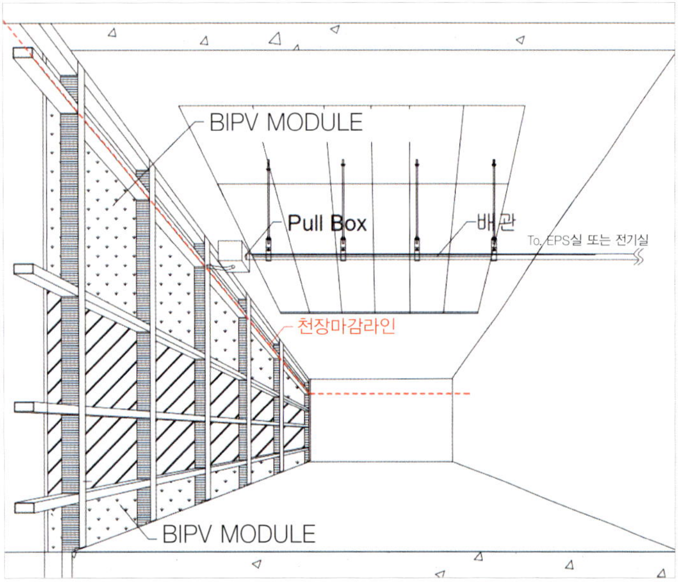

상기 그림은 BIPV 모듈 설치 후 내부 배관배선 이동에 대한 가장 기본적인 형태이다. 풀박스로 표기된 연계 부분이 여러 가지 형태로 변화한다는 점을 고려한다고 해도, 이후 연결 부분은 충분히 응용하여 적용할 수 있다.

접속반과 인버터는 유지 보수 관리를 위해 서로 가깝게 위치하는 것이 좋지만, 이는 현장 상

[커튼월 스틱형 BIPV 타입 시공 순서]

모듈 입고 및 양중 / 노튼테이프 부착 / 모듈 부착 / 외부 실란트 작업 / 어레이 결선

배관 배선 / 접속반 설치 / 인버터 설치 / 계통 연계 / 준공

[커튼월 유닛형 BIPV 타입 시공 순서]

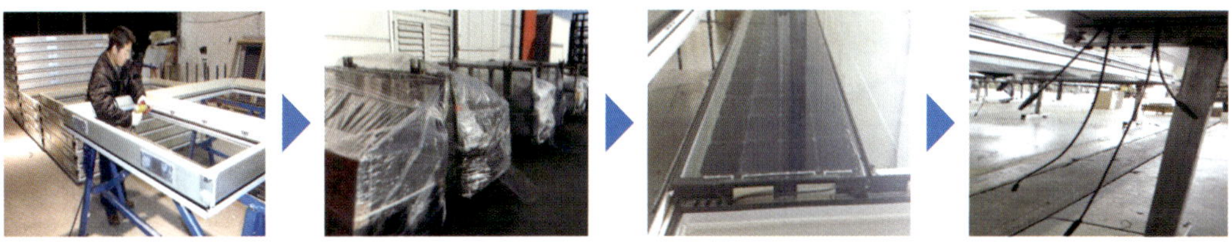

Unit 프레임 조립 / BIPV 모듈 공장 납품 / BIPV 모듈 설치 / BIPV 모듈 케이블 인입

BIPV Unit 현장 납품 및 설치 / BIPV 모듈 어레이 결선 / 배관 빛 배선 작업 / 접속반 및 인버터 설치 및 연결

〈출처〉에너지엑스

황에 따라 많이 달라질 수 있다. 최근 들어 BIPV설치용량이 큰 현장의 경우, 설치 대수가 많은 접속반과 인버터의 관리 및 모니터링을 위해 관리실을 구분하여 정하는 경우도 있다.

또한 최근 BIPV 설치용량이 증가하는 추세를 반영하여, "전기설비기술기준" 등에서는 태양광 설비용량이 50kW를 초과하는 경우, 역전력 계전기를 설치하도록 명시하고 있다. 분산형 전원에서 발생할 수 있는 간헐적이고 예상되지 않은 역전력 유입을 방지하기 위한 목적으로 적용되는 것으로, 이를 통해 계통의 이상 전압 상승, 주파수 변동 등의 문제를 예방하고, 우리나라 전체 전력계통의 안정적인 운영을 확보하기 위한 목적으로 보인다. 단, 설비용량 50kW 이하 현장에서는 예외로 정하고 있으므로 법규 변동 사항에 대해서는 모니터링이 필요하다.

상기 그림은 각각 커튼월 시스템(스틱형, 유닛형) 타입의 모듈 입고부터 설치, 계통연계까지의 시공 순서이다. 모듈의 타입(접합 모듈, 복층 모듈, 유닛화) 부분을 제외하면 후공정은 같은 방식으로 진행된다.

[건물에 적용되는 BIPV의 접속반, 인버터 위치]

〈출처〉 에너지엑스

기자재 위치 선정에 있어서 대부분 접속반은 해당 층 EPS실 또는 TPS실에 설치하며, 인버터는 지하 전기실에 많이 설치한다. BIPV 모듈은 외장재로서 심미성을 가져야 하지만, 다른 주기

자재의 경우 필요하기는 하나, 외부에 노출될 이유는 없기에 좁은 공간에 위치하는 경우가 많다. 예를 들면 접속반의 경우 대부분 전기, 통신 장비들로 구성된 좁은 실내 전기실에 위치한다. 따라서 벽부형 브라켓을 이용하여 2단으로 설치하는 방법도 종종 적용된다.

기자재 설치와 저압반 계통연계에서 케이블 규격은 설계 도서를 참고하며, 대부분 현장에서 지정된 케이블 납품업체와 거래하는 경우가 많으므로, 시공 전 건설사, 전기공사업체와 확인이 필요하다. 세부적으로는 케이블 규격별 허용전류, 전압강하, 온도계수, 보정계수, 사용된 배관별 감소계수 등을 고려하여 스펙 산정 및 케이블을 적용할 때 추후 사용 전 검사를 충분히 대응할 수 있다.

기자재 설치와 계통연계까지 마무리되는 단계에서는 모니터링 시스템 구축과 시운전, 사용 전 검사를 위한 구비서류 취합이 이루어져야 한다. 모니터링 시스템 구축 방법에는 크게 두 가지가 있다. 모니터링 적용대상(접속반, 인버터, 기상관측센서 등)에 직접 통신선을 연결하는 로컬 타입과, 무선으로 통신하는 웹 web 타입이 있다. 웹 타입의 경우 RTU Remoter Terminal Unit 라는 무선통신장비를 사용한다. RTU는 BIPV의 데이터를 수집해 전송가능한 형식으로 데이터를 변환해 서버로 송신하는 장치이다. 신호 감지, 측정, 제어 지시, 통신을 위한 기능을 갖추고 있으며 이상 상태 등을 감지하기 위한 모니터링의 기본 장비로 활용된다.

[BIPV 모니터링 시스템 구분]

웹(Web) 타입

로컬 타입

〈출처〉 미래이앤아이, 헤리트

모니터링 시스템에서는 발전량(현재, 일간, 월간, 연간 등)의 데이터가 기록되며, 인버터별 시간대 발전량 추이까지 한눈에 볼 수 있다. 추가로 접속반과 기상관측 센서까지 모니터링한다면 검색 시간대의 기온, 일사량과 접속반 입력 전압도 비교해 볼 수 있으므로, 문제 발생 시 쉽고 간편한 유지 보수가 가능하다.

태양광 발전설비 시공 완료 후 전기안전공사 주관하에 사용 전 검사를 진행하게 되는데, BIPV 시공이 마무리되는 단계이므로 전문가 입장에서도 가장 긴장되는 시간이다.

검사 진행 시에는 원칙적으로 건설사 전기담당자, 시공 담당자, 감리, 전기안전관리자가 입회해야 하며 설치된 기자재(모듈, 접속반, 인버터) 담당자까지 입회하여 각 사 전문분야별로 대응해야 한다.

[BIPV 사용 전 검사 측정표]

점검 및 시험성적서 측정/시험 총괄표

구분			
사업장 기본정보	사업장명 :		점검일자 :
	대표자명 :		설치장소 :
	설치용량 :		한전 계통연계전압 :
시공자	상 호 :		시공관리책임자 :
설비 또는 분야별 측정/시험	①측정/시험분야 : 태양광모듈	상호 :	점검/시험자명 :
	②측정/시험분야 : 인버터	상호 :	점검/시험자명 :
	③측정/시험분야 : 종합연동시험	상호 :	점검/시험자명 :
	④측정/시험분야 : 계통접지	상호 :	점검/시험자명 :
	⑤측정/시험분야 :	상호 :	점검/시험자명 :
	⑤측정/시험분야 :	상호 :	점검/시험자명 :
	⑥측정/시험분야 :	상호 :	점검/시험자명 :
	⑦측정/시험분야 :	상호 :	점검/시험자명 :
측정 및 시험장비 현황 (본 항목은 21년 1월 이후 적용 예정)	①장비명 :	제조번호 :	교정 유효일자 :
	②장비명 :		
	③장비명 :		
	④장비명 :		
	⑤장비명 :		
	⑥장비명 :		
	⑦장비명 :		
총괄 담당자	상 호 :		대표자 :
	전화번호 :		E-mail :

< 개인정보 수집·이용 동의 (필수) > 개인정보보호법 제15조

수집·이용 ☑		성명	서명
동의함 □	동의하지 않음 □		
동의함 □	동의하지 않음 □		
동의함 □	동의하지 않음 □		

< 개인정보 위탁 동의 > 개인정보보호법 제17조

위탁 제공 ☑		성명	서명
동의함 □	동의하지 않음 □		
동의함 □	동의하지 않음 □		
동의함 □	동의하지 않음 □		

대구 국가정보자원관리센터 태양광발전소에 대한 점검 및 시험을 수행하였음을 확인합니다.

년 월 일

신청인 (서명 또는 인)

〈출처〉 전기안전공사, 에너지엑스

태양광 사용 전 검사에서는 케이블의 허용전류 선정기준과 설계도서의 대조, 안전 성능 등을 종합적으로 확인하므로 수검에 있어서 철저한 준비가 필요하다.

사용 전 검사는 현장에서 태양광 설비에 대한 전체 시스템 점검을 완료했으며, 규정에 따라 안전하게 설치했다는 확인이므로, 모듈의 스펙부터 기자재, 저압반 계통연계 부분까지의 특이사항 및 절연저항, 접지저항, 점검장비, 점검자 등 상세하게 세부 사항이 기록되어야 한다.

사용 전 검사 합격 후 준공 도서 제출과 함께 건물 관리실 입주와 관리자가 선임되면 전체 BIPV 시스템에 대한 설치 절차가 마무리된다.

4

시장 전망과 비즈니스 특징

우리가 살아가는 공간은 건물이다. 일을 하거나, 쉬는 것도 건물에서 건물로 이동하는 과정일 뿐이다. 그 과정에서 건물에 대해 생각하는 사람들은 얼마나 될까.

필자가 태양광 사업을 처음 접했을 때는 이동하다 산과 들, 고속도로 경사지에 설치된 태양광만 보였다. 평소 업무가 토지형 태양광 사업개발이다 보니 거기에 온통 신경이 가 있는 것이다. 그러다 지붕형 태양광을 개발할 때는 지붕만 보이고, 이제는 BIPV를 하다 보니 건물 외장재만 보인다. BIPV 사업개발하는 사람들은 건물 색상, 주변 음영, 적용 여부, 방위를 생각하면서 건물을 보게 되니 어쩔 수 없는 일이다. 돌아다니는데 눈에 교과서가 보이니 유심히 볼 수밖에 없지 않겠는가.

그런데 시장을 보려면 나무가 아닌 숲을 봐야 한다. 건축물에 하나하나에 적용되는 BIPV 시스템도 중요하지만, 목표로 하는 시장 전체를 조망할 수 있어야 미래의 큰 그림도 그리고, 전략도 수립할 수 있기 때문이다. 시장의 단계도 초기 시장인지, 성장 시장인지, 이미 성숙된 시장인지에 따라 사업에 활용할 수 있는 카드가 달라지기 때문이다.

따라서 사업을 위해서는 BIPV라는 제품, 시스템의 본질, 나아가서는 이것이 적용되는 건물에 대해서도 생각해 볼 필요가 있다. 길을 가다 보면 보게 되는 많은 건물들은 도로를 중심으로 늘어서 있다. 그런데 같은 모양의 건물은 거의 없다. 건물이 가진 입지, 주변 환경, 사용 용도, 구성원들이 다르기 때문에 목적에 맞춰서 설계를 하기 때문이다. 예외적이거나 어떤 목적이 없는 한 대부분의 건물은 맞춤형이다.

BIPV 사업개발하는 사람은 이러한 특성에 주목해야 한다. 건축 시장이 맞춤형인데, 표준화를 추구하는 것 자체가 넌센스다. BIPV는 기본적으로는 고객의 니즈에 맞춰서 주문설계가 가능하도록 사업을 추진하는 것이 바람직하다.

그러나 성공은 표준화에 있다. 표준화를 할 수 있다면 품질을 균일하게 유지할 수 있어 수율 관리, 공사 품질 관리에 도움이 된다. 표준화로 기자재 수급에 규모의 경제를 달성할 수 있으면, 매출 원가를 낮출 수 있어 고객 지불가치에 대한 심리적 장벽을 낮출 수 있다. 또한 공정이 표준화된다면 작업성이 편리해져서 공기를 단축할 수 있다. 따라서 표준화를 할 수 있다면 해야 한다. 따라서 BIPV는 표준화를 할 수 없다는 편견을 깨고, 맞춤형으로 제품을 제작하면서도 표준화할 수 있는 부분은 적절히 표준화하는 운영의 묘妙를 찾는 것이 성공의 열쇠이다.

[BIPV 시장의 특성 (Push vs. Pull)]

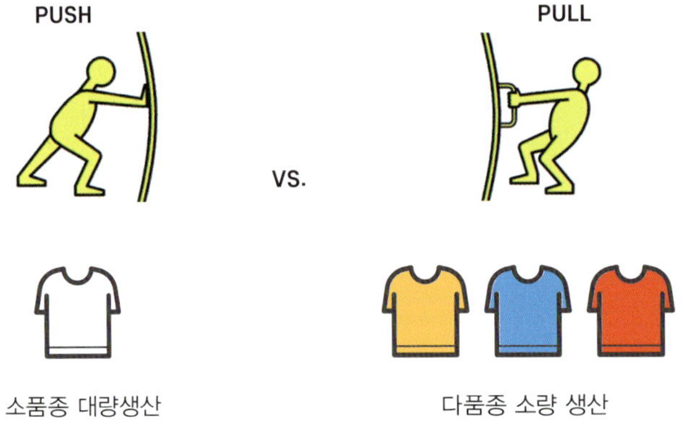

〈출처〉 SCM 성패는 밀기와 끌기 활용하기 나름(2009.8, 매일경제)

마케팅 방법론 중에 Push－Pull 전략이라는 것이 있다. Push는 제조사가 광고나 중간 유통망 활용, 방문 판매 등 판촉활동을 통해서 고객이 우리 회사 상품을 사용하도록 권장하는 방법으로, 가격이 낮고, 충동적인 구매가 가능한 상품, 브랜드가 중요하지 않은 상품에 일반적으로 사용하는 전략이다. 제품이 단순하고, 표준화되어 있다면 설명이 필요없이 고객이 많이 접할 수 있는 기회를 만들어 주는 것이 성공의 지름길이다.

예를 들어 생필품이면서, 품질에 큰 차이가 없다면 고객의 눈에 많이 띄도록 매장의 판매대에 많이 진열되는 것이 매출을 일으킬 수 있는 가장 좋은 방법일 것이다. 이때는 싸게 많이 공급하기 위해 생산 비용을 낮추고, 규모의 경제를 빠르게 갖추는 것이 유리하다.

Pull 전략은 이와는 반대되는 특징을 가진다. 제품이 복잡하고 상세한 설명을 요할 때, 고객의 상황에 맞춰서 맞춤형으로 공급이 필요한 경우는 고객이 거꾸로 제조사를 찾는 경우가 많다. 보통 Pull 전략을 사용하는 제품은 최종 구매자들의 브랜드나 특정회사 애호도가 높은 경우가 대부분이다. 이런 제품이나 서비스를 취급하는 회사는 주문에 맞춰 생산을 해야 하기 때문에 높은 제품 다양성을 관리해야 하는 어려움이 있다. 다양한 고객의 다양한 요구사항을 충족해야 하는 것이다.

즉 다품종 소량생산인데 매출과 영업이익을 동시에 남기기는 쉽지 않다. 그런데 이런 시장에서 부분 표준화로 성공한 회사가 있다. Push－Pull 전략으로 유명한 베네통이라는 회사다. 베네통은 색상이 다양한 제품을 고객의 요구에 맞춰 다품종 소량 생산하기로 유명한데, 이는 소품종 대량 생산을 바탕으로 고객 요구를 맞출 수 있는 방법을 개발했기 때문이다. 예를 들어 흰색 셔츠를 대량 생산했다고 하자. 그런데 올해 A 지역은 주황색, B 지역은 회색, C 지역은 노란색이 유행한다면 흰색 셔츠를 염색해서 A, B, C 지역에 보내면 다양한 고객의 요구를 대응할 수 있게 된다. 물론 흰색은 무채색이라 기본 수요가 있는 상황이다. 이상적인 모습은 이렇게 다양한 전략을 SCM 차원에서 구현할 수 있는 것이다.

BIPV 시장은 어떠한가. BIPV는 주문 생산 혹은 주문 설계에 가까운 제품 특성을 가지고 있다. 시장에서 일반 모듈을 가지고 설치되는 PV와 비교하면 특성이 명확하게 나온다. PV 제품의 태양광 모듈은 그 자체가 하나의 완성품이다. 이 모듈은 단품 하나하나를 위메프나 쿠팡 같은 전자상거래 회사의 사이트에서 구매하는 것도 가능하고, 약간의 지식이 있다면 어디나 설치해서

[BIPV 시장의 제품과 업무 프로세스]

<table>
<tr><th>제품 특징</th><th>시스템</th><th>업무 Process</th></tr>
<tr><td>완제품
(수요예측 생산–
완제품 재고 보유)
※ 일반 PV는 시장
수요를 예측하여
원자재 구입
–생산–보관–판매</td><td></td><td rowspan="2">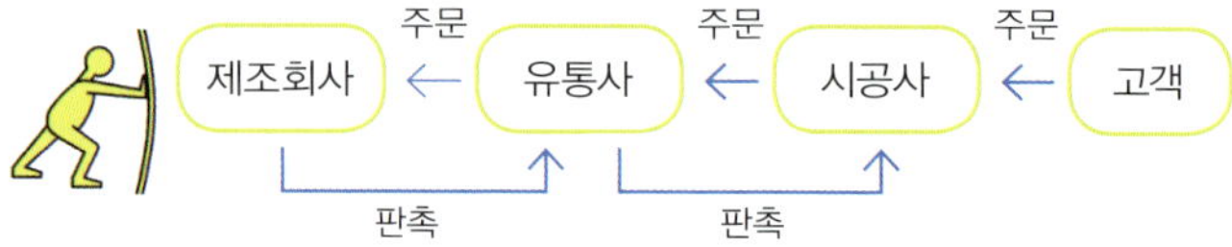
</td></tr>
<tr><td>주문 조립 제품
(반제품 재고 보유,
고객 주문시 조립)</td><td>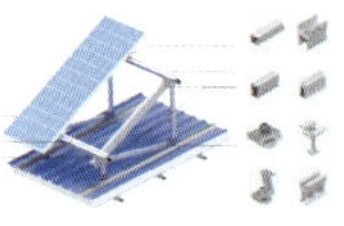</td></tr>
<tr><td>주문 생산품
(재고 없이, 주문
받으면 제품 생산)</td><td></td><td rowspan="2">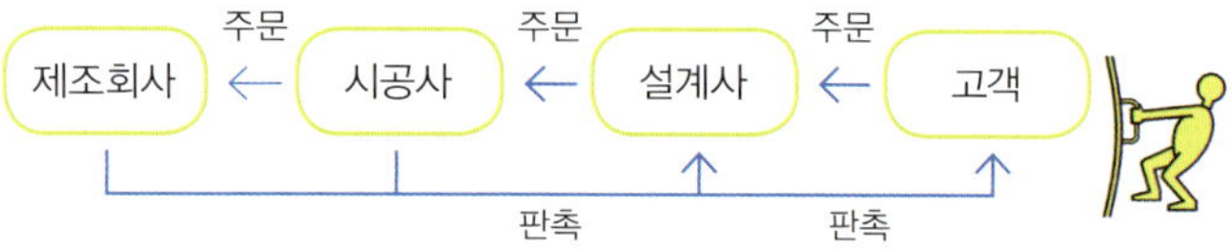
</td></tr>
<tr><td>주문 설계형 제품
(고객 요구 사항에
맞춰, 설계/생산)
※ 주문형 BIPV는
수요 예측 불가</td><td>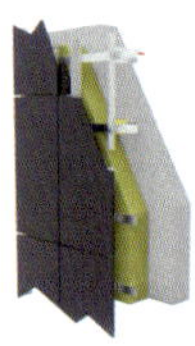</td></tr>
</table>

〈출처〉 안진솔라, ABM, 아반시스

전력이 필요한 곳에 활용할 수 있다. 캠핑을 다닌다면 캠핑용 차량에 싣고 가서 음악을 듣거나 휴대폰 전원을 충전하는 용도로도 활용할 수 있다. 고객 입장에서 완제품은 메이커에 따른 품질의 차이가 거의 없고, 거기서 나오는 전기의 품질도 동일하기 때문에 싸고, 접근성 높은 제품을 사면 된다. 메이커 입장에서도 고객의 특별한 요구사항이 없기 때문에 저렴하게 만들어서 접근성 좋게 공급하면 된다.

따라서 시장의 전체적인 수요를 예측해서 원자재를 구입, 생산, 보관, 판매하는 유통 구조를 가지는 것이 가장 큰 관심거리이다. 시장 특성이 이러하므로, 일반 PV 제조 메이커는 장치산업의 특징을 지니게 되고, 시장 전망치를 추정하여 장비를 투자하고, 대규모 유통사나 시공사에 판촉활동을 직접하는 것이 매출 확대를 위한 일반적인 전략이 된다.

이런 표준화된 제품을 받아서 설치하는 주문 조립 제품도 마찬가지다. 공장 지붕에 소위 인삼발 같은 형태로 설치하는 제품의 경우 조립하는 형태가 몇 가지로 구분되어 있다. 거의 반제품 형태로 유통하기 때문에 조립 순서나 조립 형태가 정해져 있는 경우가 대부분이다. 높이나 각도를 설정할 수 있는 부재(빔, 레일)와 클램프가 있어 현장에서 조립할 수 있고, 일반적인 작업이 주로 이루어지므로 시공상 편리하다.

별도의 최적화 없이도 보유하고 있는 제품을 조합하면 고정하고, 높이, 각도를 설정하는 것, 모듈과 지붕을 연결하는 것이 가능하다. 단 제품, 부속품 자체로 이미 표준화가 많이 진행되어 있기 때문에 고객의 요구사항이 많아지면 이를 대응하기 위한 별도의 솔루션을 제공하기는 힘들다. 각 제품의 특성에 따라 용처가 다른 것이다.

[지붕 고정형 일반 PV 부재]

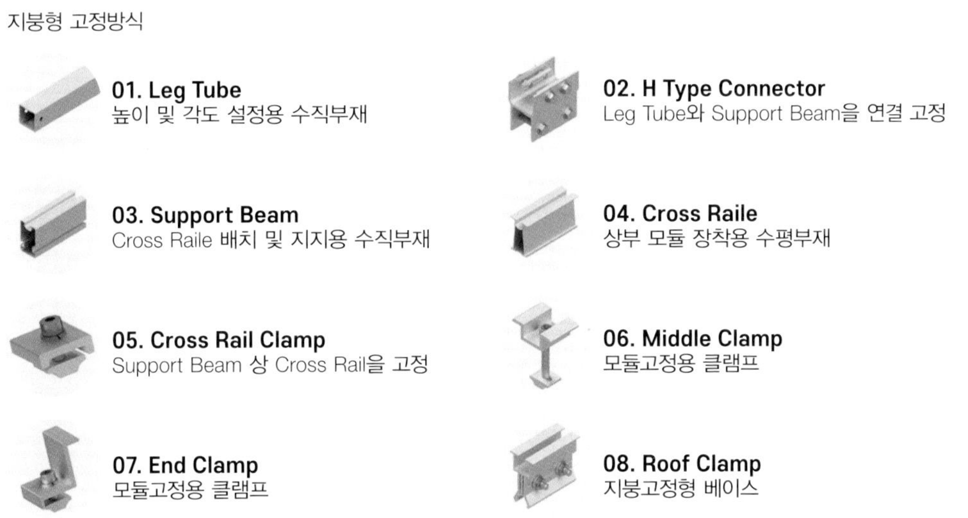

〈출처〉 안진솔라

BIPV는 상황이 다르다. 건물의 상황에 맞춰 BIPV 설계가 맞춤형으로 이루어져야 하기 때문이다. 완제품이나 주문 조립이 가능한 PV의 경우, 특별히 설계가 필요한 것은 아니기 때문에 설계사가 업무 Process에서 역할을 하기보다는 시공사가 최종 고객인 발전사업주에게 설계대응을 하는 경우가 대부분이다. 그러나 BIPV는 시공사가 고객인 건축주에게 설계를 법적으로도, 현실적으로도 대응할 수 없다. 건축의 설계는 건축사만이 할 수 있다.

고객의 요구사항이 자주 바뀌고, 이에 대한 협의를 지속적으로 진행하는 것이 필요한데, 제조사는 이런 작업을 고객에게 할 수 없다. 물리적으로 제조사는 공장 등 제조시설을 기반으로 하고 있고, 현재 수율 등 모듈의 품질을 높이는 작업에 자원을 집중하고 있는데, 고객을 대응하다 보면 자원이 분산되면서, 본업의 집중력이 떨어지고, 이해관계자 전체에 대한 만족도가 떨어지는 결과가 발생하기 쉽다. 그래서 분업이 필요한 것이다.

최종 고객인 건축주에게는 설계사가, 설계사에게는 전문 시공사 혹은 전문 BIPV 컨설팅회사가 집중적으로 요구사항에 맞춰 자립률 산정, 설계 지원을 하는 것이 필요하다. 또한 전문 시공사와 컨설팅사는 BIPV 제조사와 원활히 소통하면서 제품의 요구사항을 반영해 나가는 작업도 요구된다.

현재 BIPV는 초기 시장으로 의무화에 의존적인 형태를 보인다. 정책적으로 건축물 탄소중립 달성을 위해 BIPV를 육성하고 있고, 시장을 열기 위해 공공기관, 지자체 녹색건축물 설계기준 중심으로 적용 사례를 만들어가기 때문이다.

이는 어찌보면 당연히 필요한 일이다. 우리나라 BIPV 연구는 사실 2000년대 초반부터 일부 연구자들의 노력으로 다양한 연구 성과를 창출했다. 그러나 산업이 육성되지 않고, 시장이 열리지 않으니 연구자들, 업계 관계자들은 많이 지쳐 갔다. "시장이 열릴 것 같다, 열릴 것이다"라는 이야기도 한두 번이다. 10~20년을 희망고문 받으니 어떤 사람이 지치지 않겠는가. 그러나 이제는 다르다고 감히 말하고 싶다. 시장이 활성화되지 않으니 시장 규모를 예측하는 연구자나 기업도 없고, 해외 추정치는 우리나라와 괴리가 있어 적용하기 힘들었다. 시장을 상상하는 수준으로 예측해야 했는데, 시장규모를 추정하는 것이 너무도 폭넓은 범위range를 가지고 있어서 사실상 의미가 없었다고 말할 수 있다.

2,000억으로 추정하는 사람도 있고, 2조라고 하는 사람도 있다. 시장예측은 사실 굉장히 위험한 일이다. 지금 시장을 예측한다고 해도 그 시점에 시장이 열리지 않을 가능성이 매우 크기 때문이다. 그래서 시장을 바라보는 사람들이 외국의 트랜드를 인용해서 국내 시장 규모를 바라보기도 하고, 비례적으로 예측하는 것이다. 시장은 다양한 변수의 영향을 받는다. 정치, 법적 규제, 사회 환경, 기후변화, 기술 성장 수준 등 너무 많은 요인들이 시장에 영향을 주고 있으니, 정확한 예측은 의미를 상실하는 일이 될 가능성이 높다. 따라서 회사의 전략부서에서도

STEEP사회, 기술, 생태, 경제, 정책/법규 분석이나, PEST정치, 경제, 사회, 기술 분석을 하더라도 전체적인 흐름을 보는 것이 대부분이지, 세부 시장 규모를 추정하는 것은 조심스러운 일이 된다. 하지만 누군가는 시장 규모를 예측해야 하기에 추정치를 제시하고자 한다.

10년 이상 BIPV 업계에 몸담은 업계 관계자들과 이야기를 나눠보면, 재작년보다 작년이 성과도 좋고 문의가 많았다고 한다. 필자가 체감하기로도 올해는 작년보다 훨씬 성과가 좋고 문의는 더 많았다. 구체화되어가는 프로젝트도 증가하고 있다.

시장이 시그널을 보내고 있는 것이다. 그 시그널의 근거는 ZEB 의무화, 지역별 녹색건축물 설계기준이다. 건축 분야는 보수적인 분야이다. 아무 이유없이 시장이 시그널을 보내지는 않는다. 그러한 시장이 시그널을 보내는 것은 이제는 드디어 시장이 개화될 시점이 도래한다는 것을 의미한다.

주변에 사업개발에 지친 BIPV 영업자가 있었다. 소주 한 잔하며 이런저런 이야기를 나눌 때, 업계를 떠나고 싶다는 이야기를 한다. 그때 필자는 이렇게 이야기한다. "그동안 이렇게 노력해서 시장을 만드는데 기여했는데, 시장 개화를 보지도 못하고 가면 안 된다고. 조금만 조금만 더 기다려 달라고."

[연간 BIPV 시장 규모 추정]

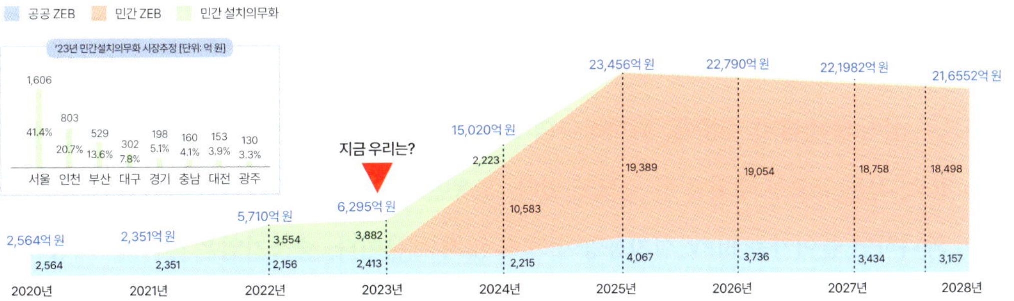

BIPV 설치 시장		2020년	2021년	2022년	2023년	2024년	2025년	2026년	2027년	2028년
ZEB 의무화	공공	2,564	2,351	2,156	2,413	2,215	4,067	3,736	3,434	3,157
	민간	–	–	–	–	10,583	19,389	19,054	18,758	18,498
민간 설치의무화		–	–	3,554	3,882	2,223	민간 ZEB 의무화 시장으로 흡수됨			
총 시장규모		2,564	2,351	5,710	6,295	15,020	23,456	22,790	22,192	21,655

산출근거: ZEB 의무화 연계한 연도별 재생에너지 필요량, 태양광 설치용량 산정, 지자체별 녹색건축 설계기준고시, 국토부 면적별 건축물 통계데이터 기준

5
주요 사례

BIPV의 시장이 늘어나고 있지만, 괄목할 만한 수준으로 인식되고 있지 않으므로, 우리 주변의 적용 사례를 소개하면서 시장 확대를 기대해 본다. 공공기관 이외에도 다양한 설치 사례가 존재하며, BIPV의 목적 자체가 건물과 일체화된 심미성을 추구하므로 이에 대한 레퍼런스reference를 다양하게 알리고자 하는 목적이다. 필요하신 분은 BIPV 견학 여행을 떠나시는데 본 자료를 이용하면 좋을 것으로 생각된다. 가까운 일본의 경우 관련 협회 등이 견학회를 정기적으로 열고 있는데, 이런 활동은 부러운 상황이다. 우리도 이런 활동이 활발히 열리기를 기대해 본다.

소개드리는 적용 사례는 지자체 관계자, 주요 시공사, BIPV 모듈회사, 업계 전문가분들께 추천을 받아 작성한 것이다.

[서울특별시 BIPV 적용 주요 사례]

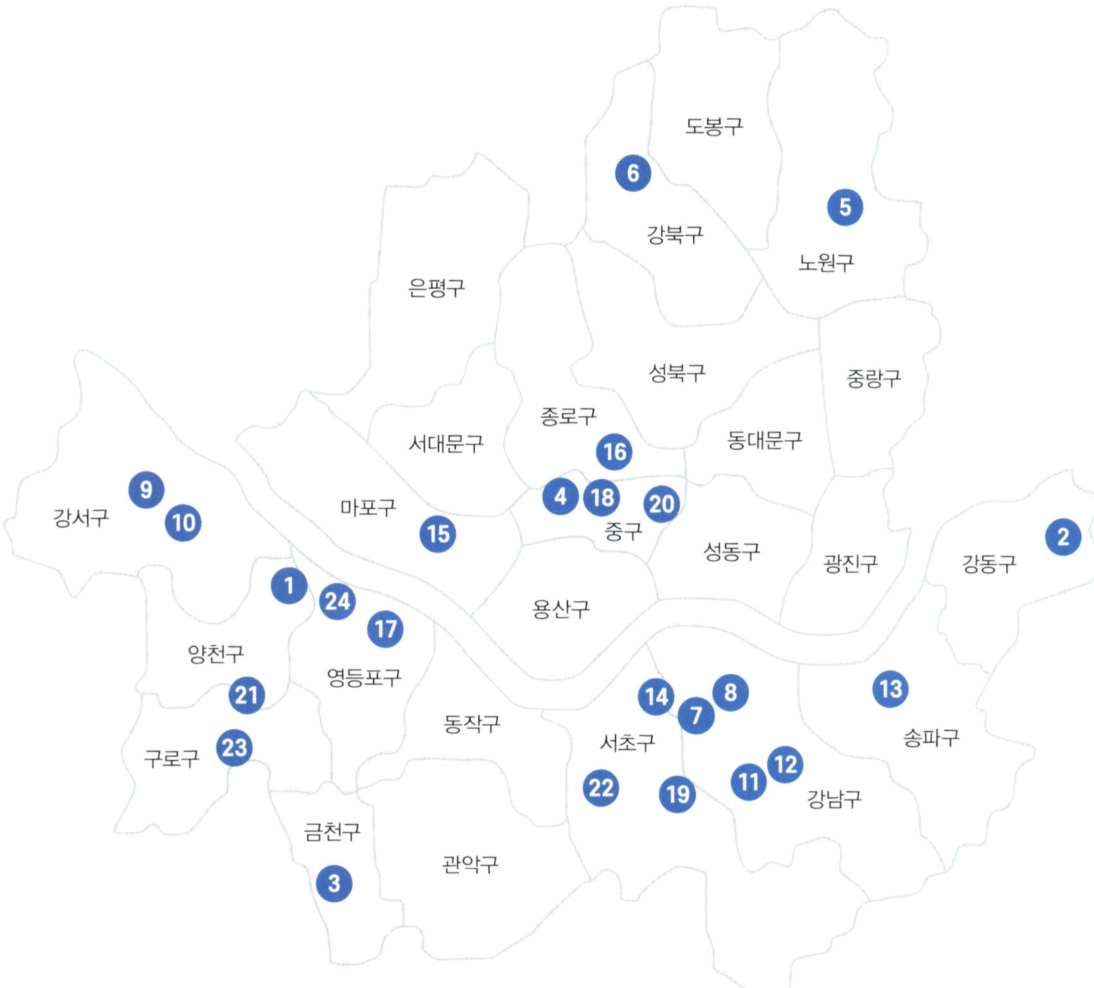

[서울특별시 BIPV 적용 주요 사례]

번호	지역	프로젝트명	용량 (kW)	시스템 종류
1	양천구	서울에너지공사 실증단지	140	입면, 캐노피, 파사드외
2	강동구	능골근린공원	8	바닥 G2G 태양광
3	금천구	대륭22차 지식산업센터	48	커튼월
4	중구	서소문청사	103	무반사 컬러 모듈
5	노원구	노원 EZ(Energy Zero) 하우스	407	입면, 옥상, 난간 외
6	강북구	우이동 오피스텔	8	입면
7	강남구	화이트팜	40	디자인형
8	강남구	CS WIND 본사	107.5	무반사컬러 CIGS모듈
9	강서구	마곡 대상연구소	176	일반 모듈(옥상 캐노피)
10	강서구	마곡 나무기술 R&D 센터	86	일반 모듈(옥상 캐노피)
11	강남구	역삼동 청년주택	12	벽체
12	강남구	알파홀딩스본사 사옥	15	LED 경관조명 겸 BIPV
13	송파구	KT 송파타워	313	입면
14	서초구	신사역 멀버리힐즈	165	입면
15	마포구	YG엔터테인먼트 신사옥	51	입면
16	종로구	하이뷰 더광장	181	입면
17	영등포구	사학연금 서울회관 재건축	406	입면
18	중구	대신증권사옥	46	외벽 파라펫
19	서초구	뉴욕제과	23	외벽
20	중구	동대문디자인플라자	68	입면
21	양천구	세신교회		입면 G2G
22	서초구	다솜빌딩		입면 G2G
23	구로구	성심병원		입면 G2G
24	영등포구	서울은빛요양병원		입면 G2G

〈출처〉 서울시 녹색에너지과, ABM, SG에너지, SK에너지, 알파에너웍스, 에너지엑스

1 서울에너지공사 (서울특별시/양천구)

▶ **건물정보**

- 차세대 BIPV 실증단지, Solar Campus 건설
- 위치: 서울특별시 양천구 목동서로 20 (목동본사)
- BIPV 적용: 본관, 별관, 주차장, 발전동, 방음벽, 보도블럭, 담장

▶ **BIPV 적용 시스템**

– 다양한 용도와 크기, 형태를 갖춘 도시형 태양광 실증 현장으로 심미성, 실용성 검증

※ 용량: 140kW(단결정 455W 73ea), 전력생산량 163,520kWh/년, 발전시간 3.2hr/day

설계 도면

설치 전경

〈출처〉 ABM

1 서울에너지공사 (서울특별시/양천구)

▶ 건물정보

- 본관동 정면, 측면 CIGS 박막형 컬러모듈 'SKALA' 설치
- 위치 : 서울특별시 양천구 목동서로 20
- 설치각도(방위각) : 90° (정남_정동)

▶ BIPV 적용 시스템

– 컬러 모듈의 무반사 처리를 통한 빛공해 완전 해소, 간섭색상코팅으로 변색 無

※ 용량 : 18.2kW(CIGS 139매), 전력생산량 13,800kWh/년, 발전시간 2.45hr/day

설계 도면

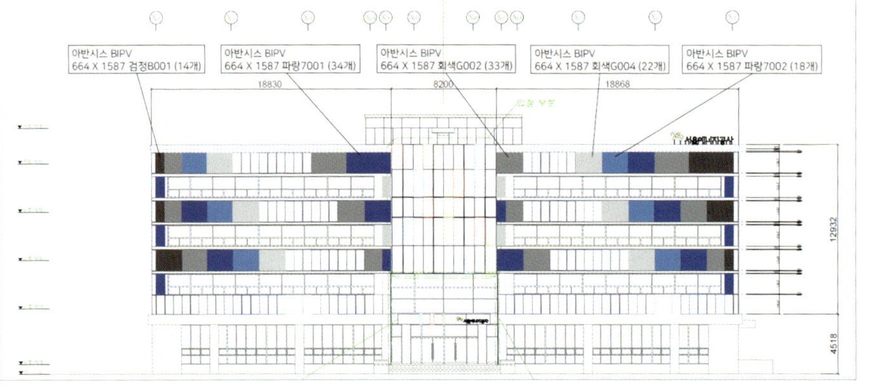

설치 전경

〈출처〉 아반시스

1 서울에너지공사 (서울특별시/양천구)

▶ 건물정보

- 방음벽을 활용하여 6가지 색상의 무반사 컬러 태양광 모듈 설치
- 위치 : 서울특별시 양천구 목동서로 20
- 설치각도(방위각) : 90° (정남)

▶ BIPV 적용 시스템

– 컬러 모듈의 무반사 코팅을 통한 빛공해 완전 해소, 음영 부분은 더미모듈 적용

※ 용량 : 3kW(단결정 56W 60매), 전력생산량 3,000kWh/년, 발전시간 2.45hr/day

설계 도면

설치 전경

〈출처〉 SG에너지

1 서울에너지공사 (서울특별시/양천구)

▶ 건물정보

- 벤치 파고라 상부를 활용한 컬러 태양광 발전
- 위치 : 서울특별시 양천구 목동서로 20
- 설치각도(방위각) : 0°

▶ BIPV 적용 시스템

– 파고라 구조물 상부에 컬러 모듈을 배치하여 이용자에게 쉼터를 제공하며 전기 생산

※ 용량 : 9kW(단결정 221W 40매), 전력생산량 8,870kWh/년, 발전시간 2.75hr/day

설계 도면

설치 전경

〈출처〉 SG에너지

2 능골근린공원 (서울특별시/강동구)

▶ 건물정보

- 전국 최초 바닥 태양광 발전시설 (낮에는 전기생산, 저녁에는 조명)
- 위치 : 서울특별시 강동구 강일동 736외 1 (면적 18.47㎡)
- 설치각도(방위각) : 0°

▶ BIPV 적용 시스템

– 바닥의 기계적 하중 향상을 위해 G2G type (전면 유리 5T, 후면 유리 8T) 모듈 제작

※ 용량 : 8kW(단결정 40W 129매, 100W 30매), 전력생산량 8,190kWh/년, 발전시간 2.75hr/day

설치 전경

〈출처〉 SG에너지

3 대륭 22차 지식산업센터 (서울특별시/금천구)

▶ 건물정보

- 블랙 모듈을 사용하여 건물 입면 커튼월(Curtain Wall) 구간에 배치
- 위치 : 서울특별시 금천구 가산동 371-63
- 설치각도(방위각) : 90° (남서 60°, 남동 30°)

▶ BIPV 적용 시스템

– 디자인적으로 외장재와의 마감, 조화를 이루며 발전, 심미성 확보와 건축 가치 상승

※ 용량 : 48kW(단결정 64W 228매, 223W 56매, 159W 132매), 전력생산량 42,980kWh/년, 발전시간 2.45hr/day

설계 도면

설치 전경

〈출처〉 SG에너지

4 서울시청 서소문청사 (서울특별시/중구)

▶ 건물정보

- 건물 외벽의 디자인 형태를 활용한 BIPV (경사 90도 이하 조합된 구조)
- 위치 : 서울특별시 중구 덕수궁길 15
- 설치각도(방위각) : 81° (정남, 정서)

▶ BIPV 적용 시스템

– 건물 외벽 형태에 맞춰 경사각 90° 이하인 구간에 무반사 컬러 모듈을 설치

※ 용량 : 103kW(단결정 265W 390매), 전력생산량 80,160kWh/년, 발전시간 2.5hr/day

설계 도면

설치 전경

〈출처〉 SG에너지

5 노원 EZ(Energy Zero) 하우스 (서울특별시/양천구)

▶ 건물정보

- 건축물 에너지 절약을 위한 패시브, 액티브 기술 활용한 공동주택
- 위치 : 서울 노원구 하계동 251-9 (대지면적 11,344m^2, 건축면적 3,408)
- BIPV 적용 : 수직, 수평, 경사형 태양광 적용

▶ BIPV 적용 시스템

– 에너지 절감을 위한 최적 방향 배치 (남향 15.7 kWh/m^{2}yr → 북향 23.4 kWh/m^{2}yr)

※ 용량 : 발전 용량 407kW 설치 ※발전시간은 설치 환경에 따라 다름(방향, 경사)

모듈, 설치 형태

설치 전경

〈출처〉 국토부 제로 에너지공동주택 가이드, KCC

5 노원 EZ(Energy Zero) 하우스 (서울특별시/노원구)

▶ 주택단지 건물 설치 Type

연립주택 옥상 측면

아파트 측면

아파트 옥상

연립주택 정면

아파트 정면

합벽 주택 정면

단독 주택 정면, 측면

홍보관 정면

▶ 태양광 설치 위치별 효율

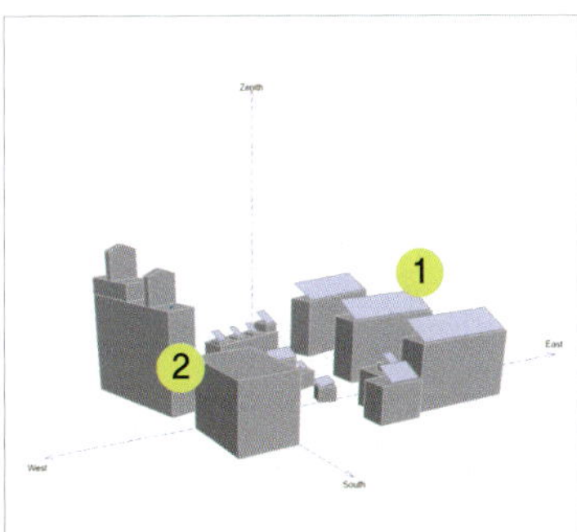

① 아파트형 공동주택

방 향		효 율
벽	남향 (90도)	68%
지붕	수평 (10~35도)	98%

② 연립형 공동주택

방 향		효 율
벽	남향 (90도)	61~67%
	서향 (90도)	40~51%
지붕	수평 (0도)	87%

(종합) 설치 위치별 효율		지붕	남측 수직면	서측 수직면	동측 수직면	합 계
용량	kW	224kW	99.4kW	55.7kW	30kW	409kW
	(%)	(56%)	(24%)	(13%)	(7%)	(100%)
효율 (남측30˚설치 기준)		87~98%	68%	40~51%	37~48%	-

〈출처〉 국토부 제로 에너지공동주택 가이드, KCC

6 우이동 오피스텔 (서울특별시/강북구)

▶ 건물정보

- 도심형 BIPV에 적합하게 설계하였으며, 서울 신축건물에 적용
- 위치: 서울특별시 강북구 우이동 100-52
- 각도: 건축물 입면 남향, 서향

▶ BIPV 적용 시스템

– 신축 설계부터 BIPV 반영하여 외장재 비용절감, 편백나무를 활용한 디자인 구현

※ 용량: 8.74kW(단결정 170W×20매, 178W×30매), 전력생산량 2.9MWh/년

설계 도면

설치 전경

〈출처〉 SG에너지

7 화이트팜 (서울특별시/강남구)

▶ **건물정보**

- BIPV 모듈 자체를 디자인적으로 배치하여 미래지향적인 이미지를 표현함
- 위치 : 서울특별시 논현동 122-5, 6, 7번지 W빌딩
- 각도 : 건축물 입면 설치(90°)

▶ **BIPV 적용 시스템**

– 일반 BIPV에 특이한 설치 위치로 건축물 자체가 랜드마크가 되는 홍보 효과가 있음

※ 용량 : 39.744kW(184W×196장)

설계 도면

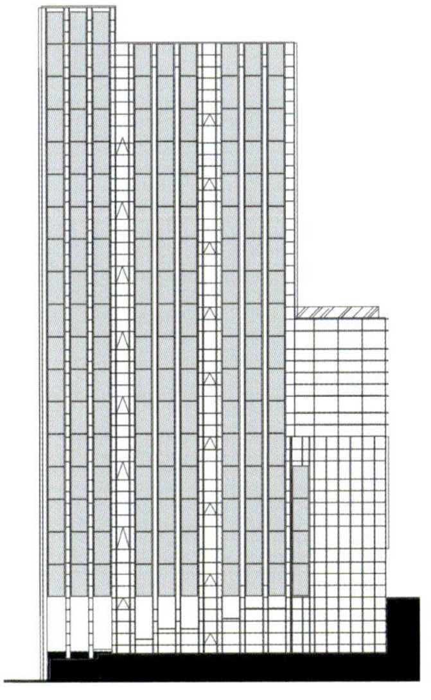

설치 전경

〈출처〉 SG에너지

8 CS WIND본사 (서울특별시/강남구)

▶ **건물정보**

- 건물 주차타워 2면, 건물남측벽면 / 측면 컬러 BIPV 설치
- 위치 : 서울시 강남구 온주로 723
- 각도 : 건축물 입면 설치(90°)

▶ **BIPV 적용 시스템**

– BIPV모듈로 인식되지 않을 정도의 미려함으로 완벽한 건축외장재로 인정받음

– 664×1587 정사이즈와 총 4가지의 Custom Size 모듈 시공

※ 용량 : 107.2kW (140W×758장), 전력생산량 75,500kWh/년

설계 도면

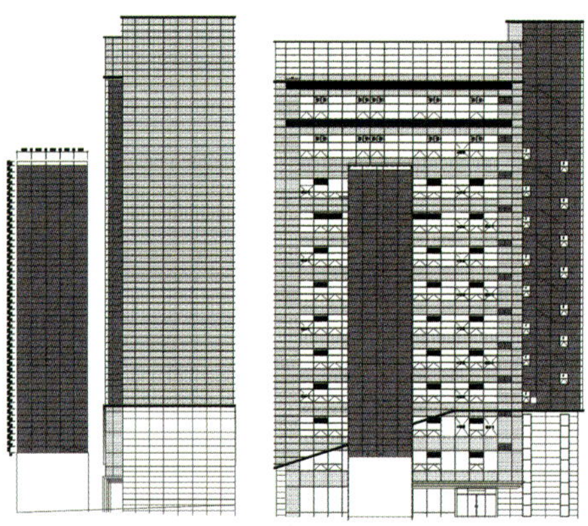

설치 전경

〈출처〉 아반시스

9 마곡 D9-2 대상연구소 (서울특별시/강서구)

▶ 건물정보

- 건축물 에너지 절약을 위한 패시브, 액티브 기술 활용한 에너지 절약 건물
- 위치: 서울 강서구 마곡동 762-4 (대지면적 7,490m^2, 건축면적 4,312m^2)
- PV 적용: 재생에너지(태양광)설치로, 에너지절약 및 온실가스 감축에 기여

▶ PV 적용 시스템

– 에너지 절감을 위한 최적 방향 배치 (방위 각: 정남향, 경사 각 5°)

※ 용량: 176.64 kW(단결정 460W×384매), 전력생산량 199,868.16 kWh/년, 발전시간 3.1hr/day

모듈, 설치 형태

설치 전경

〈출처〉 에너지엑스N

10 마곡 나무기술 R&D센터 (서울특별시/강서구)

▶ 건물정보

- 건축물 에너지 절약을 위한 패시브, 액티브 기술 활용한 에너지 절약 건물
- 위치: 서울 강서구 마곡동 787-5 (대지면적 1,045m^2, 건축면적 626.95m^2)
- PV, BAPV 적용: 재생에너지(태양광)설치로, 에너지절약 및 온실가스 감축에 기여

▶ PV 적용 시스템

– 에너지 절감을 위한 최적 방향 배치 및 벽체 마감 잉여공간 활용
(PV 방위 각: 정남향, 경사 각 5°, BAPV 방위각: 정남향, 경사 각 90°)

※ 용량: 86.0kW(단결정 500W×172매), 전력생산량 91,031kWh/년, 발전시간 2.9hr/day

모듈, 설치 형태

PV (지붕 위)

PV (옥탑 위)

BAPV (벽체)

설치 전경

〈출처〉 에너지엑스N

11 역삼동 청년주택 BIPV 태양광 (서울특별시/강남구)

▶ 건물정보

- 컬러색상 BIPV 모듈사용 (건축물 입면을 활용한 최적 배치)
- 위치: 서울시 강남구 역삼동 738-29외 2필지
- 설치각도: 건축물 남동향 20°, 입면

▶ BIPV 적용 시스템

- BIPV 모듈은 색상은 그레이톤으로 건물외부 경관과 잘 어울리고, 친환경에너지 생산

※ 용량: 12.528kW(결정질 232W×54매), 전력생산량 10,974.53kWh/년(예상)

설계 도면

설치 전경

〈출처〉 에너지엑스N, SG에너지

12 알파홀딩스 본사 사옥 (서울특별시/강남구)

▶ 건물정보

- 건물일체형 태양광(BIPV+LED조명 일체형)
- 위치 : 서울시 강남구 선릉로 119길 31
- 설치각도 : 건축물 남향 입면(90°)

▶ BIPV 적용 시스템

– 건물 입면을 활용한 발전설비로 주간에는 태양광발전/야간에는 LED 경관조명 역할

※ 용량 : 15.12kW(Color Moule 252W×60매), 전력생산량 21.6MWh/년

설치 전경

경관조명

〈출처〉 서울시 녹색에너지과, 알파에너웍스

13 KT 송파타워 (서울특별시/송파구)

▶ 건물정보

- 컬러색상 BIPV 모듈사용(건축물 입면을 활용한 최적 배치)
- 위치: 서울특별시 송파구 잠실로 209
- 설치각도: 건축물 남향 입면(90°)

▶ BIPV 적용 시스템

– 비전 구간을 제외한 BIPV 모듈 설치, 공간 활용도 최적화로 도시형 태양광 발전소 완성

※ 용량: 313kW(Black Moule), 전력생산량 445.5MWh/년

설치 전경

설치 부위

〈출처〉 알파에너웍스

14 신사역 멀버리힐즈 (서울특별시/서초구)

▶ 건물정보

- 컬러색상 BIPV 모듈사용(건축물 입면을 활용한 최적 배치)
- 위치: 서울특별시 서초구 강남대로 589
- 설치각도: 건축물 남향 입면(90°)

▶ BIPV 적용 시스템

– 비전 구간을 제외한 BIPV 모듈 설치, 공간 활용도 최적화로 도시형 태양광 발전소 완성

※ 용량: 165kW(Black Moule), 전력생산량 234.8MWh/년

설치 전경

〈출처〉 알파에너웍스

15 YG엔터테인먼트 신사옥 (서울특별시/마포구)

▶ 건물정보

- 컬러색상 BIPV 모듈사용(건축물 입면을 활용한 최적 배치)
- 위치 : 서울특별시 마포구 희우정로 1길 7
- 설치각도 : 건축물 남향 입면(90°)

▶ BIPV 적용 시스템

– 컬러 BIPV(Light Gray, Dark Gray) 모듈을 활용하여 건물 외관디자인과 조화를 추구

※ 용량 : 51kW(Color Moule), 전력생산량 72.5MWh/년

설치 전경

〈출처〉 알파에너웍스

16 종로5가 하이뷰 더광장 (서울특별시/종로구)

▶ 건물정보

- 컬러색상 BIPV 모듈사용(건축물 입면을 활용한 최적 배치)
- 위치 : 서울특별시 종로구 종로 212
- 설치각도 : 건축물 남향 입면(90°)

▶ BIPV 적용 시스템

– 건물 일체형(BIPV) 설계를 통해 설치공간 활용도를 최적화한 도시형 발전소 추진

※ 용량 : 181kW(Black Module), 전력생산량 257.6MWh/년

설치 전경

〈출처〉 알파에너웍스

17 사학연금 서울회관 재건축 (서울특별시/영등포구)

▶ 건물정보

- 컬러색상 BIPV 모듈사용(건축물 입면을 활용한 최적 배치)
- 위치 : 서울시 영등포구 여의나루로 27
- 설치각도 : 건축물 남향 입면(90°)

▶ BIPV 적용 시스템

– 건물 일체형(BIPV) 설계를 통해 설치공간 활용도를 최적화한 도시형 발전소 추진

※ 용량 : 406kW(Black Module), 전력생산량 577.9MWh/년

설계 도면

〈출처〉 알파에너웍스

18 대신증권사옥 (서울특별시/중구)

▶ 건물정보

- 컬러색상 BIPV 모듈사용(건축물 입면을 활용한 최적 배치)
- 위치 : 서울시 중구 삼일대로 343
- 설치각도 : 건축물 남향 입면(90°)

▶ BIPV 적용 시스템

– BIPV 모듈은 색상은 그레이톤으로 건물외부 경관과 잘 어울리고, 친환경에너지 생산

※ 용량 : 46kW(Black Module), 전력생산량 65.4MWh/년

설계 도면

〈출처〉 알파에너웍스

19 강남 뉴욕제과 (서울특별시/서초구)

▶ 건물정보

- 컬러색상 BIPV 모듈사용(건축물 입면을 활용한 최적 배치)
- 위치 : 서울시 서초구 서초동 1318-1
- 설치각도 : 건축물 남향 입면(90°)

▶ BIPV 적용 시스템

– AL-Sheet와 이질감 없는 외관(컬러, 재질) 디자인을 연출한 도시형 태양광 발전소 완성

※ 용량 : 23kW(Black Module), 전력생산량 32.7MWh/년

설계 조감도

설치 전경

〈출처〉 알파에너웍스

4 용인 주택 (경기도/용인시)

▶ 건물정보

- 일반 주택 박공지붕, 편지붕 금속기와 태양광
- 위치: 경기도 용인시 고기동 (지붕면적 50㎡)
- 설치각도(방위각): 남동(경사) 30°

▶ BIPV 적용 시스템

– 건물 지붕마감재 기와일체형 태양광으로서, 지붕과 동일한 각도로 태양광 설치가능

※ 용량: 2.925kW(단결정 65W×45매), 전력생산량 3.159MWh/년, 발전시간 3.5hr/day

모듈, 설치 형태

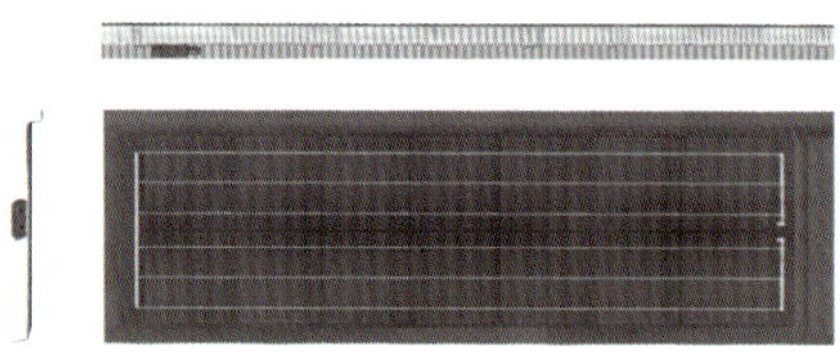

시공 방법

① 기와상 제작

② 물받이 및 처마 부분 시공

③ 태양광 금속기와 시공

④ 외곽 부분 시공 및 마무리

설치 전경

〈출처〉 중앙강재

5 자동차 전시장 (대구광역시/수성구)

▶ 건물정보

- 투광성 비정질 태양전지를 활용한 창호 커튼월형 BIPV 시스템
- 위치 : 대구광역시 수성구 동대구로 132
- 설치각도 : 정남향 입면(90°), 정동향 입면(90°)

▶ BIPV 적용 시스템

– 발전성능을 고려한 입면 디자인, 투과성 PV 적용에 따른 재실자 빛 환경 개선, 조망확보

※ 용량 : 15.312kW(비정질실리콘 44W×348매), 전력생산량 5,858.7kWh/년, 발전시간 1.5hr/day

모듈, 설치 형태

설치 전경

(제공) 한밭대 건축공학과, 신재생에너지 건축연구실

6 한밭대 BIPV 시스템 실험동 (대전광역시/유성구)

▶ 건물정보

- 투광성 비정질 태양전지를 활용한 창호 커튼월형 BIPV 시스템
- 위치 : 대전광역시 유성구 동서대로 125
- 설치각도 : 정남 입면(90°), 정서 입면(90°), 수평면(0°), 정남 경사면(30°)

▶ BIPV 적용 시스템

– 투과성 PV 적용으로 실내 빛 환경 개선, 유지관리를 고려해 개폐, 배선 가능한 커튼월 프레임 적용

※ 용량 : 2.112 kW(비정질실리콘 44W×48매), 전력생산량 1,726.8kWh/년, 발전시간 2.24hr/day

모듈, 설치 형태

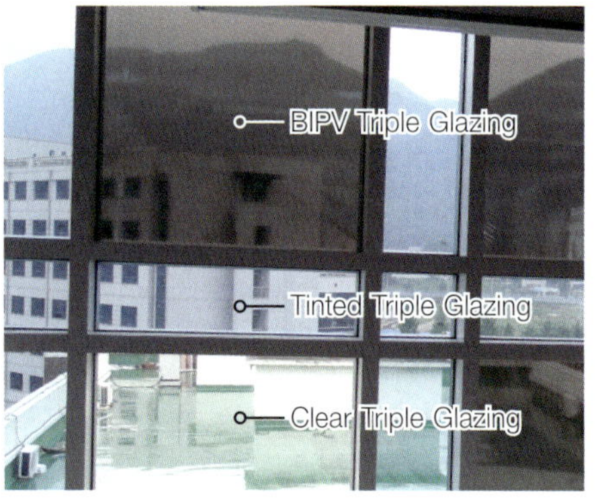

설치 전경

(제공) 한밭대 건축공학과, 신재생에너지 건축연구실

7 국립환경과학원 기후변화연구동 (인천광역시/서구)

▶ 건물정보

- 결정계 PV, 투과성 비정질 태양전지를 활용한 창호 커튼월형 BIPV 시스템
- 위치 : 인천광역시 서구 환경로 42 종합환경연구단지 내
- 설치각도 : 정남향 입면(90°), 수평면(0°), 정남향 차양장치(경사각 가동형)

▶ BIPV 적용 시스템

– 전 세계 최초 사무용 제로 에너지 건축물, 1축 트레킹 모듈 차양장치 적용

※ 용량 : 116.2kW, 전력생산량 105.3MWh/년, 전력소비량 104.6MWh/년, 발전시간 2.48hr/day

모듈, 설치 형태

설치 전경

(제공) 한밭대 건축공학과, 신재생에너지 건축연구실

8 LH화성 동탄인큐베이팅센터 (경기도/화성시)

▶ 건물정보

- 건물 입면 스팬드럴 구간에 커튼월(Curtain Wall)로 배치하여 BIPV 설치
- 위치: 경기 화성시 영천동 197
- 설치각도(방위각): 90°(정남, 남동 25°, 북동 75°)

▶ BIPV 적용 시스템

– 건물 입면을 활용한 커튼월 타입 최적 배치, 단열성능을 확보 (건축 성능 만족)

※용량: 111kW(단결정 200W 555매), 전력생산량 99,260kWh/년, 발전시간 2.45hr/day

설계 도면

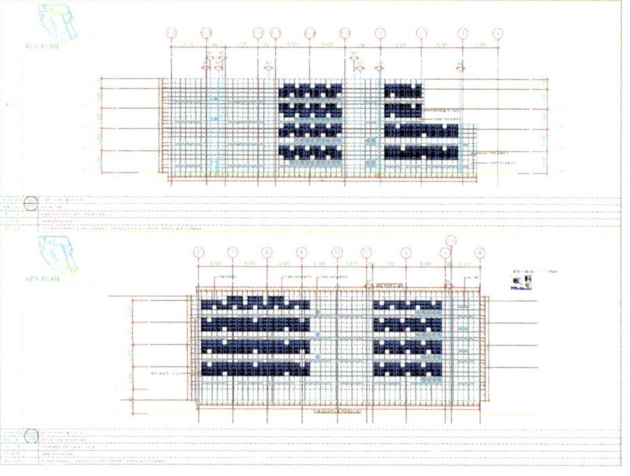

설치 전경

〈출처〉 SG에너지

9 세종 주상복합 (세종특별자치시)

▶ 건물정보

- 건물 옥탑, 유리 온실 형태의 3면을 활용한 건물일체형태양광 발전
- 위치: 세종 다솜로 7
- 설치각도(방위각): 0°, 90°(정남, 정동, 정서)

▶ BIPV 적용 시스템

– 유리 온실에 최적화된 빛 투과형 GtoG type 모듈 적용

※용량: 80kW(단결정 255W 312매), 전력생산량 79,860kWh/년, 발전시간 2.75hr/day

설계 도면

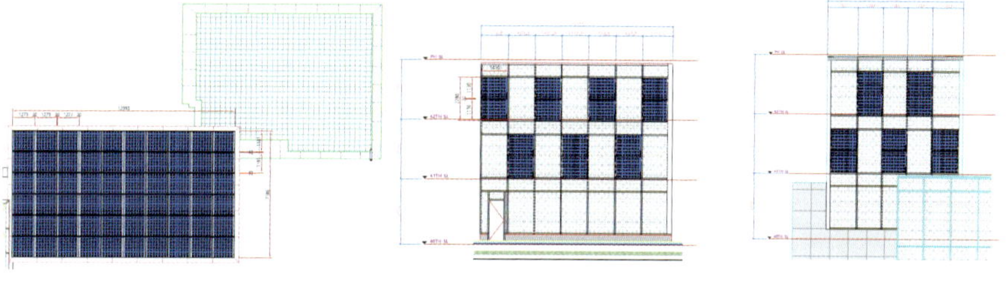

설치 전경

〈출처〉 SG에너지

10 포레나 여수 웅천디아일랜드 (전라남도/여수시)

▶ 건물정보

- 건물 입면 굴곡 부분을 활용한 건물일체형태양광 발전
- 위치: 전남 여수시 웅천남4로 17
- 설치각도(방위각): 90°(정남, 정동, 정서)

▶ BIPV 적용 시스템

– 저층부 굴곡 구간에 블랙 모듈을 세분화하여 배치, 주변 외장재와의 마감 및 조화

※ 용량: 49kW(단결정 310W 158매), 전력생산량 42,490kWh/년, 발전시간 2.45hr/day

설계 도면

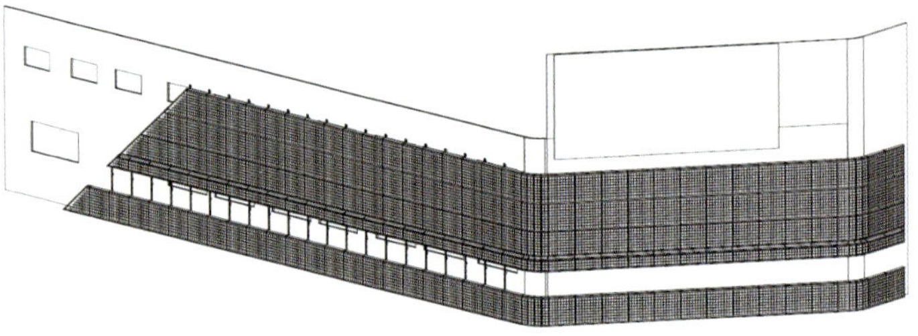

설치 전경

〈출처〉 SG에너지

11 KCC 중앙연구소 종합연구동 (경기도/용인시)

▶ **건물정보**

- 건물외벽을 활용한 국내 최대 규모의 도시형 태양광 발전소(계단형 건물)
- 위치 : 경기 용인시 기흥구 마북동 83 (지하 3층, 지상 7층 연면적 49,871m^2)
- 설치각도 : 방위 남서(35°), 경사 전면(37°), 상단 구조물(20°)

▶ **BIPV 적용 시스템**

– 입면을 활용한 태양광 최적 배치 설계, 모듈오염과 적설로 인한 발전효율 감소 방지

※ 용량 : 1,134kW(단결정 360W×3,150매), 전력생산량 1,344MWh/년, 발전시간 3.9hr/day

모듈, 설치 형태

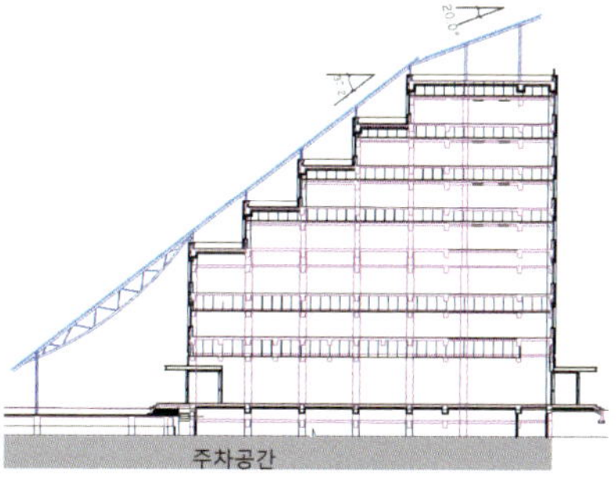

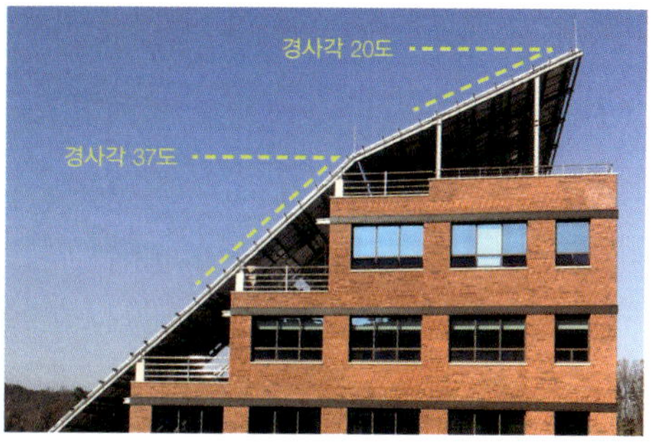

설치 전경

〈출처〉 KCC

12 KCC 건축환경연구센터 (경기도/용인시)

▶ 건물정보

- 종류별 태양광 발전 성능을 실증할 수 있는 친환경 건물 (실험관 2개동)
- 위치 : 경기 용인시 기흥구 마북동 83 (지하1층 지상 6층, 건축면적 468m^2)
- BIPV 적용 : 결정질, 박막형 BIPV, 결정질 PV, PVT(PhotoVoltaic Thermal)

▶ BIPV 적용 시스템

– 다양한 PV, BIPV 설비 실험 및 운영을 통한 제로 에너지하우스 기술 가능성 확인

※ 용량 : 총 13.24kW(BIPV : 결정질 5.4kW, 박막형 0.84kW, PV : 결정질 5kW, PVT 2kW)

모듈, 설치 형태

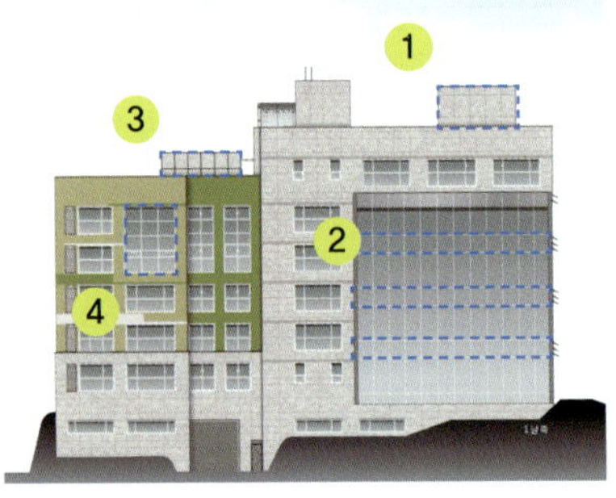

세부 기술

1 옥상 BAPV

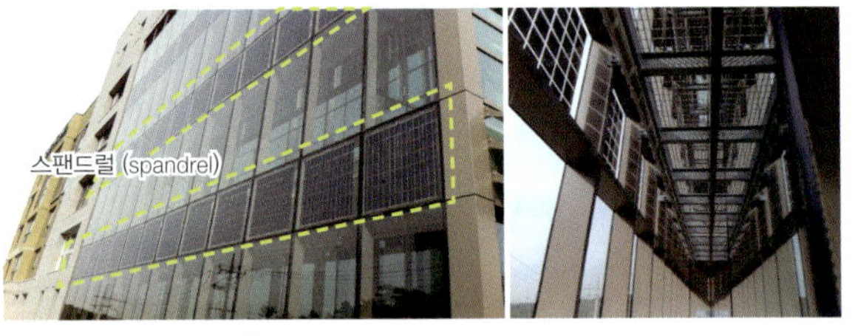

2 이중 외피 (스펜드럴 G2G)

3 옥상 BAPV

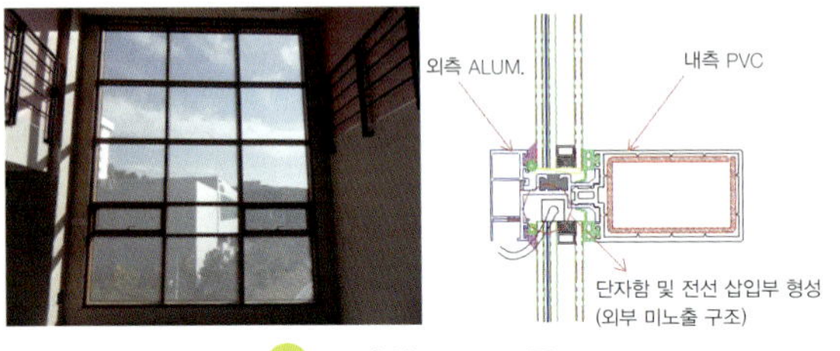

4 투과성 BIPV 모듈

〈출처〉 KCC

13 재단법인 포항산업과학연구원 (전라남도/광양시)

▶ 건물정보

- 국내 최초로 디자인형 BIPV 진행 (건축물 입면을 활용한 최적 배치)
- 위치 : 전라남도 광양시
- 각도 : 건축물 입면 남향, 서향

▶ BIPV 적용 시스템

– 신축 설계부터 BIPV 반영하여 외장재 비용절감, 편백나무를 활용한 디자인 구현

※ 용량 : 10.1kW(단결정 100W×101매)

설계 도면

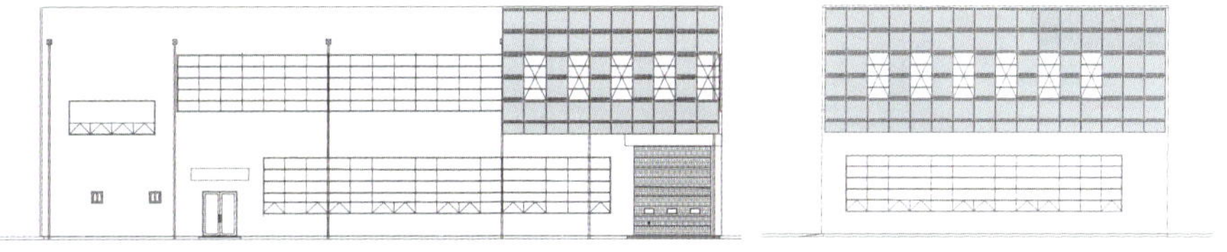

설치 전경

〈출처〉 SK에너지

16 미세먼지 연구센터 (인천광역시)

▶ 건물정보

- 필름 디자인형 현장으로 기존 유리 기반 제품보다 높은 내구성을 보유
- 위치: 인천광역시
- 각도: 건축물 입면 설치(90°)

▶ BIPV 적용 시스템

– 태양광 모듈보다는 건축물 외장재로 보이게 설치하였으며, 수려한 외관으로 심미성 높음

※ 용량: 76.19kW (모듈 여러 종류)

설계 도면

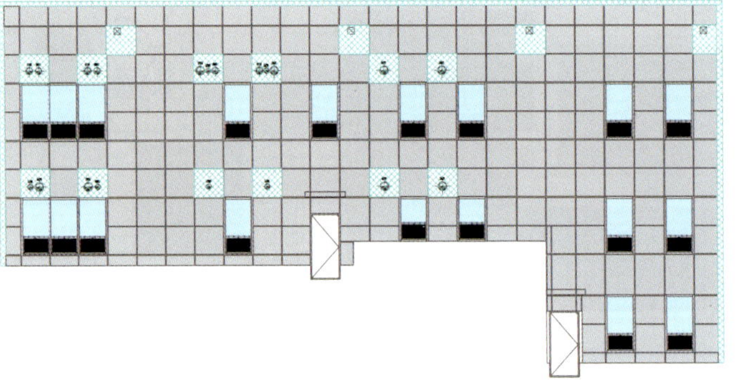

설치 전경

〈출처〉 SK에너지

17 아반시스 오창공장 (충청북도/청주시)

▶ 건물정보

- 공장벽체형 BIPV인정을 받은 CIGS 박막 컬러 모듈 설치
- 위치 : 충북 청주시 청원구 오창읍 과학산업4로 34
- 각도 : 건축물 입면 설치(90°)

▶ BIPV 적용 시스템

– 일반 샌드위치패널구조 공장의 벽체일체형 BIPV설치로 에관공의 인정을 받은 CASE

※ 용량 : 96.4kW(10가지 색상모듈), 연간생산량 72,900KWh

설계 도면

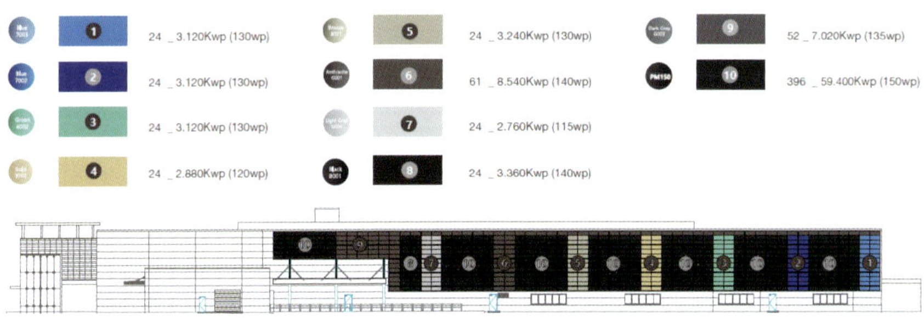

설치 전경

〈출처〉 아반시스

18 양평주택 (경기도/양평군)

▶ 건물정보

- 주택지붕의 디자인에 맞춰 CIGS박막모듈 설치 후 플러싱마감
- 위치 : 경기도 양평군 산읍리 127-3
- 각도 : 주택 지붕면 설치(30°)

▶ BIPV 적용 시스템

– 지붕 경사에 맞춰 일체형 CIGS 모듈 시공하였으며, 자연스러운 심미성과 조화로움 강조

※ 용량 : 9.8kW(Power MAX)

설계 도면

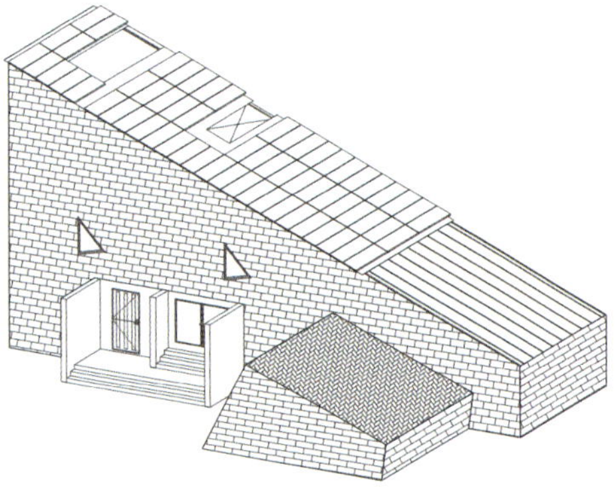

설치 전경

〈출처〉 아반시스

19 대덕전자㈜ B3 증축공사 (경기도/안산시)

▶ 건물정보

- 건축물 에너지 절약을 위한 패시브, 액티브 기술 활용한 에너지 절약 건물
- 위치 : 경기도 안산시 단원구 강촌로 230
- BAPV 적용 : 외벽마감벽체 공간을 활용하여 친환경에너지 생산에 기여

▶ BIPV 적용 시스템

– 에너지 절감을 위한 최적 방향 배치(방위 각 : 남서 18°, 경사 각 90°)

※ 용량 : 16.416kW(단결정 171W×96매), 전력생산량 14,979.60kWh/년, 발전시간 2.5hr/day

모듈, 설치 형태

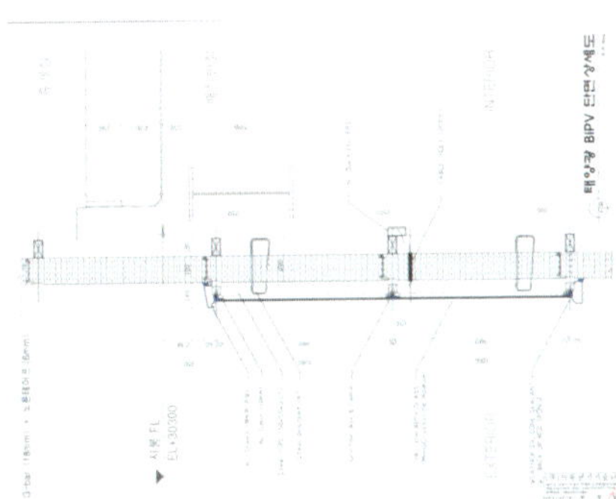

설치 전경

〈출처〉 에너지엑스N

[해외 BIPV 적용 주요 사례]

번호	지역	프로젝트명	용량 (kW)	시스템 종류
1	독일	Solar Vila	50	CIGS 지붕 벽체일체형
2	독일	HZB Rab	48.6	CIGS 컬러 벽체일체형
3	독일	Bad hersfeld	12.34	CIGS 컬러 벽체일체형
4	스위스	Sennaral	17.5	CIGS 컬러 벽체일체형
5	스위스	Solvatec	20	CIGS 컬러 벽체일체형
6	독일	Tubingen	82.42	CIGS 컬러 벽체일체형
7	스웨덴	SARA Kulturhus	49.52	CIGS 컬러 벽체일체형
8	네덜란드	City Acchv	36.8	CIGS 컬러 벽체일체형
9	스웨덴	Nyokronahn	78	CIGS 컬러 벽체일체형
10	스위스	Campus aqua	176.67	CIGS 컬러 벽체일체형
11	독일	Climbing center	21.6	CIGS 컬러 벽체일체형
12	남극	남극세종기지	59	지붕일체형

1 Solar Villa (독일)

▶ 건물정보

- 주택의 지붕면과 벽체에 BIPV를시공한 에너지빌라
- 위치: Krakow, Germany
- 각도: 주택 지붕면 설치(30°), 주택벽면 설치(90°)

▶ BIPV 적용 시스템

– 주택 디자인 그대로 모든 벽면을 CIGS 박막형 모듈로 BIPV 시공
– 측면 부 Custom Size 모듈을 적용하여 Design통일성 강조
※ 용량: 50kW(PowerMAX_B001)

설치 전경

〈출처〉 아반시스

2 HZB 연구소 (독일)

▶ 건물정보

- 연구소건물의 벽체일체형 7003(Light Blue) 컬러 CIGS모듈 설치
- 위치: Berlin, Germany
- 각도: 건물벽체설치(90°)

▶ BIPV 적용 시스템

– 건물의 외벽을 일반 금속패널과 혼용하여 CIGS 컬러모듈과 매칭 BIPV 설치

※ 용량: SKALA 7003 / 360장 / 48.60kW, 연간발전량: 28,000KWh

설치 전경

〈출처〉 아반시스

3 Bad hersfeld Office Building (독일)

▶ **건물정보**

- 오피스건물 리모델링 프로젝트, 건물벽면 일체형 BIPV설치
- 위치: Bad hersfeld, Germany
- 각도: 건물벽체설치(90°)

▶ **BIPV 적용 시스템**

– 그림자 영향에 가장 강한 CIGS 박막형 모듈 벽체일체형 BIPV설치 건물

※ 용량: SKALA G001/100장/14kW, 연간발전량: 9,500KWh

설치 전경

〈출처〉 아반시스

4 Sennaral (스위스)

▶ 건물정보

- 상업용 건물 벽체 일체형 BIPV 설치
- 위치 : Bern, Swizerland
- 각도 : 건물벽체설치(90°)

▶ BIPV 적용 시스템

– 무광 세틴처리가 된 무반사 모듈을 이용한 건물일체형 BIPV
※ 용량 : SKALA B001/130장/17.5kW, 연간발전량 : 11,700KWh

설치 전경

〈출처〉 아반시스

5 Solvatec (스위스)

▶ 건물정보

- 물류센터 외장을 SKALA 7003(Light Blue)로 디자인한 벽체일체형 BIPV
- 위치: Oberbipp, Swizerland
- 각도: 건물벽체설치(90°)

▶ BIPV 적용 시스템

– 블루컬러의 CIGS박막형 컬러모듈을 벽체 일체형으로 설치한 BIPV 건축물
– 모듈마감 및 위아래 플러싱 마감으로 깔끔한 디자인 완성
※ 용량: SKALA 7003/90장/11.5kW, 연간발전량: 7,500KWh

설치 전경

〈출처〉 아반시스

6 Tubingen (독일)

▶ 건물정보

- 목재_콘크리트 하이브리드 건물로 SKALA 3001(Bronze) 모듈 벽체일체형
- 위치 : Tubingen, Germany
- 각도 : 건물벽체설치(90°)

▶ BIPV 적용 시스템

– 금속 클레딩과 믹스매칭하여 브론즈 컬러 패널을 설치 마감한 건물
– 건물의 기본외장색과 유사한 컬러의 모듈사용으로 디자인일체감 뛰어남
※ 용량 : SKALA 3001/634장/82.42kW, 연간발전량 : 50.430KWh

설치 전경

〈출처〉 아반시스

7 SARA Kulturhus (스웨덴)

▶ 건물정보

- 세계에서 두 번째로 높은 목구조 커튼월건물의 20층상단 벽체일체형 BIPV
- 위치: Skelleftea, Sweden
- 각도: 건물벽체설치(90°)

▶ BIPV 적용 시스템

– 태양광 최초 독일 건설기술연구원의 건자재 인증 'abZ' 획득한 BIPV 모듈

– 20층 이상 높은 층에도 별도의 보강없이 풍하중 및 설계풍압 만족

※ 용량: SKALA 3001/408장/49.12kW, 연간발전량: 29.800KWh

설치 전경

〈출처〉 아반시스

8 City Acchv (네덜란드)

▶ 건물정보

- 공공건물 (체육관) 벽체일체형 BIPV 시스템 설치
- 위치 : Amsterdam, Netherlands
- 각도 : 건물벽체설치(90°)

▶ BIPV 적용 시스템

– 지붕면 및 벽체 일체형 CIGS 박막형 컬러모듈 설치

– CIGS박막전지의 북측발전성능에 의해 사면설치 진행된 프로젝트

※ 용량 : SKALA G002(Gray) / 400장 / 52kW, 연간발전량 : 25,200KWh

설치 전경

〈출처〉 아반시스

9 Nyokronahn (스웨덴)

▶ 건물정보

- 상업용 건물 벽체일체형 BIPV 설치
- 위치 : Nyokronakn, Sweden
- 각도 : 건물벽체설치(90°)

▶ BIPV 적용 시스템

– 건물 2면 SKALA B001(Black)모듈 사용 벽체일체형 설치된 건물
– 664×1587정형 사이즈 외 Custom Size 2종 사용하여 마감
– 2022년 스웨덴 올해의 건축상 수상
※ 용량 : SKALA B001(Black)/600장/84kW, 연간발전량 : 49,200KWh

설치 전경

〈출처〉 아반시스

10 Campus aqua (스위스)

▶ 건물정보

- 물류센터 전면 벽체일체형 BIPV 설치 건물
- 위치 : Busserach, Swizerland
- 각도 : 건물벽체설치(90°)

▶ BIPV 적용 시스템

– 건물 4면 SKALA 4002(Greed) 모듈 사용 벽체일체형 설치된 건물
– 동,서,남,북 발전이 가능한 CIGS 박막전지의 장점을 살려 전체건물에 설치
– 건물소비 에너지의 70% BIPV로 충당
※ 용량 : SKALA 4002(Green)/1359장/176.67kW, 연간발전량 : 90,200KWh

설치 전경

〈출처〉 아반시스

11 Climbing center (독일)

▶ 건물정보

- 스포츠센터 남측벽면 벽체일체형 BIPV설치 건물
- 위치: Eichstatt, Germany
- 각도: 건물벽체설치(90°)

▶ BIPV 적용 시스템

– 스포츠센터 남측벽면 SKALA B001 모듈 벽체일체형 설치 건물

※ 용량: SKALA B001 /160장/21.6kW, 연간발전량: 16.600KWh

설치 전경

〈출처〉 아반시스

12 남극세종과학기지 (남극반도/남쉐틀랜드 군도)

▶ **건물정보**

- 극지 연구소 남극세종과학기지(하계연구동) 최초 시공
- 위치: 62° 13'S, 58 ° 47' / Antarctica (16개동 5,864m^2)
- 방위/고도각: 356.4° / 8.08°

▶ **BIPV 적용 시스템**

– 극한의 환경에 대비한 지붕일체형 태양광 설치, 지붕/태양광 시스템 공사 동시 진행

※ 용량: 59kW(단결정 320W 160ea), 전력생산량 64,600kWh/년, 발전시간 3.0hr/day

설계 도면

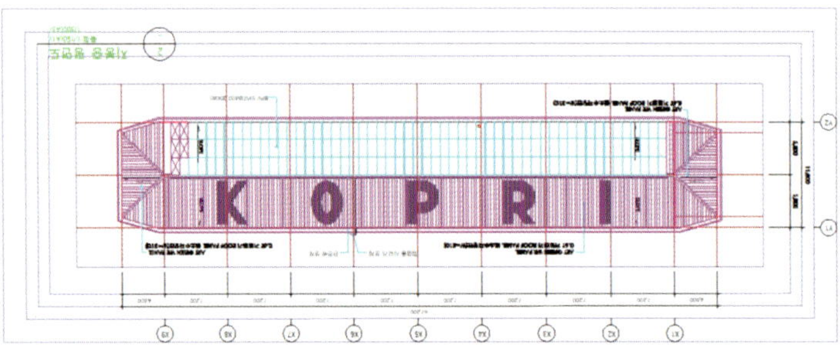

설치 전경

〈출처〉 ABM

부록

1 ZEB 용어

2 BIPV 타입별 시공법

3 건축의 인허가 및 기타 주의사항

1
ZEB 용어

관련 용어	정의
1차 에너지	연료의 채취, 가공, 운송, 변환, 공급 등의 과정에서 손실분을 포함한 에너지
1차 에너지 소요량	에너지 소요량에 전력생산 및 연료의 운송 등에서 손실되는 손실분을 고려한 1차 에너지 환산계수를 곱한 에너지량
1차 에너지 환산계수	전력생산 및 연료의 운송 등에서 손실되는 손실분을 고려하기 위해 적용하는 계수 (연료 1.1, 전력 2.75)
BAS	Building Automation System의 약자로 건물에너지 설비에 대한 상태감시 및 자동화된 감식 조작 시스템
BEMS (건물에너지관리시스템)	건물 내 각종 에너지 사용정보를 센서, 계측기로 수집하여 실시간으로 모니터링하고 수집정보를 분석하여 에너지사용을 최적화, 제어하는 시스템
COP	Coefficient of peformance, 성능 계수
CRS (타워형 태양열 발전시스템)	직동유체(물, 증기, 용융염)가 집열기에서 열을 받아 뜨거워져 타워상부에서 증기를 생산하고 이 증기를 이용하여 지상의 증기터빈을 구동하여 전력을 생산하는 발전시스템
Dish형 집열기	일사광선이 한 점에 집광이 될 수 있는 접시 모양의 반사판이 있는 집광형 집열기
EHP	전기모터를 사용하여 콤프레셔를 구동하는 히트펌프
EPI	Energy Performance Index, 건축물의 에너지성능지표
FMS	Facility Management System의 약자로 건물 정보, 자재, 직업 , 인력, 도면, 시스템, 예산에 대한 관리 보고서 작성, 이에 대한 평가 및 분석 등의 기능을 수행하는 시스템
ICT	ICT는 정보통신기술(Information and Communication Technology)의 약자로 정보 기술(Information Technology, IT)과 통신 기술(Communication Technology,

	CT)의 합성어로 정보기기의 하드웨어 및 이들 기기의 운영 및 정보 관리에 필요한 소프트웨어 기술과 이들 기술을 이용하여 정보를 수집, 생산, 가공, 보존, 전달, 활용 하는 모든 방법을 의미함
LSG (Light to Solar Gain)	LSG = 가시광선투과율(VT) / 태양열취득계수(SHGC), LSG 값이 클수록 업무시설 적용에 유리
PTC형 집열기	포물선 형상의 반사판이 있고 그 가운데 흡수판역할을 하는 집열관이있는 형태임
SHGC(태양열취득계수)	태양광을 유리가 얼마큼 차단하는지를 나타내는 계수로 0~1 범위를 가지며 낮은 SHGC일수록 태양열 획득이 적음
VT (가시광선 투과율)	유리를 통해 투과되는 가시광선의 비율
개구부	벽이나 지붕, 바닥 등에 뚫린 구멍 혹은 그 부분을 총칭하는 것으로 채광, 환기, 조망 등을 위한 창과 출입을 위한 문으로 구분됨
개축	기존 건축물의 전부 또는 일부를 해체하고 그 대지에 종전과 같은 규모의 범위에서 건축물을 다시 축조하는 것
개폐면적	실내의 공기가 외부로 빠져나가는 구멍의 크기 혹은 그 부분을 총칭하는 것
건물일체형 태양광 발전시스템	건물일체형 태양광 발전시스템(BIPV, Building Integrated Photovoltaic System)의 약자로 건축물의 외피 마감재료로 태양광 모듈을 적용한 발전 시스템
건축	건축물을 신축·증축·개축·재축하거나 건축물을 이전하는 것
건축물	토지에 정착하는 공작물 중 지붕과 기둥 또는 벽이 있는 것과 이에 딸린 시설물 공작물에 설치하는 사무소·공연장·점포·차고·창고 등
건축물 에너지 효율등급	에너지성능이 높은 건축물의 건축을 확대하고, 건축물 에너지관리를 효율화하기 위하여 정부가 시행하는 건축물 에너지 효율등급 인증제도에 의해 평가
건축주	건축물의 건축·대수선·용도변경·건축설비의 설치 또는 공작물의 축조에 관한 공사를 발주하거나 현장 관리인을 두어 스스로 그 공사를 하는 자
경량형 녹화	사람의 이용을 목적으로 옥상 녹화 유형으로 자생적으로 생육이 가능한 식물을 이용한 형태, 최소한의 노력으로 유지가 가능함
고측창	눈높이보다 높은 위치에 있는 창 또는 청장 가까이에 만들어진 채광용 창
공공기관 에너지이용 합리화 추진에 관한 규정	(제10조(에너지 수급 안정 및 효율향상을 위한 전력 수요+B19관리시설 설치)의 제 1항) 공공기관에서 에너지의 효율적 이용과 온실가스 배출 저감을 위하여 공공기관이 추진하여야 하는 사항을 규정 (제11조(고효율에너지기자재사용)의 제2항, 제4항) 공공기관에서 에너지의 효율적 이용과 온실가스 배출 저감을 위하여 공공기관이 추진하여야 하는 사항을 규정
광덕트	외부에 집광기를 설치하여 햇빛을 채광하고 이를 실내로 전송하기 위해 설치하는 장비로 빛의 굴절을 이용하기 때문에 흐린 날씨에도 실내 채광이 가능한 장점

이 있음

광선반	측창을 통해 들어온 햇빛을 굴절시켜 실 내부 안쪽까지 햇빛이 유입되도록 유도하는 설비
광전효과	물질에 일정한 진동수 이상의 빛을 비추었을 때, 물질의 표면에서 전자(−)와 정공(+)이 분리되는 현상
굴뚝 환기	굴뚝 효과를 이용한 환기 구조. 굴뚝 효과는 실내와 실외의 온도 차이로 공기 간의 밀도차이가 발생하게 되어 나타나는 부력으로 인하여 기류가 형성되는 효과를 의미함
권장사항	건축물을 건축하는 건축주와 설계자 등이 건축물의 설계 시 선택적으로 적용이 가능한 사항
균제도	평균 조도치에 대한 최소 조도치로 값이 높을수록 실내 조도분포가 고름을 의미
금속산화물	산소와 결합된 각종 금속 화합물의 총칭
급기	실내에 공급되는 공기 또는 공기 조화나 환기 장치 등에서 각 실에 외부 공기를 처리하여 보내준 공기
급탕	보일러 설비로 가열한 온수를 세면실, 샤워실, 목욕탕, 주방 등 필요한 곳의 급수선에 공급하는 것
기밀 시공	공기, 가스 등의 기체가 통하지 않는 성질 혹은 성능을 의미하며 다른 표현으로는 통기 성능이 있음. 기밀성 0등급이 가장 기밀하며 숫자가 높아질수록 기밀성능이 낮음
기밀층	기밀이 확보된 공간으로 그 역할에 따라 습기를 막는 층, 물을 막는 층, 공기를 막는 층, 물을 막지만 습기는 투과하는 층 등으로 구분 가능함
난연소재	가연성과 불연성의 중간 성질로, 연소하기 어려운 재료들을 의미하는 단어로 화재의 확대를 늦추거나 또는 멈추게 하는 처리를 한 물체의 표면 또는 구조로 되어 있음
냉난방 부하	냉방 혹은 난방을 하려고 할 때 냉방해야 할 에너지량이나 난방해야 할 에너지량을 의미함
냉방 부하	냉방 설정 온습도를 유지하기 위해 제거해야 할 현열(온도) 및 잠열(습도)의 전 합계량을 의미함
노후화	건축물이 장기간에 걸쳐 각종 인위적, 자연적 원인 등에 의해 건축물의 전체 또는 그 부분의 성능이나 기능이 저하되는 것
녹색건축물	에너지이용 효율 및 신·재생에너지의 사용비율이 높고 온실가스 배출을 최소화하면서 건축물과 환경에 미치는 영향을 최소화하고 동시에 쾌적하고 건강한 거주환경을 제공하는 건축물

녹색건축물 조성	녹색건축물을 건축하거나 녹색건축물의 성능을 유지하기 위한 건축활동 또는 기존 건축물을 녹색건축물로 전환하기 위한 활동
누기	건물 외피, 창, 문 등의 틈새를 통하여 실내에서 실외로 공기가 빠져나가는 현상
대수선	증축·개축 또는 재축에 해당하지 아니하는 것
대온도차 방식	온도 차이를 크게 함으로써 유량을 줄이고 펌프나 송풍기 동력을 절감하는 방식
데시컨트제습 시스템	제올라이트 등의 건조제가 공기 중의 수분을 흡수하고, 수분을 기화시킨 다음 결로 과정을 통해 제습하는 시스템
로이유리(low-E Glass)	유리 표면에 금속산화물을 얇게 코팅한 것으로 열의 이동을 최소화시켜 주는 에너지 절약형 유리이며 저방사(낮은 방사율) 유리라고도 함
모멘트	회전시키려는 능력, 효과를 의미하며 모멘트의 크기는 힘의 크기와 회전의 중심으로부터의 거리의 곱임
반사 블라인드	블라인드 날개를 반사형 재질로 제작하여, 외부 채광을 실내 깊숙한 곳까지 전달해주는 장치
발광	물질이 광, 열, 방사선이나 전기적, 기계적 자극 등의 물리적 또는 화학적 자극 등에 의해 온도 방사와는 다른 광을 발생하는 현상을 의미함
방근층	식물의 뿌리가 하부에 있는 구성요소로 침입하거나 관통하는 것을 방지하는 기능을 하는 층으로 방수 및 방근기능을 겸하는 방수/방근층으로 조성하기도 함
방수층	건축물 구조체 내부로의 수분의 습기 유입을 차단하는 기능을 하는 층으로 가장 핵심적이 구성요소
방위	공간의 어떤 점이나 방향이 한 기준의 방향에 대하여 나타내는 어떠한 쪽의 위치로, 자오선을 기준으로 남(남극)과 북(북극)쪽을 정하고 그와 수직인 직선을 기본으로 동쪽과 서쪽을 정함
배기가스	물질이 연소·합성·분해될 때 발생되는 기체성물질로 배출가스라고도 함
배수층	배수층은 옥상녹화에서 발생하는 수분을 옥상배수로로 배출하는 역할을 하는 층
배출구	실내의 공기가 외부로 빠져나가는 구멍 혹은 그 부분을 총칭하는 것
법적기준	국토교통부 고시 '건축물의 에너지절약 설계기준'의 [별표1] 지역별 건축물 부위의 열관류율표
변풍량 공조방식	덕트 내에서 바람의 양이 가변적인 공조방식
보퍼트풍력계급표	풍속계가 만들어지기 이전에 파도, 연기, 나무 등으로 풍속을 추정하는 계급을 말하며, 0(정지)부터 12(태풍)까지 13단계로 구분
본인증	건축물 준공 단계의 최종설계도서 및 현장 확인을 거쳐 최종적으로 부여하는 인증
부력	중력이 작용할 때 유체 속에 있는 물체가 유체로부터 받는 중력과 반대 방향의 힘을 의미함

불쏘시개	불을 때거나 피울 적에 불이 쉽게 옮겨 붙게 하기 위하여 먼저 태우는 물건
불연소재	재료의 연소성이 매우 나쁜 성질, 즉 불에 타지 않는 성질을 가진 재료들을 의미하는 단어로 콘크리트, 기와, 유리 등이 이에 포함됨
비오톱	인간과 동식물 같은 다양한 생물종의 공동 서식 장소
생태면적률	토지 개발 계획의 대상이 되는 면적 중 자연 순환 기능이 있는 토양의 면적이 차지하는 비율
설계도서	건축물의 건축 등에 관한 공사용 도면, 구조 계산서, 시방서(示方書), 그 밖에 국토교통부령으로 정하는 공사에 필요한 서류
설계자	자기의 책임으로 설계도서를 작성하고 그 설계도서에 의도하는 바를 해설하며, 지도하고 자문에 응하는 자
수열량	구조체가 외부로부터 획득하는 열의 양
수인한도 만족비율	전체 세대수의 동지일 기준 오전 8시~오후 4시 사이 총 일조 4시간 또는 오전 9시~오후 3시 사이 최소 2시간의 연속일조를 받는 세대율
순환펌프	냉각수를 복수기의 냉각관 안에서 순환시키는 펌프
식생층	옥상녹화의 표면을 구성하는 층으로 녹화 유형에 맞는 다양한 식물들로 구성된 층
식재기반층	식물 뿌리의 생장에 필요한 공간을 제공하고 영양과 수분을 공급하는 핵심 구성 요소 층
신·재생에너지 설비의 지원 등에 관한 지침	한국에너지공단, 신·재생에너지센터, 신·재생에너지센터 공고 제2021-14호
신에너지	기존의 화석연료를 변환시켜 이용하거나 수소·산소 등의 화학 반응을 통하여 전기 또는 열을 이용하는 에너지
아트리움	오피스 빌딩이나 대형 건물 등에서 실내 공간을 유리지붕으로 씌우는 구조 형태를 지칭함
압력손실	유체가 관내를 흐르거나 장치를 통과할 때에 유체 마찰로 인해 생기는 압력 저하를 말함
압력차이	공기는 압력차이에 의해서 이동하며, 양압(+)에서 음압(−)으로 이동함
액티브(Active)	다른 기자재보다 적게 에너지를 사용하면서도 높은 성능으로 운전이 가능하거나 또는 스스로 에너지를 생산할 수 있는 기술
에너지 소요량	에너지 요구량에 설비의 손실량을 모두 더한 값
에너지 자립률	대상 건축물의 단위면적당 1차 에너지 소비량 대비 신에너지 및 재생에너지 설비를 활용하여 생산한 단위면적당 1차 에너지 생산량의 비율
에너지 밀도	단위 체적 중에 포함되는 에너지량 혹은 단위 면적당의 에너지량
에너지 부하(에너지 요구량)	특정조건(내·외부온도, 재실자, 조명기구 등) 하에서 실내를 쾌적하게 유지하기 위

	해 건물이 요구하는 에너지
에너지 소비효율등급 라벨	에너지 소비효율등급 라벨은 에너지 절약형 제품에 대한 변별력 향상을 통해 고효율제품의 보급을 촉진하기 위하여 제품의 효율에 따라 1~5등급 으로 나누어 표시하는 라벨임
에너지 소비효율등급 표시 제도	제품을 에너지 소비효율 또는 에너지 사용량에 따라 1~5등급으로 구분하여 표시하고, 에너지 효율 하한선인 최저소비효율기준(MEPS: Minimum Energy Performance)을 적용하는 의무 제도임
에너지 자립률	건물에서 사용하는 총 에너지 대비 신·재생에너지에 의해 생산되는 에너지의 비율
여과층	토양 및 미세입자들이 배수층에 쌓여 물의 배출을 방해하는 현상을 방지하기 위하여 설치하는 층
열관류율	1m² 면적을 가지는 구조체의 실외 및 실내 온도차가 1℃일 때, 발생하는 열류량(W), 값이 낮을수록 단열성능이 좋음을 의미
열교	단열재가 누락되거나 열전도율이 상이한 이질재료의 접합으로 인해 해당 부위로 열이 건너가는 다리라는 의미
열교환	고온의 유체와 저온의 유체 사이에서 서로 열을 주고받는 것
열교환기	온도가 다른 2개의 유체를 전열면 사이에 두고 흐르게 하여 고온의 유체가 가진 열을 저온의 유체로 전달하는 장치
열교환소자	배출되는 공기의 열을 잠시 저장하여 유입되는 공기에 저장한 열을 전달하는 역할을 하는 소자
열섬현상	일반적인 다른 지역보다 도심지의 온도가 높게 나타나는 현상
열저항	열관류율의 역수로 단위는 m²·K/W. 열저항이 높을수록 단열성능이 우수함을 의미
예비인증	건축물 준공 단계 이전에 설계도서 등을 바탕으로 평가하여 부여하는 인증
예열	물질을 어느 온도까지 미리 가열해 두는 것
온실가스	지구 온난화를 일으키는 원인이 되는 대기 중의 가스 형태 물질로 태양 또는 지구 복사에너지를 흡수하여 재방출하는 특성을 가지고 있음
우레탄 폼	폴리우레탄 수지를 발포시킨 상태에서 고화시킨 것으로 내열성이 뛰어난 재료임
응축	기체가 액체로 변하는 현상
의무공급비율	('신에너지 및 재생에너지 개발·이용·보급 촉진법시행령' 제15조 제1항 제1호) 예상 에너지 사용량 대비 신·재생에너지 생산량 비율
이중창	이중으로 만든 창으로, 창과 창 사이에 공기층이 만들어져 단열이나 방음 등의 효과가 있음
인버터제어	유도 전동기를 구동하는 방식

일조확보율	전체 세대수의 동지일 기준 오전 9시~오후 3시 사이 최소 2시간의 연속일조를 받는 세대율
자연지반녹지율	전체 대지면적 대비 자연지반녹지면적의 비율
자연형 태양열 시스템	열매체 구동장치를 별도로 활용하지 않고, 온실·트롬월과 같이 남측의 창문이나 벽 등 구조물을 활용하여 태양열을 집열하는 장치
장단변비	건물의 세로 방향의 길이 대비 가로 방향 길이의 비
재생에너지	햇빛·물·지열(地熱)·강수(降水)·생물유기체 등을 포함하는 재생 가능한 에너지를 변환시켜 이용하는 에너지
전기 화학 반응	전기 에너지와 화학 변화의 관계를 취급하는 화학 반응의 하나로, 화학 반응식 중에 반드시 전자가 참가하는 형태
전열 열교환기	온도와 습기가 교환되는 열교환기
전열교환기	배기하는 열에 의하여 외기에서 들어오는 공기를 따뜻하게(또는 차갑게) 해주기 위한 열교환기
전위	전기장 내의 단위전하가 갖는 전기적 위치 에너지로 단위로는 V(Volt)를 사용함
전자	음(−)전하를 가지는 질량이 아주 작은 입자로 모든 물질의 구성요소
전해질	물 등의 용매에 녹아서 이온으로 해리되어 전류를 흐르게 하는 물질
정공	양(+)전하를 가진 전자와 같은 거동을 하는 가상 입자로, p형 반도체에서 전류를 운반하는 것을 말함
정풍량공조방식	일전한 송풍량에 온도만 조절하는 공조방식
제로 에너지 건축물	건축물에 필요한 에너지 부하를 최소화하고 신에너지 및 재생에너지를 활용하여 에너지 소요량을 최소화하는 녹색건축물
제트공조기	대용량의 유도능력에 의한 공기순환비율(Air TumoverRate : ATR)이 매우 높기 때문에 난방 시 수직온도 편차를 기존 시스템의 1/10 이하로 낮추므로 지붕을 통한 방열손실을 줄이고 예열시간을 단축하여 에너지를 절약
조도	어떤 면이 받는 빛의 밝기로 단위는 럭스(Lux)를 사용함
조명밀도	조명기기의 소비전력을 실내 바닥면적으로 나눈 값
중량형 녹화	사람의 이용을 목적으로 옥상 녹화로 구조적 안전성이 충분한 신축건물에 적용이 가능한 유형. 정기적으로 관수나 영양공급 등의 관리가 필요함
중력환기	주로 시설 내부와 외부의 온도 차이로 인하여 환기가 이루어지는 방식으로, 따뜻한 공기는 위로 상승하고 차가운 공기는 아래로 하강하는 성질에 의하여 환기가 이루어짐
증산작용	식물의 잎, 줄기, 뿌리와 같은 부분에서 수증기를 밖으로 내보내는 현상
증축	기존 건축물이 있는 대지에서 건축물의 건축면적, 연면적, 층수 또는 높이를 늘

리는 것

지열히트펌프	외부 환경과 무관하게 땅속의 온도가 항상 일정하다는 것을 이용하여, 땅속으로부터 더운 여름에는 찬 공기가, 겨울철에는 따뜻한 공기가 실내로 유입하도록 한 냉·난방 체계
직달일사	대기 중의 수증기나 작은 먼지에 흡수되거나 산란되지 않고, 태양으로부터 직접 지표면에 도달하는 일사를 의미함
진공관형 집열기	투과체 내부를 진공으로 만들어 그 내부에 흡수판을 위치시킨 집열기
집열	태양열을 모으는 것
차음유리	소음차단 성능을 가지는 고성능 유리
차폐계수 (SC: Shading Coefficient)	3mm 맑은 유리를 통과하는 직달일사의 비율을 의미함. 유리의 색이나 반사도에 따라 차이가 있음
창면적비	건축물의 외벽(벽체+창호)면적 대비 창호 면적의 비율
천연가스	천연적으로 지하로부터 발생하는 가스로 탄화수소를 주성분으로 하는 가연성 가스에 한정함
천창	채광 또는 환기를 목적으로 지붕에 설치한 창으로, 벽면의 같은 크기 창문의 3배의 채광효과가 있음
최저소비효율기준	효율관리기자재의 효율 개선 및 고효율 제품 보급 확대를 위하여 일정 효율 수준 이하 또는 일정 소비전력량 수준 이상 제품의 생산, 판매를 제한하고자 설정한 최저소비효율을 의미함
축열	열을 축적하는 것으로 축열조로의 축열, 실온 변동에 의해 생기는 구조체로의 축열, 일사 등의 복사열의 축열 등이 있음
축전기	두 금속에서의 정전기 유도 현상을 이용하여 대전된 전하를 모아두는 장치를 축전기라 하며 축전기에 전하를 저장하는 현상을 충전이라고 함
침기	건물 외피, 창, 문 등의 틈새를 통하여 실외에서 실내로 공기가 침입하는 현상
콘덴싱	보일러 외부로 빠져나가는 열을 모아서 다시 난방/온수 가열에 활용하는 방식
태양광 발전 시스템	BAPV: 건물부착형(Building Attached PhotoVoltaic) BIPV: 건물일체형(Building integrated PhotoVoltaic)
태양광 설비 시공 기준	한국에너지공단 신·재생에너지센터 공고 제2021-14호, 신·재생에너지 설비의 지원 등에 관한 지침
태양광/열 발전 시스템	태양광 발전 시스템(Photovoltaic)과 태양열 시스템(Solar Themal)을 혼합한 시스템으로 패널 앞면에서 전기 생산 시에 발생하는 열을 패널 뒤쪽에서 물, 공기를 통해 회수하는 시스템
태양궤적	태양이 움직이는 길을 표현한 것으로 연중 태양위치 및 고도를 의미함

태양복사열	태양광선이 지구 표면에 도달하여 발생하는 복사열을 의미함
태양열취득계수	태양광 유리가 얼마큼 차단하는지를 나타내는 계수로 0~1 범위를 가지며 낮은 SHGC일수록 태양열 획득이 적음
태양전지	태양에너지를 전기에너지로 변환할 목적으로 제작된 전지
터보냉동기	고속으로 회전하는 날개차의 원심력으로 냉매 가스를 압축하는 냉동 방식
통줄눈	벽돌 쌓기, 블록 쌓기 등에서 세로 줄눈이 2단 이상 상하로 통하는 것으로 강도면에서는 약한 쌓기방식임
투습	건물의 벽 양측 혹은 어떤 경계면의 양측에 수증기압차가 있는 경우, 수증기압이 높은 곳에서 낮은 곳으로 습기가 이동하는 현상 혹은 과정
패시브(Passive)	전기, 열 등 별도의 에너지가 소비되지 않는 요소 설계로 건물방위, 형태, 단열성능, 기밀성능 등 건축적 설계요소
팽창 밴드	틈새기밀테이프로 벽체와 창호 사이의 기밀층 시공에 사용되며, 방수, 방풍, 방음 성능이 우수함
평판형 집열기	가장 많이 사용되는 집열기로서 평판형 형태임
폐열	에너지의 생산 혹은 소비 과정에서 사용되지 못하고 버려지는 열
폐열 회수	폐기되는 고온의 물, 증기, 가스 등의 열을 회수하여 재활용하는 것
풍력환기	주로 외부에서 불어오는 바람에 의하여 환기가 이루어지는 방식
프로젝트창	창을 외부로 밀어서 개방하는 방식의 창으로 기밀성 및 단열성이 높은 장점이 있음
필터	공기로부터 먼지나 각종 입자를 제거해주는 작은 구멍이 형성된 여과지
헌열 열교환기	온도만 교환되는 열교환기
현휘	시야 내에 휘도가 높은 광원, 반 사물체 등이 있어 이들로부터의 빛이 눈에 들어와 대상을 보기 어렵게 하거나 눈부심으로 불쾌감을 느끼는 상태로 글레어(Glare)라고도 함
혼합형 녹화	중량형과 경량형 녹화의 혼합 유형으로, 이용 및 식물의 다양성은 중량형 녹화에 비하여 제한적이나 관리가 상대적으로 쉬운 형태임
회전력	회전체를 회전시키려는 토크(torque), 혹은 단순히 회전시키려고 하는 힘을 말하기도 함. 토크는 계측기에서 회전 부분에 작용하는 회전 모멘트를 의미함
휴미컨시스템	습도(Humidity)와 조화기(Conditioner)의 합성어로 습도 조절장치이며, 제습, 열회수환기, 탈취, 청정, 냉방의 모든 기능을 수행. 기존 데시컨트제습원리 기반이나, 기존 제습제에서 초흡습성 고분자를 개발하여 이를 바탕으로 성능, 효율기능, 구조면에서 우수한 시스템을 구축
흡수식 냉동기	끓는점이 서로 다른 냉매와 흡수제를 이용하는 냉동기

〈출처〉 ZEB 인증 안내서, 제로 에너지 건축물 인증 기술요소 참고서, 제로 에너지 빌딩 학습지원 자료집(국토교통부, 산업통상자원부, 한국에너지공단)

2

BIPV 타입별 시공법

지붕일체형 • 공장 지붕

▶ 설치 방법

01 베이스패널 설치

02 Angle-bar 설치

03 단열재 설치

04 결로방지시트 설치

05 다기능 복합프레임바 설치

06 태양광발전 모듈 설치

07 전후면 통기시트 설치

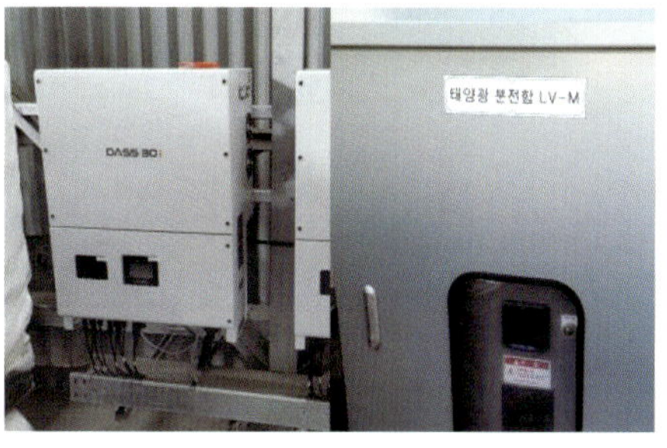

08 인버터/분전반 설치

벽체형 • 사무동 입면

▶ 설치 방법

01 착공 전 (정면 남측)

02 착공 전 (동측)

03 벽체 철거 (1)

04 벽체 철거 (2)

05 벽체 철거 (3)

06 벽체 철거 (4)

07 비계 설치 (1)

08 비계 설치 (2)

09 수직 보호망 설치

10 수직 보호망 설치

11 모듈 구조물 공사 (1)

12 모듈 구조물 공사 (2)

13 모듈 구조물 공사 (3)

14 모듈 구조물 공사 (4)

15 모듈 부착 (G-bar type, 1)

16 모듈 부착 (G-bar type, 2)

17 모듈 부착 (Clamp type, 1)

18 모듈 부착 (Clamp type, 2)

19 모듈 시공 (1)

20 모듈 시공 (2)

21 모듈 시공 (3)

22 모듈 시공 (4)

23 모듈 시공 (5)

24 모듈 시공 (6)

25 시트(후레싱) 및 실리콘 작업 (1)

26 시트(후레싱) 및 실리콘 작업 (2)

27 수직 보호망 해체

28 비계 철거 (1)

29 비계 철거 (2)

30 동측면 시트(후레싱) 및 실리콘 작업 (3)

31 시공 후 (정면 남측)

32 시공 후 (동측)

벽체형 · 사무동 옥탑

▶ 설치 방법

01 하지 구조물 설치

02 모듈 설치 (1)

03 모듈 설치 (2)

04 모듈 설치 (3)

05 시트(후레싱) 및 실리콘 시공

06 준공 후

벽체형 • PC(압축 콘크리트) 건물 외벽

▶ 설치 방법

01 착공 전 (1)

02 착공 전 (2)

03 외부 구조물 철거 (1)

04 외부 구조물 철거 (2)

05 외부 구조물 철거 (3)

06 외부 구조물 철거 (4)

07 시스템 비계 설치 (1)

08 시스템 비계 설치 (2)

09 시스템 비계 설치 (3)

10 시스템 비계 설치 (4)

11 시스템 비계 설치 (5)

12 시스템 비계 설치 (6)

13 시스템 비계 설치 (7)

14 수직 보호망 설치 (1)

15 수직 보호망 설치 (2)

16 구조물 설치 (1)

17 구조물 설치 (2)

18 구조물 설치 (3)

19 수직 보호망 해체

20 비계 해체

21 비계 해체 완료

22 태양광 틀(frame) 시공 (1)

23 태양광 틀(frame) 시공 (2)

24 태양광 틀(frame) 시공 (3)

25 태양광 모듈 시공 (1)

26 태양광 모듈 시공 (2)

27 태양광 모듈 시공 (3)

28 태양광 모듈 시공 (4)

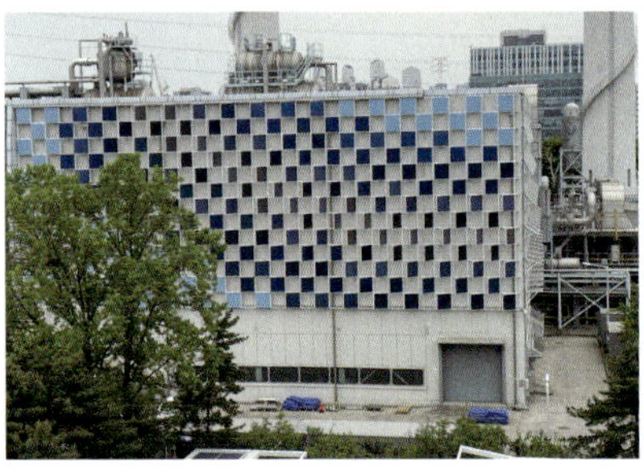

29 태양광 모듈 시공 완료 (서측)

30 태양광 모듈 시공 완료 (남측)

31 태양광 모듈 목업 시공

32 태양광 모듈 시공 전체 완료

옥상 • 캐노피

▶ 설치 방법

01 자재 반입

02 기초 앙카

03 구조물 조립

04 모듈 조립

05 모듈 결선

06 모듈 설치 완료

07 전기 배관

08 전기 배선

09 접속반 설치

10 인버터 설치

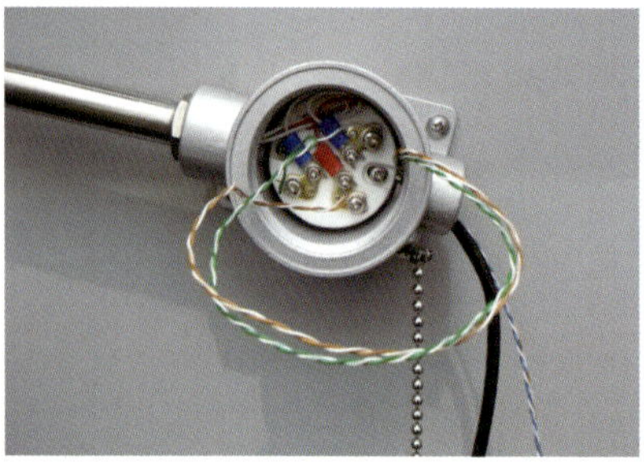

11 센서 설치

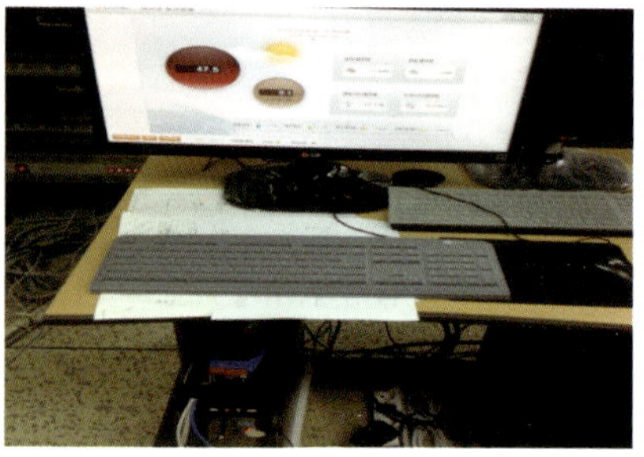

12 모니터링 설치

벽체형 • 주택 입면

▶ 설치 방법

01 자재 반입

02 외단열재 부착

03 벽면 천공

04 케미칼 단열앙카 시공

05 벽면 실란트 마감

06 구조물 설치

07 구조물 설치

08 모듈 설치

09 모듈 결선

10 배관 배선 (1)

11 배관 배선 (2)

12 접속반 인버터 설치

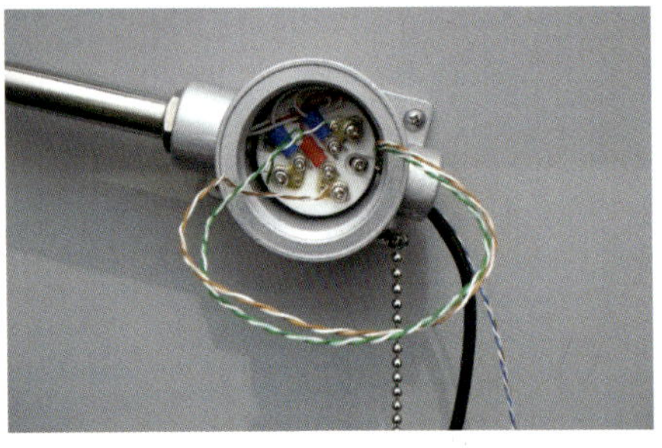

13 센서 설치

14 모니터링 설치

옥상 • 기와

▶ 설치 방법

01 지붕 마운팅 후크 설치 (1)

02 지붕 마운팅 후크 설치 (2)

03 지붕 마운팅 후크 설치 (3)

04 지붕 마운팅 후크 설치 (4)

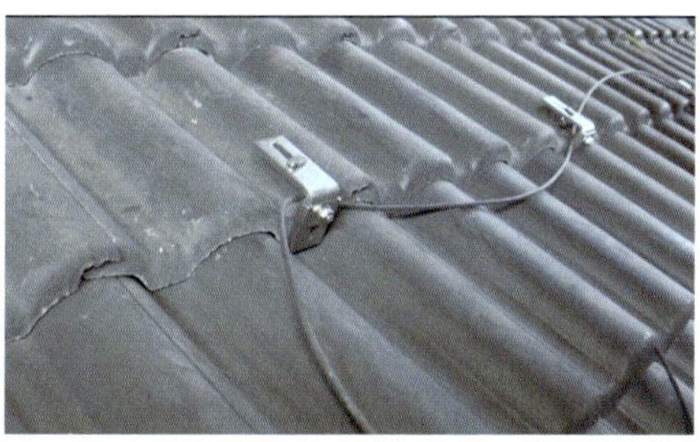

05 케이블 설치

06 하지 설치 (1)

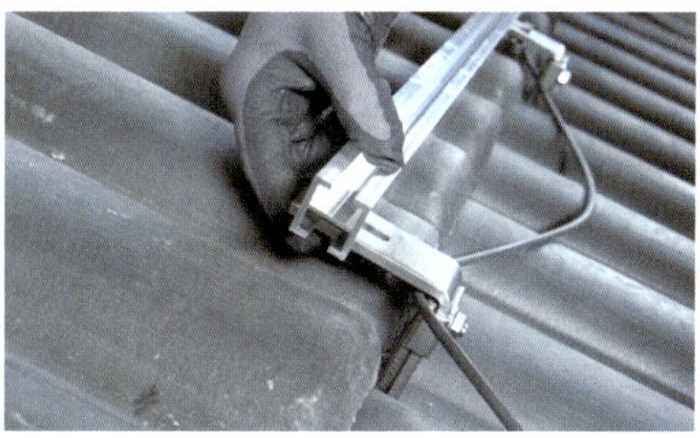

07 하지 설치 (2)

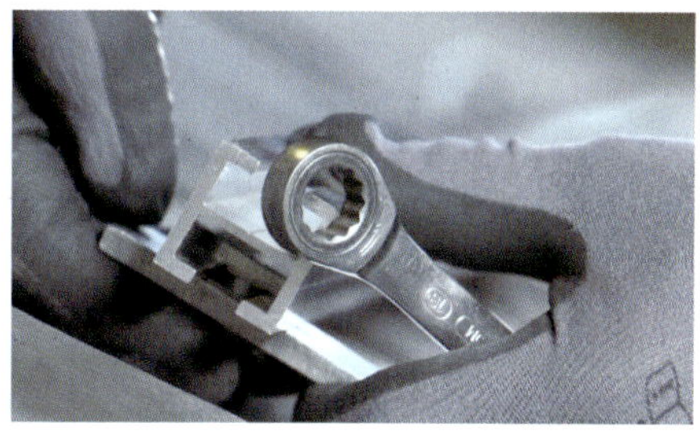

08 하지 설치 (3)

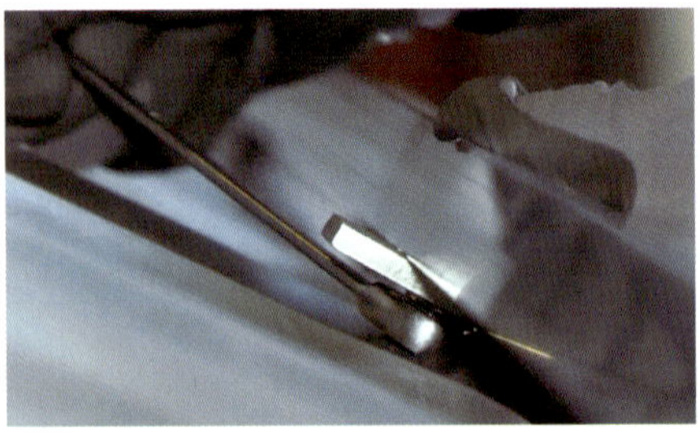

09 하지 설치 (4)

10 하지에 케이블 고정

11 하지 설치 완료

12 모듈 설치 준비 (1)

13 모듈 설치 준비 (2)

14 미끄럼 방지 기능 (후크 확인)

15 모듈 설치

16 마운팅 클램프와 백레일을 하지 고정 (1)

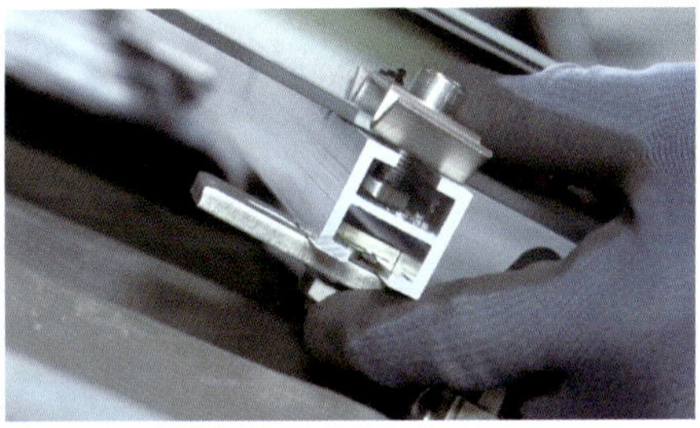

17 마운팅 클램프와 백레일을 하지 고정 (2)

18 마운팅 클램프와 백레일을 하지 고정 (3)

19 다음 모듈 위치 조정 및 마운팅 (1)

20 다음 모듈 위치 조정 및 마운팅 (2)

21 다음 모듈 위치 조정 및 마운팅 (3)

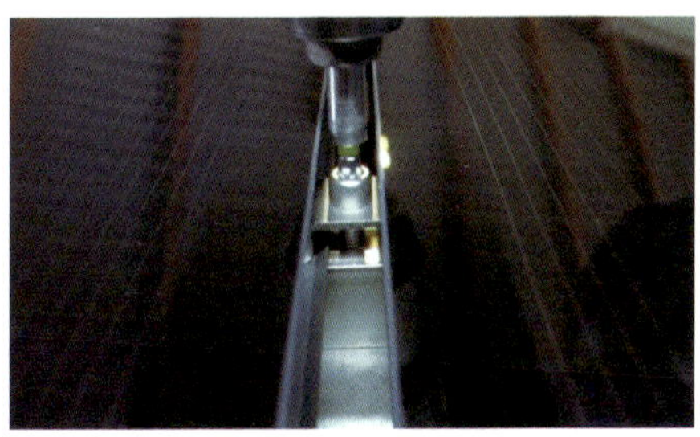

22 모듈 하단 클램프 연결

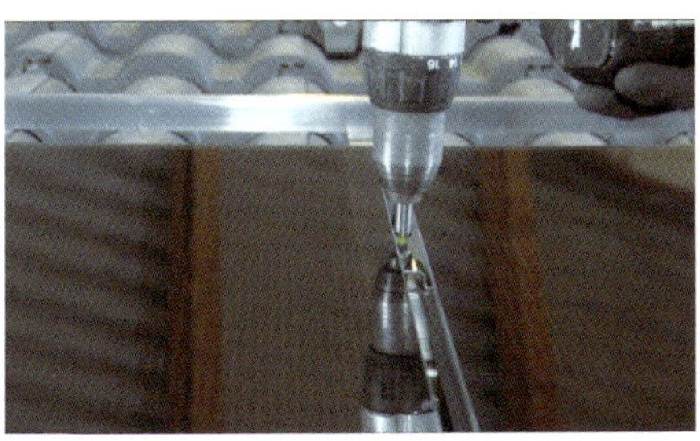

23 모듈 상단 클램프 연결

24 추가 모듈 연결

▶ 설치 방법 (설치한 기존 모듈 교체)

01 마운팅 클램프 탈착 (1)

02 마운팅 클램프 탈착 (2)

03 모듈 제거 (부하 연결시 탈착 금지)

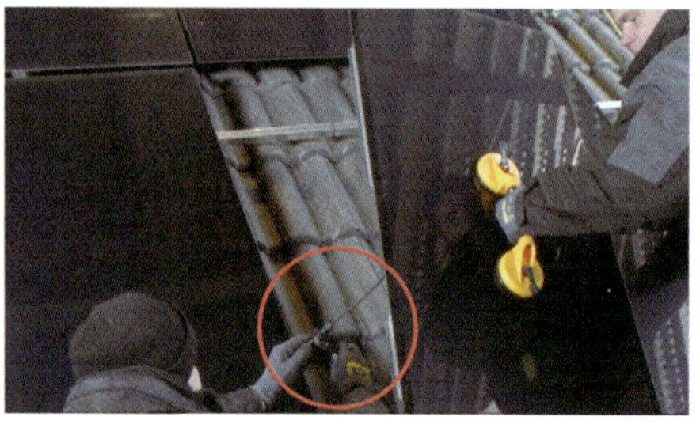

04 케이블 탈착

05 새로운 모듈로 교체

▶ 설치 방법 (모듈 수평 설치)

01 하지 구조물을 Cross 설치 (1)

02 하지 구조물을 Cross 설치 (2)

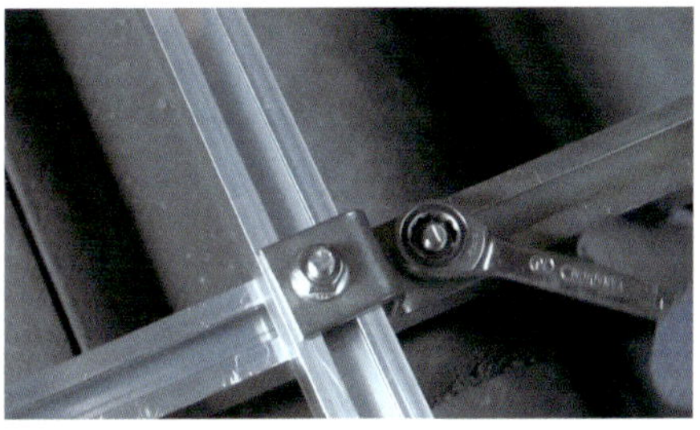

03 하지 구조물을 Cross 설치 (3)

04 모듈 설치

05 마운팅 클램프와 백레일을 하지 고정 (1)

06 마운팅 클램프와 백레일을 하지 고정 (2)

07 마운팅 클램프와 백레일을 하지 고정 (3)

08 추가 모듈 연결

▶ 설치 방법

01 하지 구조물 엥커 설치

02 하지 수평바 설치 (1)

03 하지 수평바 설치 (2)

04 외단열 용 글라스울 준비

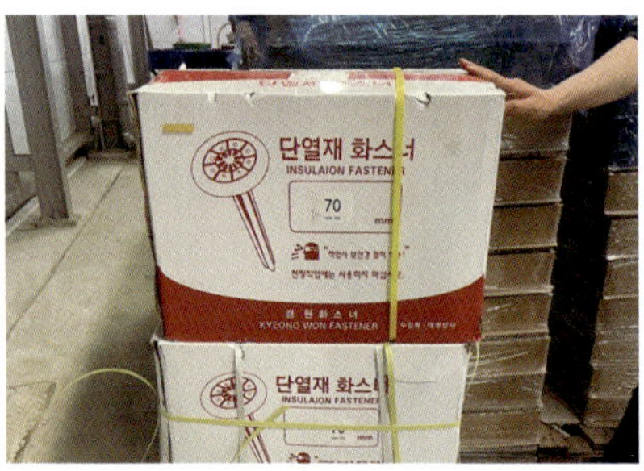
05 단열재 화스너 준비

06 수평하지 사이로 단열재 시공

07 수밀테이프 시공

08 차수막 시공

09 수직바 설치를 위한 엥커 설치

10 수직바 설치 (1)

11 수직바 설치 (2)

12 수직바 설치 (3)

13 모듈연결을 위한 배선작업 진행

14 인버터 연결 BASIC 라인작업 진행

15 IN-JOINT Type 모듈 설치 (1)

16 IN-JOINT Type 모듈 설치 (2)

17 Hook-IN Type 모듈 가로설치 클립바 결합 (1)

18 Hook-IN Type 모듈 가로설치 클립바 결합 (2)

19 모듈 가로설치

20 전선연결 후 라인정리

21 모듈 끝단 플러싱 마감 작업 (1)

22 모듈 하단 및 전선라인 플러싱 마감 (2)

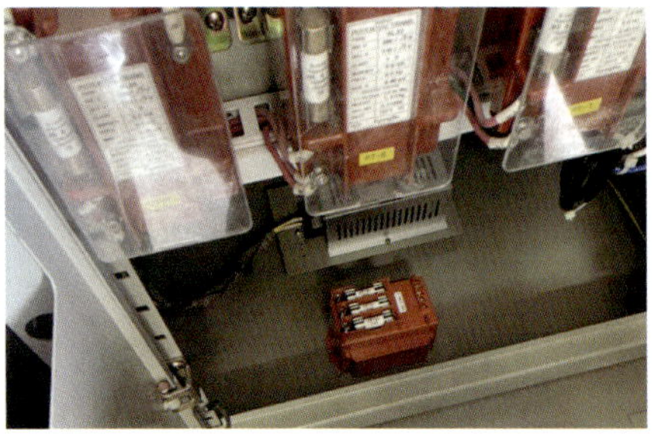

23 접속반 연결

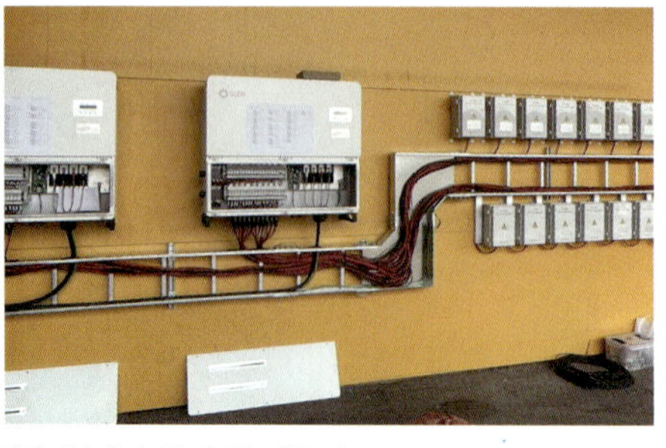

24 인버터 연결 및 마무리

▶ 설치 방법 (벽체 시공)

01 안전 발판 설치

02 기초 앙카 설치

03 구조물 조립

04 모듈 조립 (1)

05 모듈 조립 (2)

06 모듈 실리콘 마감

07 전기 배선

08 건물 수배전반 연계, 웹 모니터링 개설

벽체형 • 옥상 캐노피

▶ 설치 방법 (옥상 평지붕)

01 자재 반입

02 케미컬 앙카

03 기초 앙카

04 기초 골조 (1)

05 기초 골조 (2)

06 구조물 조립 (1)

07 구조물 조립 (2)

08 모듈 조립 (1)

09 모듈 결선 (2)

10 모듈간 연결 (직병렬)

11 전기 배관

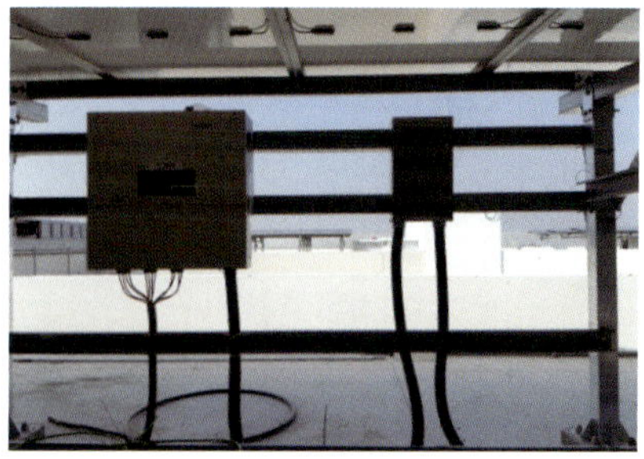

12 인버터, 분전함 설치

13 인버터 결선

14 인버터 가동시험

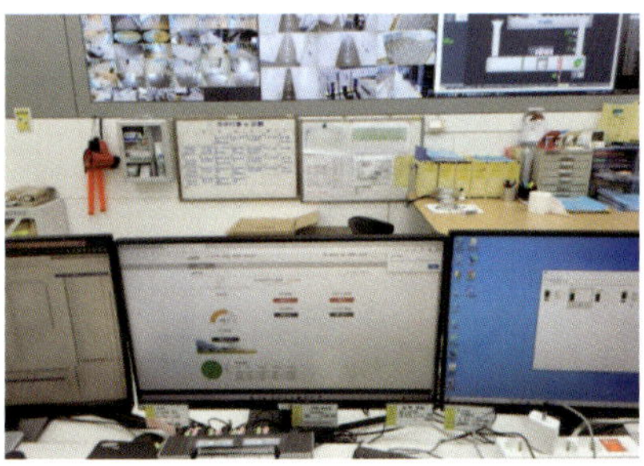

15 모니터링 설치

16 옥상 방수 마감

벽체형 • 커튼월

▶ 설치 방법 (옥상 평지붕)

01 프레임 설치 (1)

02 프레임 설치 (2)

03 지지대 설치 (1)

04 지지대 설치 (2)

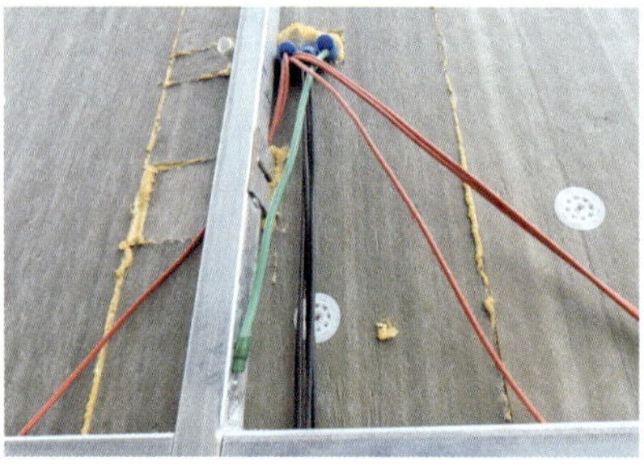

05 모듈 와이어 홀 구성

06 모듈 자재 반입

07 모듈 설치 (1)

08 모듈 설치 (2)

09 모듈 설치 (3)

10 모듈 설치 (4)

11 모듈 설치 (5)

12 모듈 설치 (6)

13 모듈 설치 (7)

14 모듈 설치 (8)

15 모듈 설치 (9)

16 모듈 설치 (10)

17 모듈 결선 작업

18 백업재 삽입

19 외부 실란트 처리

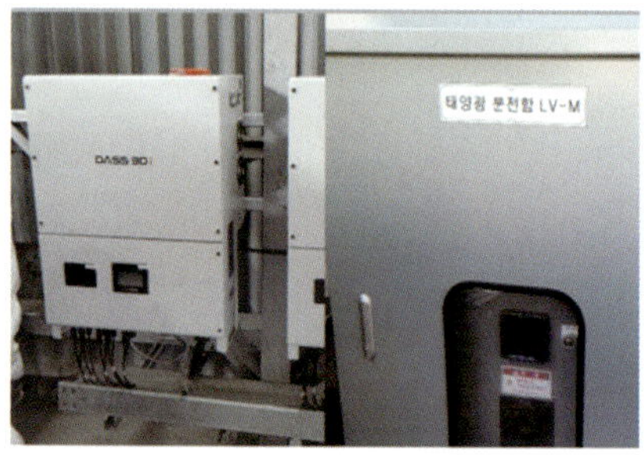

20 인버터, 분전함 설치

21 시공 완료 (1)

22 시공 완료 (2)

23 시공 완료 (3)

24 시공 완료 (4)

기타 • 주차장 캐노피

▶ 설치 방법

01 착공 전

02 바닥 철거 (1)

03 바닥 철거 (2)

04 터 파기 (1)

05 터 파기 (2)

06 터 파기 (3)

07 땅 다지기

08 거푸집 조립 (1)

09 거푸집 조립 (2)

10 거푸집 조립 (3)

11 기초 구조물 설치 (1)

12 기초 구조물 설치 (2)

13 기초 구조물 설치 (3)

14 레미콘 타설 (1)

15 레미콘 타설 (2)

16 레미콘 타설 (3)

17 거푸집 해체

18 되메우기

19 고르기 및 다지기

20 포장 작업

21 철근 배근작업

22 레미콘 타설 (1)

23 레미콘 타설 (2)

24 바닥 기계미장 작업

25 양생 작업

26 주차장 캐노피 구조물 설치 (1)

27 주차장 캐노피 구조물 설치 (2)

28 주차장 캐노피 구조물 설치 (3)

29 모듈 설치 (1)

30 모듈 설치 (2)

31 주차선 도색 및 카스토퍼 설치 작업

32 주차장 태양광 설치 완료

▶ 설치 방법

01 착공 전

02 울타리 철거 및 구조물 실측

03 구조물 설치

04 출입방지망 설치

05 모듈 설치 (1)

06 모듈 설치 (2)

07 모듈 설치 (3)

08 울타리 완료

기타 • 경비실

▶ 설치 방법

01 착공 전

02 구조물 설치 (1)

03 구조물 설치 (2)

04 모듈 설치

05 시트 설치 (1)

06 시트 설치 (2)

07 실리콘 시공

08 경비실 완료

기타 • 도로 및 보도블럭

▶ 설치 방법

01 착공 전 (도로 및 보도블럭 1)

02 착공 전 (도로 및 보도블럭 2)

03 도로 바닥 철거 (1)

04 도로 바닥 철거 (2)

05 버림 콘크리트 작업

06 양생

07 H빔 시공

08 모듈 판 시공 (1)

09 모듈 판 시공 (2)

10 모듈 판 시공 (3)

11 경계석 설치

12 도로 완료 (1)

13 도로 완료 (2)

14 기존 보도블럭 철거

15 보도블럭 및 태양광 틀 시공 (1)

16 보도블럭 및 태양광 틀 시공 (2)

17 보도블럭 및 태양광 틀 시공 (3)

18 보도블럭 및 태양광 틀 시공 (4)

19 보도블럭 및 태양광 틀 시공 (5)

20 보도블럭 완료 (1)

21 보도블럭 완료 (2)

22 보도블럭 완료 (3)

23 보도블럭 완료 (4)

24 도로 및 보도블럭 야간 전경

▶ **설치 방법**

01 착공 전 (자전거 캐노피)

02 터 파기

03 거푸집 조립 및 철근 배근

04 거푸집 조립 및 철근 배근 (2)

05 레미콘 타설

06 거푸집 해체

07 기초 추가 거푸집 조립

08 기초 추가 레미콘 타설

09 양생 후 되메우기

10 구조물 설치 (1)

11 구조물 설치 (2)

12 모듈 설치

13 바닥 시공

14 상부 시트 마감 시공

15 자전거 캐노피 완료 (1)

16 자전거 캐노피 완료 (2)

기타 • 방음벽

▶ 설치 방법

01 착공 전 (후면 서측)

02 착공 전 (후면 동측)

03 울타리 철거

04 진입방지망 설치

05 구조물 철거

06 EGI 펜스 설치

07 터 파기

08 철공공사

09 거푸집 및 기초구조물 설치 (1)

10 거푸집 및 기초구조물 설치 (2)

11 거푸집 및 기초구조물 설치 (3)

12 진입방지망 설치

13 레미콘 타설 (1)

14 레미콘 타설 (2)

15 거푸집 해체

16 되메우기 (1)

17 되메우기 (2)

18 방음벽 구조물 설치 (1)

19 방음벽 구조물 설치 (2)

20 방음벽 구조물 설치 (3)

21 방음벽 구조물 설치 (4)

22 EGI 펜스 철거

23 방음벽 시트 설치 및 하단 조적 작업

24 방음벽 하단 미장 작업

25 방음벽 모듈 설치 (1)

26 방음벽 모듈 설치 (2)

27 방음벽 모듈 설치 (3)

28 방음벽 모듈 설치 (4)

29 방음벽 모듈 설치 (5)

30 방음벽 모듈 설치 (6)

31 실리콘 작업

32 방음벽 완료

▶ 설치 방법

01 착공 전 (1)

02 착공 전 (2)

03 철거 (1)

04 철거(2)

05 철거 (3)

06 이동 (1)

07 이동 (2)

08 이동 (3)

09 터파기 (1)

10 터파기 (2)

11 거푸집 조립(1)

12 거푸집 조립(2)

13 기초 철근 배근 (1)

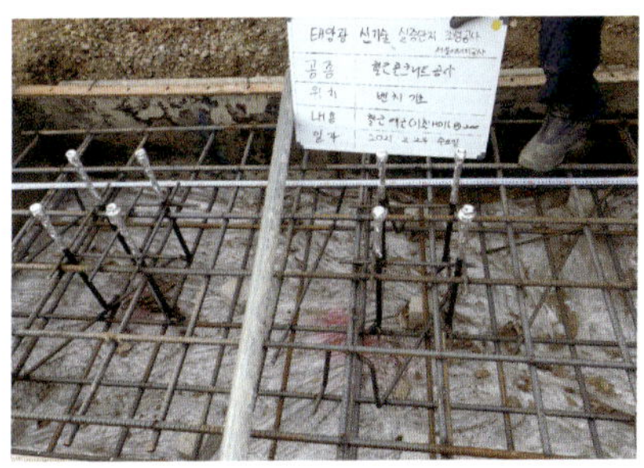

14 기초 철근 배근 (2)

15 레미콘 타설 (1)

16 레미콘 타설 (2)

17 양생

18 거푸집 해체 후 되메우기

19 구조물 설치 (1)

20 구조물 설치 (2)

21 구조물 설치 (3)

22 구조물 설치 (4)

23 구조물 설치 (5)

24 구조물 설치 (6)

25 모듈 설치 (1)

26 모듈 설치 (2)

27 루버 설치 (1)

28 루버 설치 (2)

29 바닥 시공

30 바닥 설치

31 벤치 완료 (1)

32 벤치 완료 (2)

3

건축의 인허가 및 기타 주의사항

제로 에너지 건축물의 디자인만큼이나 해당 시군구청에 법적인 검토를 받는 인허가 과정이야말로 가장 중요하다. 물론 담당 건축사의 업무라고 생각할 수 있지만 건축사 사무실에서 진행하는 기본적인 프로세스 중 짚고 넘어가야 하는 부분과 이해하고 있어야 하는 부분을 중심으로 설명하려 한다. 특히 에너지엑스 프로젝트에서는 부속시설로서 드라이브스루 기능을 허가받는 과정에 대해서도 설명하도록 하겠다.

[건축인허가 기본 프로세스와 통상적인 기간]

순서	건축인허가 단계	주요내용	협의주체	통상적 기간
1	사전협의	건축계획이 결정되고 기본적인 도면작성이 완료되면 해당 시군구청의 담당 허가권자와 사전에 계획안에 필요한 기본적인 내용과 프로세스에 대해서 협의함	담당구청의 건축과 주무관	–
2	건축, 경관심의	연면적과 용도, 층수 등 규모로 해당여부를 판단하며, 제로 에너지, 공개공지 등 적용으로 인센티브적용 시, 또는 경관구역, 방화구역 등에 해당될 경우 역시 심의에 해당(건축위원회 심의대상 참조)	담당구청의 건축과 심의담당 주무관	통상 한 달에 한 번 개최됨
3	지하안전성 영향평가	지하안전관리에 대한 특별법에 따라 2018년부터 지하 10미터 이상 굴착 시 국토교통부에 별도의 안전성평가를 받음	국토교통부 (심의 후 접수)	4개월

순서	건축인허가 단계	주요내용	협의주체	통상적 기간
4	건축허가 (사업계획승인)	시군구의 해당 과마다 개별로 본 건축계획의 법적인 검토가 진행되는 단계이며, 건축과가 주축이 되어 많게는 수십 개의 협의부서들과 소통하며 협의를 진행하게 됨(건축허가 시 각 과별 협의내용 참조)	담당구청의 해당 과별주무관	2개월
5	구조, 토목심의	특수구조에 해당되거나, 트랜트퍼구조, 혹은 3미터 이상의 켄틸레버일 경우 별도 심의를 받게 되며, 토목 분야도 지하안전성영향평가와 별도로 굴토 깊이 10미터 이상, 혹은 인근 노후건물 등 존치시 심의에 해당됨	인허가 후 접수	통상 한 달에 한 번 개최됨
6	착공신고	적정한 자격을 갖춘 시공사와 감리자가 안전하게 공사를 진행할 수 있도록 안전, 품질계획서 등 시공사와 감리자 관련 서류들을 검토, 승인하는 단계이다.	건축과 주무관	2주

○ **건축위원회 심의대상(용산구 샘플)**

- 건축선 지정에 관한 사항
- 건축법령의 완화여부 및 적용범위에 관한 사항(제로 에너지 빌딩 완화해당)
- 미관지구 내의 건축물
- 다중이용 건축물로
  - 연면적 5,000m² 이상 ~ 100,000m² 미만 건축물
  - 지상 16층 이상 ~ 20층 이하 건축물
- 분양대상 건축물로
  - 연면적 3,000m² 이상 ~ 100,000m² 미만 건축물
  - 20세대(호) 이상 ~ 300세대(호) 미만의 공동주택·오피스텔
  - 30세대(호) 이상의 도시형생활주택
- 열린공간(공개공지) 관리개선 방안에 관한 사항
  - 사람이 모이는 즐거운 장소 제공 및 공개공지 안내판 설치
- 건축물 경관심의 운영대상(경관위원회를 본건축위원회와 통합운영)
  - 경관지구 내 3층·12m 또는 건폐율 30% 초과하여 건축하는 경우

• 중점경관지구 경관계획에서 경관심의 대상으로 정하는 건축물

• 공공건축물 경우 건축허가(협의) 대상

• 다중이용건축물로 바닥면적의 합계가 5,000m² 이상으로서, 문화 및 집회시설, 종교, 판매시설, 여객자동차터미널, 종합병원, 관광숙박시설

• 지상 16층 이상 건축물

– 그 밖의 법령에 따른 심의대상 및 구청장이 자문이 필요하다고 인정하는 사항

○ 기타 자문사항

– 주차대수 10대 이상인 기계식주차장·철골조립식주차장 및 주차전용건축물

– 고시원 30실 이상 건축물

– 반지하주택이 포함된 건축허가대상건축물로서 침수피해가 우려되는 지역에서의 건축

■ 제로 에너지 건축물 계획 시 완화에 따른 건축심의

제로 에너지 빌딩 인센티브에 대한 건축도시계획심의 건축을 하려는 토지에는 국토법과 도시계획조례, 지구단위계획에서 제한하고 있는 건폐율과 용적률, 그리고 건축물의 높이다.

'허용용적률'은 조경이나 공개공지와 같이 일반적인 건축계획적인 부분에서 얻어갈 수 있는 기본적으로 허용되는 용적률이고, '상한용적률'은 조금 특별하게 공동개발이나, 공공에 기부체납 등 좀 더 적극적인 공공기여의 내용으로 용적률을 완화해 주는 것이라고 이해하면 크게 틀리지 않다(물론 이 부분은 지구단위계획마다 조금씩 다르므로 해당 계획을 꼭 참고하길 바란다).

인센티브는 건축의 기본계획을 수립하면서 사전협의를 거쳐 진행해야 하며 반드시 심의를 거쳐 인센티브가 확정된다.

최근 서울시에서 허용용적률 내에 머물렀던 에너지 관련 인센티브를 상한용적률까지 적극적으로 반영하는 방침이 발표되었다.

이 법의 취지는 에너지관련 건축적 완화의 위계를 공공기부체납 수준으로 올리겠다는 고무적인 태도로 읽힌다. 지구단위계획구역이 아닌 일반 지역지구의 경우는 오히려 지구단위계획

구역보다 명확한 상한용적률 같은 게 없어서 더 적극적으로 완화에 대해 검토가 가능하다. 물론 지구단위계획구역이든 아니든 결국 조례 이상의 용적률이나 높이 완화가 반영된 계획안이라면 무조건 해당구청의 도시건축공동심의에 상정된다.

통상적으로 건축심의란 각 구청의 인허가권자가 허가를 진행하기 전 구청에 등록된 심의위원들로 하여금 계획 전반에 걸쳐 의견을 청취하고 계획안의 주요 내용에 대해 사전에 가부에 대해 의견을 청취하는 절차로서 실질적으로 모든 완화나 구조, 용도에 대한 가부는 심의를 통해 결정된다고 볼 수 있다. 심의단계에서 위원들의 중요한 검토내용은 이 건축물이 어떠한 내용으로 완화를 얼마나 받았으며, 그것이 합당한지, 용적률이 상향되었을 때 도시적인 경관, 저층부의 부하증가에 대한 대책, 주변 건물들의 환경적 위해 내용, 기타 법적인 인센티브만큼의 적절한 공공기여 등의 이슈로 협의를 하게 된다.

■ 건축인허가의 협의의 이해

심의를 통과했거나 건축심의에 해당되지 않았다면 그다음은 건축인허가 또는 사업계획승인을 받게 된다. 건축인허가는 일반적인 건축허가를 말하고 사업계획승인은 특별히 30세대 이상의 공동주택, 혹은 50세대 이상의 도시형생활주택, 기타 100세대 이상의 주상복합 등의 시설, 즉 주된 용도가 주거시설의 경우 주택법을 토대로 사업계획승인이라는 인허가단계를 거치게 된다. 건축 인허가에서는 주로 계획의 법적테두리 내에서 적절하게 계획되었는지를 건축과 또는 주택과를 중심으로 각 해당부서별로 검토, 협의를 하는 과정으로서 이 또한 담당 건축사사무소의 업무범위이나, 여기서 제로 에너지 빌딩의 허가과정으로서 중요하게 봐야 할 부분은 에너지절약 설계부문이다. 즉 인허가도서의 에너지 절약계획서와 단열성능, 기계장비사양, 신재생에너지 비율 등 모든 기준들은 에너지 효율등급의 예비인증과도 연관이 되므로 정확한 도서가 일반적인 인허가 도서보다 중요하다. 특히 신재생에너지의 비율이 높은 본 건물의 경우 태양광 패널의 제작모듈이 정해져 있었으므로 인허가단계라 하더라도 실시설계 이상의 상세한 도면과 디테일, 모듈도면이 정리된 후 정확한 면적선과 입면계획을 가지고 인허가단계를 진행할 수 있었다.

태양광 패널의 대부분은 수입제품이 많아서 딜리버리를 고려한다면 일반적인 프로세스와 반대로 진행되는 부분이므로 유의해야 한다.

[건축허가시 각 과별 주요 협의내용 예시]

해당부서	주요협의내용	비고
건축과	건축법외 전반적인 협의에 대한 총괄	총괄부서
건축과(공공건축)	건축의 공공인프라와의 연결관련	
재무과	기부채납관련, 세금관련 사항	
스마트정보과	정보통신공사관련 감리업무	
부동산정보과	지적관련, 개발부담금이나 도로명주소 관련사항	
사회복지과	장애인편의시설 설치에 관한 사항	
문화체육과	해당시설, 매장문화재관련 내용	
자원순환과	정화조나 공중화장실관련 내용	
도시계획과	지구단위계획구역, 도시계획시설 연계관련사항	
공원녹지과	대지안의 조경계획에 대한 내용	
교통행정과	대지의 차량 진출입, 드라이브스루관련 협의	
건설관리과	지하연결통로, 차량진출입로 등 공유재산관련사항	
주차관리과	주차대수 및 주차장계획의 적합성	
경찰서(교통과)	차량의 통행관련 내용의 협의	
도로과	공공도로 굴착등 도로시설물 등 도로관련 제반사항협의	
치수과	하수도원인자부담금관련, 공공하수관 연결관련 사항	
서울시 도시빛 정책과	옥외조명기구 빛공해 방지관련 사항	
서울시 물순환 정책과	수질요염물질 배출의 부하관련 사항	
서울시 디자인 정책과	유니버설디자인 관련, 건축물미술작품관련 사항	
소방서(예방과)	소방법관련 전반적인 협의	
에너지 검토기관	에너지절약계획서 협의	
한국전력공사	가공, 지중 전력설비 협의	
케이티	사업대상지내 통신회선 공급에 관한 협의	

*부서의 이름은 각 시군구청마다 다양함.

■ 드라이브스루 협의에 대해

최근 드라이브스루 허가를 내줬다가 교통체증으로 민원에 시달리면서 각 구청별 교통계획과, 경찰서 등에서는 될 수 있으면 드라이브스루를 안 내주려는 분위기이다. 특히 에너지엑스 인허가단계에서 해당시청에서 인가해준 스타벅스 드라이브스루로 인한 심각한 교통체증 민원으로 해당부서가 매우 예민해 있던 상태였다. 인허가를 접수하기 전에 드라이브스루의 사전협의가 매우 중요하고, 사전협의 시 전문가의 의견서나 교통기술사의 교통평가서 등을 작성하여 미리 협의를 마치고 인허가를 진행해야 한다.

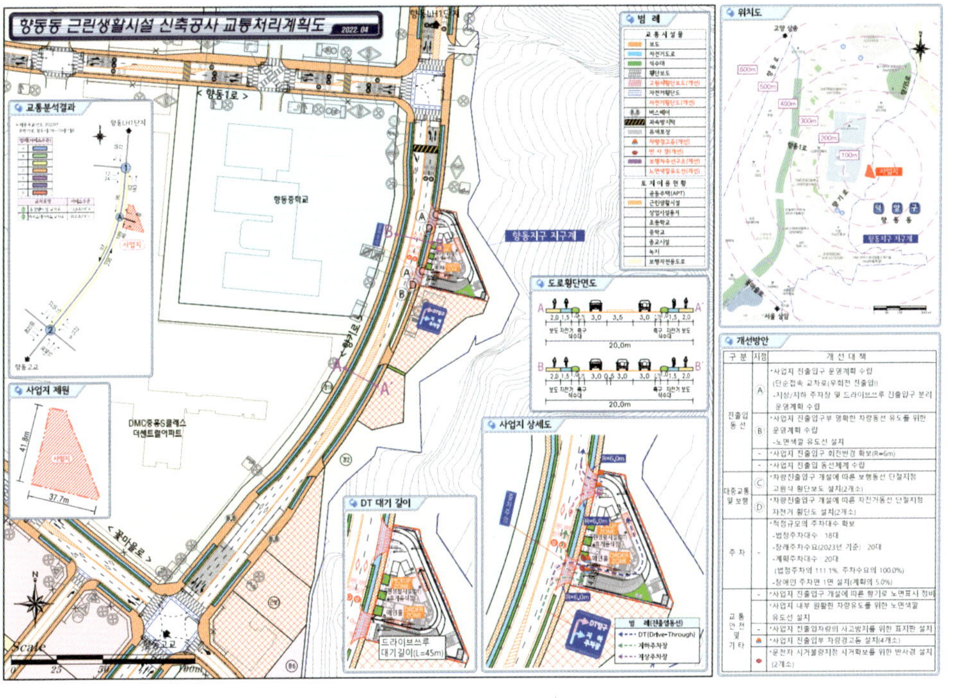

■ 실시설계의 중요성

건축의 인허가를 마쳤다면 당연히 착공을 하는 것이라 생각한다. 아니다. 실시설계를 해야 한다. 실시설계란 공사를 하기 위한 도면을 작성하는 단계로서 특히 제로 에너지 빌딩의 설계에서는 정확한 실시설계가 무엇보다도 중요하다. 정확한 실시설계도면은 인허가단계에서 결정되고 디자인된 여러 기준등이 각 종공별로 디테일하게 정리되는 과정으로, 특히 본 건물의 경우 태양광 패널, BIPV 설치시 건물 골조 또는 커튼월과의 접합방법이 일반적이지 않고, 단열, 차수, 기밀성을 확보해 나가는 것이 전기배선 및 배수와도 연관되는 등 주의를 기울여 해결해야 할 부분이 많았다. 에너지엑스의 경우도 파사드의 커튼월과 태양광 패널이 접합지점 사이 배수와, 정션박스와 배선, 배관 등을 동시에 해결해야 했다.

[단면 디테일 1]

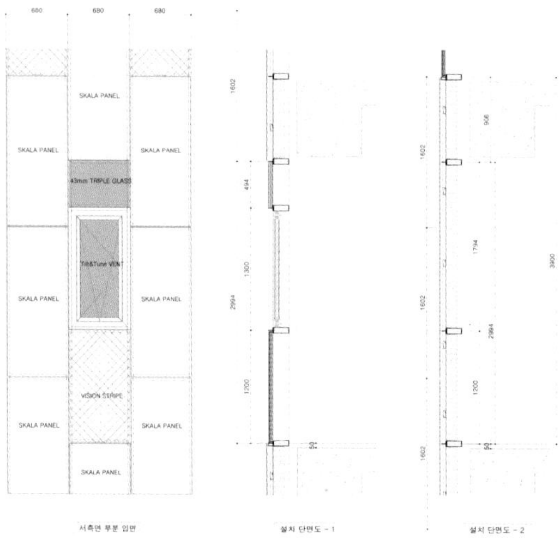

[단면 디테일 2]

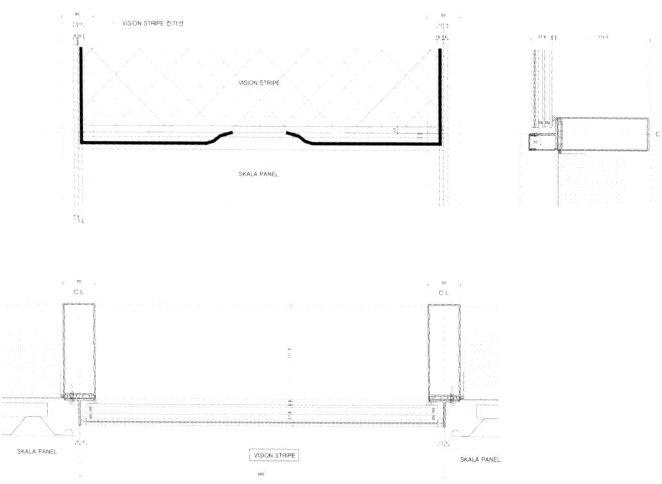

[단면 디테일 3]

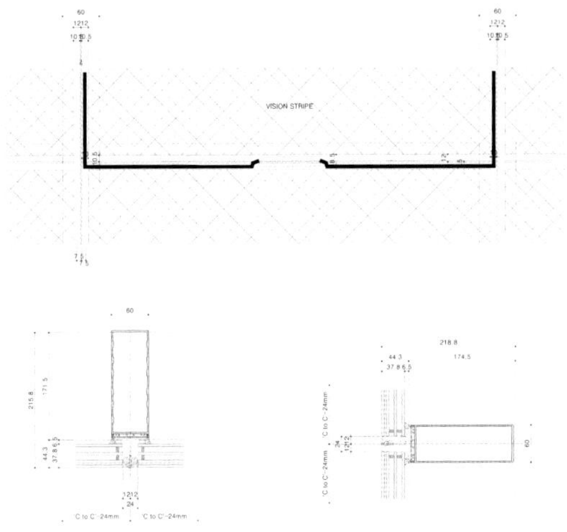

실시설계의 중요성은 공사비를 산정하는 중요한 준비단계에 해당된다. 실시설계가 완료되지 않고 내역을 산정하게 되면 그 공사비는 실시설계에서 고려되는 수많은 디테일들이 빠진 공사비가 산정되게 된다.

일반적인 건물이라면 그 차이가 크게 나진 않지만, 제로 에너지를 고려한 공사의 경우는 특히 태양광 모듈의 설치 디테일이나 다른 재료와의 접합부위 등 일반적인 디테일로 해결할 수 없는 부분들이 많이 생기므로 '실시설계로 인한 내역의 차이가 크게 벌어지게 된다.

기본적으로 가장 실수를 줄일 수 있는 시공업체 선정 프로세스 설계사무소에서 끝난 실시설계도면을 토대로 내역업체를 통해 기본적인 관급내역 또는 실행내역을 뽑은 후 공내역(내역서 중 항목과 수량을 제외한 금액을 모두 지운 내역서)으로 만든 후 몇 개의 시공사에게 공개하여 공사할 수 있는 금액을 산정, 제출받아 공사비를 비교하여 적정가격의 시공업체를 선정하는 방법을 추천한다. 단 내역작성 시 신재생 분야는 전기내역 부문과 건축내역 부문이 섞이므로 정확하게 공종을 구분하여 도서작업을 해서 내역작성 시 물량이 겹치거나 누락되지 않도록 하는 것이 중요하다.

[공내역 샘플]

품 명	규 격	단위	수량	재 료 비		노 무 비		경 비		합 계		비 고
				단 가	금 액	단 가	금 액	단 가	금 액	단 가	금 액	
010104 철근콘크리트공사												
레미콘[무 근]	25-180-12	M3	246									
레미콘[버 림]	25-180-8	M3	54									
레미콘[구조체]	25-240-15	M3	905									
레미콘[구조체]	25-270-15	M3	2471									
섬유보강재		M3	246									
철근콘크리트용 봉강(이형철근)	HD-10,SD400,지정장소도	톤	84.551									
철근콘크리트용 봉강(이형철근)	HD-13,SD400,지정장소도	톤	70.195									
철근콘크리트용 봉강(이형철근)	HD-16,SD400,지정장소도	톤	17.295									
철근콘크리트용 봉강(이형철근)	HD-19,SD600,지정장소도	톤	8.728									
철근콘크리트용 봉강(이형철근)	HD-22,SD600,지정장소도	톤	167.522									
철근콘크리트용 봉강(이형철근)	HD-25,SD600,지정장소도	톤	105.103									
철근콘크리트용 봉강(이형철근)	HD-29,SD600,지정장소도	톤	5.266									
무근콘크리트타설/펌프카(21m)	버림용	M3	53									
무근콘크리트타설/펌프카(21m)	무근용	M3	241									
철근콘크리트타설/펌프카(32m)	구조용	M3	3342									
CON'T진동기(엔진,인력무)	⌀45mm(2.61kW)	M3	3342									
철근현장가공 및 조립	보통(미할증)	톤	445.304									
합판거푸집	3회	M2	5675									
합판거푸집	경사3회	M2	406									
합벽거푸집	지하외벽	M2	1049									
곡면거푸집		M2	643									
유로폼	벽	M2	6050									
철근운반비	L:20km,트레일러20톤	톤	458.663									

[(주)에너지엑스 사옥 신축공사] 4

저자 소개

박성진

부산대학교 전기공학 학사, 석사, 한양대학교 경영학 박사(수료)
前 LG전자, 포스코에너지, KCC, ABM
現 에너지엑스㈜ ESG 그룹장, CSO
PMP, 기술가치평가사, 신재생에너지발전설비(태양광) 기사
에너지기술평가원 R&D 과제기획위원, 서울시 BIPV 실증 자문위원

이지왕

건국대학교 건축공학 학사, 고려대학교 기술경영전문대학원 기술경영 석사
前 KCC건축환경연구센터, KCC에너지사업단, ABM
現 에너지엑스㈜ ESG 그룹 본부장
건축기사, 건설안전기사, NFRC Simulator

박성호

홍익대학교 건축계획 석사, 박사(수료)
前 SK에코플랜트 근무
前 카타르국영석유공사 근무
現 ㈜이에이엔테크놀로지 전무이사, 에너지솔루션부문 부문장
現 ㈜에너지웍스 대표이사, CEO

손정락

홍익대학교 건축공학 학사, 테크노디자인대학원
해병대 9518 설계장교
前 ㈜종합엔지니어링건축사사무소건원, ㈜스페이스연건축사사무소
現 쿠오타건축사사무소KUOTAA 대표 건축사
G-seed ID

송치호

연세대학교 건축공학 석사
前 (주)사이어쏘시에이츠건축사사무소 근무
前 사단법인 한국환경건축연구원 근무
現 (주)이에이엔테크놀로지 이사, 에너지솔루션본부 본부장

김가령

규슈대학 건축공학 박사
일본학술진흥회Japan Society for the Promotion of Science Young Scientist
現 (주)이에이엔테크놀로지 EAN Digital Lab, Project Manager

송상민

University of Victoria 국제경영학 학사
前 (주)미백창호, (주)알파에너웍스, Hörmann(독일)
現 에너지엑스(주) 엔지니어링 그룹장, CNO, 에너지엑스엔(주) 대표이사

박성현

University of Wisconsin-Madison 경영학 학사
前 Perry Capital(영국), 교보AXA자산운용(주), Tapas Media, Soomgo
現 에너지엑스(주) 대표이사, CEO
미국 대통령(George W. Bush) 표창 수상자
대한민국 국정자문단 지문위원

제로 에너지 건축물과 BIPV

초판 1쇄 발행 2023년 4월 30일
초판 2쇄 발행 2024년 5월 30일

지은이 박성진, 이지왕, 박성호, 손정락, 송치호, 김가령, 송상민, 박성현
펴낸이 김길준
펴낸곳 (학)신구학원신구문화사
디자인 은디자인

등록 1968년 6월 10일 제1-205호
주소 경기도 성남시 중원구 광명로 377 신구대학교 우촌학사 1층
전화 031-741-3055~6
팩스 031-741-3054
이메일 shingupub@naver.com
홈페이지 www.shingubook.com

ⓒ 박성진 외 2023

지은이와의 협의에 따라 인지는 생략합니다.

ISBN 978-89-7668-275-8 93540